国家社科基金项目《现代医疗技术中的生命伦理问题研究》结项成果（项目号：13BZX081）

国家社科基金重大项目《生命伦理的道德形态学研究》中期成果（项目号13&ZD066）

生命伦理学前沿探究

现代医疗技术中的生命伦理形态研究

田海平 著

中国社会科学出版社

图书在版编目(CIP)数据

生命伦理学前沿探究：现代医疗技术中的生命伦理形态研究 / 田海平著 . —北京：中国社会科学出版社，2019.12（2020.5重印）
ISBN 978-7-5203-6130-9

Ⅰ.①生… Ⅱ.①田… Ⅲ.①生命伦理学—研究
Ⅳ.①B82-059

中国版本图书馆 CIP 数据核字（2020）第 041301 号

出 版 人	赵剑英
责任编辑	冯春凤
责任校对	张爱华
责任印制	张雪娇

出　　版	中国社会科学出版社
社　　址	北京鼓楼西大街甲 158 号
邮　　编	100720
网　　址	http://www.csspw.cn
发 行 部	010-84083685
门 市 部	010-84029450
经　　销	新华书店及其他书店
印　　刷	北京君升印刷有限公司
装　　订	廊坊市广阳区广增装订厂
版　　次	2019 年 12 月第 1 版
印　　次	2020 年 5 月第 2 次印刷

开　　本	710×1000　1/16
印　　张	19
插　　页	2
字　　数	310 千字
定　　价	118.00 元

凡购买中国社会科学出版社图书，如有质量问题请与本社营销中心联系调换
电话：010-84083683
版权所有　侵权必究

编委会

主　　编： 吴向东
编委会成员：（按笔画排序）

田海平　兰久富　刘成纪　刘孝廷
杨　耕　李　红　李建会　李祥俊
李景林　吴玉军　张百春　张曙光
郭佳宏　韩　震

总序：面向变化着的世界的当代哲学

吴向东

真正的哲学总是时代精神的精华。进入 21 世纪 20 年代，世界的变化更加深刻，时代的挑战更加多元。全球化的深度发展使得各个国家、民族、个人从来没有像今天这样紧密地联系在一起。以理性和资本为核心的现代性，在创造和取得巨大物质财富与精神成就的同时，也日益显露着其紧张的内在矛盾、冲突及困境。现代科技的迅猛发展，特别是以人工智能为牵引的信息技术的颠覆性革命，带来了深刻的人类学改变。它不仅改变着人们的生产方式、交往方式，而且改变着人们的生活方式和价值观念。在世界历史背景下展开的中国特色社会主义的伟大实践，形成了中国特色社会主义道路、理论、制度、文化，意味着一种新型文明形态的可能性。变化着的世界与时代，以问题和文本的方式召唤着当代哲学家们，去理解这种深刻的变化，回应其内在的挑战，反思人的本性，重构文明秩序根基，塑造美好生活理念。为此，价值哲学、政治哲学、认知哲学、古典哲学，作为当代哲学重要的研究领域和方向，被时代和实践凸显出来。

价值哲学，是研究价值问题的哲学分支学科。尽管哲学史上一直有着强大的道德哲学和政治哲学的传统，但直到 19 世纪中后期，自洛采、尼采开始，价值哲学才因为价值和意义的现实问题所需作为一门学科兴起。经过新康德主义的张扬，现当代西方哲学的重大转向都在一定程度上蕴涵着价值哲学的旨趣。20 世纪上半叶，价值哲学在西方达到一个高峰，并逐渐形成先验主义、经验主义、心灵主义、语言分析等研究路向。其中胡塞尔的现象学开辟了新的理解价值的进路；杜威建构了以评价判断为核心的实验经验主义价值哲学；舍勒和哈特曼形成系统的价值伦理学，建构了相对于康德的形式主义伦理学的质料伦理学，还有一些哲学家利用分析哲学进路，试图在元伦理学的基础上对有关价值的表述进行分析。当代哲学家诺奇克、内格儿和泰勒等，一定程度上重新复兴了奥地利价值哲学学派，创造了在当代有关价值哲学的讨论语境。20世纪70年代以后，西方价值理论的研究重心从价值的元问题转向具体的道德和政治规范问题，其理论直接与公共的政治生活和个人的伦理生活相融合。

中国价值哲学研究兴起于20世纪80年代，缘于"文化大革命"的反思、改革开放实践的内在需要，并由真理标准的大讨论直接引发。四十年来，价值哲学经历了从分析价值概念到探究评价理论，再到聚焦价值观和社会主义核心价值观研究的发展历程，贯穿其中的主要特点是理论逻辑和实践逻辑的统一。在改革开放的实践中，我们首先通过内涵价值的科学真理观解决对与错的问题，其次通过"三个有利于"评价标准解决好与坏的问题，最后通过社会主义核心价值观，解决"什么是社会主义，如何建设社会主义"的问题。同时，与马克思主义哲学研究的相互交融促进，以及与国际价值哲学的交流和对话，也是价值哲学研究发展历程中的显著特点。中国价值哲学在价值本质、评价的合理性、价值观的结构、社会主义核心价值观的内涵与逻辑等一系列问题上形成了广泛学术争论，取得了诸多的理论进展。就其核心而言，我认为主要成就可归结为实践论基础上的主体性范式和社会主义核心价值观的理论建构这两个方面。中国价值哲学取得的成就具有强烈的时代性特征和阶段性特点。随着世界历史的充分展开和中国改革开放的不断深入，无论是回应、解答当代中国社会和人类发展的新矛盾与重大价值问题，还是价值哲学内部的广泛争论形成的理论空间，都预示着价值哲学未来的发展趋向：完善实践论基础上的主体性解释模式，实现价值基础理论的突破；深入探究新文明形态的价值理念与价值原则，不仅要深度建构和全幅拓展以社会主义核心价值观为主导的中国价值，还要探求人类命运共同体的价值基础，同时对人工智能为代表的当代科学技术进行价值反思和价值立法，以避免机器控制世界的技术冒险；多学科研究的交叉与融合，并上升为一种方法论自觉。

政治哲学是在哲学层面上对人类政治生活的探究，具有规范性和实践性。其核心主题是应该用什么规则或原则来确定我们如何在一起生活，包括政治制度的根本准则或理想标准，未来理想政治的设想，财产、权力、权利与自由的如何分配等。尽管东西方都具有丰富的政治哲学的传统，但

20世纪70年代以降，随着罗尔斯《正义论》发表才带来了规范性政治哲学在西方的复兴。其中，自由主义、共和主义、社群主义竞相在场，围绕正义、自由、平等、民主、所有权等一系列具体价值、价值原则及其理论基础相互论争，此起彼伏。与此同时，由"塔克—伍德"命题引发的马克思与正义问题的持续讨论，使得马克思的政治哲学思想在西方学界得到关注。新世纪以来，随着改革开放进入新的历史阶段，国内政治哲学研究开始兴起，并逐渐成为显学。这不仅表现在对西方政治哲学家的文本的大量译介和深入研究；更表现在马克思主义政治哲学研究的崛起，包括对马克思主义政治哲学的特征、基本内容等阐释以及对一些重大现实问题的理论回应等；同时也表现在对中国传统政治哲学的理论重构和现代阐释，以及从一般性视角对政治哲学的学科定位和方法论予以澄清和反思等。

无论是西方政治哲学的复兴，还是国内政治哲学研究的兴起，背后都能发现强烈的实践的逻辑，以及现实问题的理论诉求。面对当代实践和世界文明的裂变，政治哲学任重道远。一方面，马克思主义政治哲学本身并不是现成的，而是需要被不断建构的。马克思主义政治哲学有着自己的传统，其中人类解放，是马克思主义，也是马克思主义政治哲学的主题。在这一传统中，人的解放首要的取决于制度革命，制度革命其实包含着价值观的变革。所以，在当代理论和实践背景下讨论人的解放，不能离开正义、自由、平等、尊严等规范性价值，这些规范性价值在马克思主义政治哲学中需要被不断阐明。而在中国特色社会主义实践背景下建构当代中国马克思主义政治哲学，更应该是政治哲学研究的理论旨趣。另一方面，当代人类政治实践中的重大问题需要创新性研究。中国学界需要以马克思主义政治哲学为基本框架，综合各种思想资源，真正面对和回应当代人类政治实践中的矛盾和问题，诸如民粹主义、种族主义、环境政治、女性主义、全球正义、世界和平等等，做出具有人类视野、原则高度的时代性回答。

认知哲学是在关于认知的各种科学理论的基础上反思认知本质的哲学学科。哲学史上一直存在着关于认知的思辨的传统，但是直到20世纪中叶开始，随着具有跨学科性质的认知科学的诞生，认知哲学作为哲学的分支学科才真正确立起来，并以认知科学哲学为主要形态，涉及心理学哲学、人工智能哲学、心灵哲学、认知逻辑哲学和认知语言哲学等。它不仅处理认知科学领域内带有哲学性质的问题，包括心理表征、心理计算、意识、行动、感知等等，同时也处理认知科学本身的哲学问题，对认知神经科学、语言学、人工智能等研究中的方法、前提、范式进行哲学反思。随着认知诸科学，如计算机科学、认知心理学、认知语言学、人类学、认知神经科学等学科的发展，认知哲学的研究在西方学界不断推进。从图灵到西蒙、从普特南到福多，从德雷福斯到塞尔等等，科学家和哲学家们提出了他们自己各不相同的认知理论，共同推动了认知科学的范式转变。在认知本质问题上，当代的认知科学家和哲学家们先后提出了表征—计算主义、联结主义、涉身主义以及"4E+S"认知等多种理论，不仅深化了对认知的理解，也为认知科学发展清理障碍，提供重要的理论支持。国内的认知哲学研究与西方相比虽然有一定的滞后，但近些年来，与国际学界保持着紧密的联系与高度的合作，在计算主义、"4E+S"认知、知觉哲学、意向性、自由意志等领域和方向的研究，取得了积极进展。

认知哲学与认知科学的内在关系，以及其学科交叉性，决定了认知哲学依然是一个全新的学科领域，保持着充分的开放性和成长性。在新的时代背景下，随着认知诸科学的发展和突破，研究领域中新问题、新对象的不断涌现，认知哲学会朝着多元化方向行进。首先，认知哲学对已经拉开序幕的诸多认知科学领域中的重要问题要进行深入探索，包括心智双系统加工理论、自由意志、预测心智、知觉—认知—行动模型、人工智能伦理、道德决策、原始智能的涌现机制等等。其次，认知哲学会继续对认知科学本身的哲学前沿问题进行反思和批判，包括心理因果的本质、省略推理法的效力、意识的还原策略、涉身性的限度、情境要素的作用、交叉学科的动态发展结构、实验哲学方法等等，以期在认知科学新进展的基础上取得基础理论问题研究的突破。再次，认知哲学必然要向其他诸般研究人的活动的学科进行交叉。由于认知在人的活动中的基础性，关于认知本身的认识必然为与人的活动相关的一切问题研究提供基础。因此，认知哲学不仅本身是在学科交叉的基础上产生的，它也应该与经济学、社会学、政治学、法学等其他学科相结合，将其研究成果运用于诸学科领域中的相关问题的探讨。在哲学内部，认知哲学也必然会与其他领域哲学相结合，将其研究成果应用到形而上学、知识论、伦理学、美学诸领域。通过这种交叉、运用和结合，不仅相关学科和问题研究会得到推进，同时认知哲学自身也会获得新的发展。

　　古典哲学，是指东西传统哲学中的典型形态。西方古典哲学通常是指古希腊哲学和建立在古希腊哲学传统之上的中世纪哲学，同时也包括18世纪末到19世纪上半叶以康德和黑格尔为主的德国古典哲学，在某种意义上来说，康德和黑格尔就是古希腊的柏拉图和亚里士多德。无论是作为西方哲学源头的古希腊哲学，还是德国古典哲学，西方学界对它的研究各方面都相对比较成熟，十分注重文本和历史传承，讲究以原文为基础，在历史语境中专题化讨论问题。近年来一系列草纸卷轴的发现及文本的重新编译推动着古希腊哲学研究范式的转换，学者在更广阔的视野中理解古希腊哲学，或是采用分析的方法加以研究。德国古典哲学既达到了传统形而上学的最高峰，亦开启了现代西方哲学。20世纪德国现象学，法国存在主义、后现代主义等思想潮流从德国古典哲学中汲取了理论资源。特别是二战之后，通过与当代各种哲学思潮的互动、融合，参与当代问题的讨论，德国古典哲学的诸多理论话题、视阈和思想资源得到挖掘和彰显，其自身形象也得到了重塑。如现象学从自我意识、辩证法、社会正义等不同维度推动对古典哲学误解的消除工作，促成了对古典哲学大范围的科学研究、文本研究、问题研究。以法兰克福学派为首的西方马克思主义，从阐释黑格尔总体性、到探究否定辩证法，再到发展黑格尔承认理论，深刻继承并发挥了德国古典哲学的精神内核。在分析哲学潮流下，诸多学者开始用现代逻辑对德国古典哲学进行文本解读；采用实在论或实用主义进路，讨论德国观念论的现实性或现代性。此外，德国古典哲学研究也不乏与古代哲学的积极对话。在国内学界，古希腊哲学，特别是德国古典哲学，由于其与马克思主义哲学的密切关系，受到瞩目和重视。在过去的几十年中，古典哲学家的著作翻译工作得到了加强，出版了不同形式的全集或选集。研究的领域、主题和视阈得到扩展，如柏拉图和亚里士多德的伦理学、政治哲学，康德的理论哲学、美学与目的论、实践哲学、宗教哲学、人类学，黑格尔的辩证法、法哲学和伦理学的研究可谓方兴未艾。中国马克思主义学者从马克思主义哲学与德国古典哲学关系的视阈对古典哲学研究也是独具特色。

　　中国古典哲学，包括先秦子学、两汉经学、魏晋玄学、隋唐佛学、宋明理学等，是传统中国人对宇宙人生、家国天下的普遍性思考，具有自身独特的问题意识、研究方式、理论形态，构成中国传统文化的核心，深刻影响了中国人的生活方式、思维方式和价值世界。在近现代社会转型中，随着西学东渐，中国传统哲学学术思想得到重新建构，逐渐形成分别基于马克思主义、自由主义、保守主义的不同的中国古典哲学研究范式，表现为多元一体的研究态势与理论倾向。其中胡适、冯友兰等借鉴西方哲学传统，确立中国哲学学科范式。以侯外庐、张岱年、任继愈、冯契为代表，形成了马克思主义思想指导下的研究学派。从熊十力、梁漱溟到唐君毅、牟宗三为代表的现代新儒学，力图吸纳、融合、会通西学，实现理论创造。改革开放以来，很多研究者尝试用西方现代哲学诸流派以至后现代哲学的理论来整理中国传统学术思想材料，但总体上多元一体的研究态势和理论倾向并未改变。在新的时代背景下，随着中国现代化进程进入崭新阶段，面对变化世界中的矛盾和冲突，中国古典哲学研究无疑具有新的语境，有着新的使命。一方面，要彰显中国古典哲学自身的主体性。扬弃用西方哲学基本问题预设与义理体系简单移植的研究范式，对中国传统哲学自身基本问题义理体系进行反思探索和总体性的自觉建构，从而理解中国古典哲学的本真，挖掘和阐发其优秀传统，使中华民族最基本的文化基因与当代文化相适应、与现代社会相协调。另一方面，要回到当代生活世界，推动中国古典哲学的创造性转化、创新性发展。以当代人类实践中的重大问题为切入点，回溯和重释传统哲学，通过与马克思主义哲学、西方（古典和当代）哲学的深入对话，实现理论视阈的交融、理论内容的创新，着力提出能够体现中国立场、中国智慧、中国价值的理念、主张、方案，从而激活中国古典哲学的生命力，实现其内源性发展。

价值哲学、政治哲学、认知哲学、古典哲学，虽然是四个相对独立的领域与方向，然而它们又有着紧密的内在联系，相互影响、相互交融。政治哲学属于规范性哲学和实践哲学，它讨论的问题无论是政治价值、还是政治制度的准则，或者是政治理想，都属于价值问题，研究一般价值问题的价值哲学无疑为政治哲学提供了理论基础。认知哲学属于交叉学科，研究认知的本质，而无论是价值活动，还是政治活动，都不能离开认知，因而价值哲学和政治哲学，并不能离开认知哲学，反之亦然。古典哲学作为一种传统，是不可能也不应该为思想研究所割裂的。事实上，它为价值哲学、政治哲学、认知哲学的研究与发展提供了丰富的思想资源。无论是当代问题的解答，还是新的哲学思潮和流派的发展，往往都需要通过向古典哲学的回溯而获得思想资源和理论生长点，古典哲学也通过与新的哲学领域和方向的结合获得新的生命力。总之，为时代和实践所凸显的价值哲学、政治哲学、认知哲学、古典哲学，正是在它们相互联系相互交融中，共同把握时代的脉搏，解答时代课题，将人民最精致、最珍贵和看不见的精髓集中在自己的哲学思想里，实现哲学的当代发展。

北京师范大学哲学学科历史悠久、底蕴深厚，始终与时代共命运，为民族启慧思。1902年建校伊始，梁启超等一批国学名家在此弘文励教，为哲学学科的建设奠定了基础。1919年设立哲学教育系。1953年，在全国师范院校率先创办政治教育系。1979年改革开放之初，在原政治教育系的基础上，成立哲学系。2015年更名为哲学学院。经过几代学人的辛勤耕耘，不懈努力，哲学学科蓬勃发展。目前，哲学学科形成了从本科到博士后系统、完整的人才培养体系，拥有马克思主义哲学、外国哲学等国家重点学科、北京市重点学科，教育部人文社会科学重点研究基地价值与文化中心，国家教材建设重点研究基地"大中小学德育一体化教材研究基地"，Frontiers of Philosophy in China、《当代中国价值观研究》《思想政治课教学》三种学术期刊，等等，成为我国哲学教学与研究的重镇。

北京师范大学哲学学科始终坚持理论联系实际，不断凝聚研究方向，拓展研究领域。长期以来，我们在价值哲学、人的哲学、马克思主义哲学基础理论、儒家哲学、道家道教哲学、西方历史哲学、科学哲学、分析哲学、古希腊伦理学、形式逻辑、中国传统美学、俄罗斯哲学与宗教等一系列方向和领域，承担了一批国家重大重点研究项目，取得了有影响力的成果，形成了具有鲜明京师特色的学术传统和学科优势。面对当今时代的挑战，实践的召唤，我们立足于自己的学术传统，依循当代哲学发展的逻辑，进一步凝练学科方向，聚焦学术前沿，积极探索价值哲学、政治哲学、认知哲学、古典哲学的重大前沿问题。为此，北京师范大学哲学学院、教育部人文社会科学重点研究基地价值与文化研究中心和中国社会科学出版社合作，组织出版价值哲学、政治哲学、认知哲学、古典哲学之京师哲学丛书，以期反映学科最新研究成果，推动学术交流，促进学术发展。

世界历史正在进入新阶段，中国特色社会主义已经进入新时代。这是一个社会大变革的时代，也一定是哲学大发展的时代。世界的深刻变化和前无古人的伟大实践，必将给理论创造、学术繁荣提供强大动力和广阔空间。习近平指出："这是一个需要理论而且一定能够产生理论的时代，这是一个需要思想而且一定能够产生思想的时代。我们不能辜负了这个时代。"北京师范大学哲学学科将和学界同道一起，共同努力，担负起应有的责任和使命，关注人类命运，研究中国问题，总结中国经验，创建中国理论，着力构建充分体现中国特色、中国风格、中国气派的哲学学科体系、学术体系、话语体系，为中华文明的伟大复兴贡献力量。

目　录

导论 …………………………………………………………………………（ 1 ）
第一章　现代医疗技术面临的伦理挑战 …………………………………（ 8 ）
　第一节　技术时代的医学人文课题 ………………………………………（ 8 ）
　第二节　现代医疗技术的伦理形态 ………………………………………（ 15 ）
　第三节　现代技术的本质及其面临的人性挑战 …………………………（ 19 ）
　第四节　"谁之权利"与"何种责任" ……………………………………（ 35 ）
第二章　技术具身与身体伦理 ……………………………………………（ 43 ）
　第一节　技术具身：身体伦理的认知旨趣 ………………………………（ 43 ）
　第二节　医疗技术的常规形态与不寻常的责任伦理 ……………………（ 51 ）
　第三节　医疗技术的转化形态与人权伦理 ………………………………（ 71 ）
　第四节　医疗技术的增强形态与身体伦理 ………………………………（ 93 ）
　第五节　伦理形态：责任、人权与身体 …………………………………（107）
第三章　大数据时代的健康革命与伦理挑战 ……………………………（111）
　第一节　常规医疗技术遭遇"大数据时代" ……………………………（111）
　第二节　医学道德形态的重构：以患者为中心 …………………………（129）
　第三节　大数据时代生命医学伦理面临四大挑战 ………………………（144）
　第四节　医疗技术的两种伦理 ……………………………………………（153）
第四章　后人类时代的生命伦理问题 ……………………………………（159）
　第一节　后人类主义与现代医疗技术的增强形态 ………………………（159）
　第二节　伦理前设与未决问题 ……………………………………………（168）
　第三节　后人类伦理及其困惑 ……………………………………………（173）
　第四节　生命伦理为后人类时代的道德辩护 ……………………………（187）
第五章　生命伦理学的方向 ………………………………………………（201）

第一节　现代医疗技术发展与生命伦理难题之呈现 …………（201）
  第二节　中国语境与问题症候 ……………………………（204）
  第三节　生命伦理的中国形态及构建方向 ………………（207）
  第四节　道德前景与研究路径 ……………………………（210）
附录 ……………………………………………………………（214）
  附录一：中国生命伦理学："意识形态"还是"科学" ………（214）
  附录二：生命伦理学前沿探究的十二个论纲 ……………（231）
  附录三：大数据时代生命医学伦理学的方向 ……………（255）
参考文献 ………………………………………………………（274）
后记 ……………………………………………………………（283）

CONTENTS

Introduction ··· (1)
Chapter One: Ethical challenges faced by modern medical
   technology ··· (8)
   1. Medical humanities in the age of technology ···················· (8)
   2. Ethical forms of modern medical technology ···················· (15)
   3. The nature of modern technology and the human
      challenges it faces ··· (19)
   4. Whose rights and what responsibilities ···························· (35)
Chapter Two: Technology embodied and ethics of body ············· (43)
   1. Technology embodied: cognitive purport of body ethics ······ (43)
   2. Routine – forms of medical – technology and unusual – ethics
      of responsibility ·· (51)
   3. Transformation forms of medical technology and human
      rights ethics ··· (71)
   4. The enhancement of medical technology and body ethics ······ (93)
   5. Ethical forms: responsibility, human rights and the body ······ (107)
Chapter Three: Health revolution and ethical challenge in the age
   of big data ··· (111)
   1. Conventional medical technology encounters "big data era" ······ (111)
   2. Reconstruction of medical ethics: patient – centered ············· (129)
   3. Four challenges to bio – medicine ethics in the age of big data ······ (144)
   4. The two forms of ethic of medical technology ···················· (153)
Chapter Four: Bioethical issues in the post – human age ············· (159)

1. Enhanced forms of post-humanism and modern medical technology ……………………………………………………… (159)
  2. Ethical presuppositions and unsolved problems …………… (168)
  3. Post-human ethics and its perplexity …………………………… (173)
  4. Bioethics justifies morality in the post-human age …………… (187)
Chapter Five: Directions of bioethics ……………………………………… (201)
  1. The development of modern medical technology and the presentation of bioethical problems ………………………… (201)
  2. Chinese context and symptoms of problems …………………… (204)
  3. Chinese form and construction direction of bioethics ……… (207)
  4. Moral outlook and research path ………………………………… (210)
The Appendix ……………………………………………………………… (214)
Appendix i: Chinese bioethics: ideology or science ………………… (214)
Appendix ii: Twelve Outlines of frontier research in Bioethics ……… (231)
Appendix iii: Directions of bioethics in the era of big data …………… (255)
References ………………………………………………………………… (274)
Afterwords ………………………………………………………………… (283)

导　论

"现代医疗技术"在概念内涵上并不特指某种确定不移或固定不变的技术系统。它作为一种以"功能体系"为标识的技术类型或技术类别，是技术形态的一种展现过程，因而是一个变化的、发展的、开放的技术类型。总体而言，现代医疗技术是随着现代科学技术的迅猛发展，尤其是高新生命科学技术的蓬勃发展，人们将越来越多、越来越先进的科技成果和器械设备引入医疗技术实践的产物。现代医疗技术与生命伦理问题的内在关联表现为：从形式上看，生命伦理学的研究对象虽然被人们扼要地概括为"揭示20世纪蓬勃兴起的高新生命科学技术所展现的道德维度"，但是，它的具体内容则是关于现代医疗技术中的各种复杂的伦理道德问题。

现代医疗技术作为一种"技术类别"或"技术类型"，属于技术形态学之范畴，它是按照技术功能满足人类或特定人群的医疗保健和卫生之需求而确立的一个分类学命名。它不限于某一种或某一类技术，而是指凡是能够进入医学或医疗领域并发挥医学功能、达成"医疗目的"的技术都可称为"现代医疗技术"。在这个意义上，可将现代医疗技术区分为常规形态的医疗技术、转化形态的医疗技术和增强形态的医疗技术。其中，将"人类增强技术"看成是"现代医疗技术"中的一种形态的依据就在于：增强的功能在某种程度上可以理解为是医疗功能的一种替代或逾越。

现代医疗技术的前沿性进展之所以需要我们认真对待，除了它带来了诸多棘手的伦理道德难题外，还因为我们必须从人类文明进程的发展方向及其大趋势来衡量和看待技术时代的科技进步和理性累积之意义。现代医疗技术在其常规形态、转化形态、增强形态三个层面可能遭遇极为不同的问题。但是，从理性地处理"医患冲突"、面对"病人之权利"，到寻求人口意义上的健康公正和医疗保健方面的伦理难题之解决，再到面对人类增强技术带来的前沿性的伦理道德挑战，这些都不仅仅是一种经验性层面的医学人文课题，它还属于一种哲学性质的反思和建构。因而，必须从技术形态与伦理形态的"重叠"或"相互渗透"的形态构建的意义上，剖析现代医疗技术中的生命伦理问题。

现代医疗技术是以"功能总体性"为分类原则的技术形态。它虽然是现代技术之一种，却具有其最典型的样式，且以独特的具身性令现代科学技术中隐匿不彰的权力意志得以呈现。在那里，技术本身在"如群山一般聚集"的"力之运作"中，使人的生命或身体成为被订造的对象。它在展示"解蔽之命运"的维度提供了解蔽现代技术中人文要素和道德要素的最适切的视阈。不仅治疗疾病成为技术突破的重点，而且在道德形态学意义上再造病人逐渐成为医疗过程的重心，甚至可以说，它关乎对"人的概念"以及人之尊严命题的重审。吾人今日困惑的根源在于，当吾人被置身于现代医院这座由现代医疗技术构造的"生命维修厂"去"被修理""被保养""被增强"（吾人这架生命机器）时，一个哲学问题已然是呼之欲出："人是谁？"——"人"到底是什么？在操纵基因的技术革命中，我们可能在生物学的意义上见证一种文明类型的改变和人之类型的改变，今日的人类史是否会成为一种新的文明类型的史前史呢？生物工程技术会带来人口形态大幅度的改变，到最后，"人是谁"，就真的会变成一个问题。现代医疗技术对人文价值世界的剥蚀，最典型地体现在生命科技进入医疗所产生的医疗技术的实践效应。"还医学以人道"是抗击此种价值剥蚀的基本原则，其目的是使医学"目中有人"。现代医疗技术要开辟和控制的新目标，尽管千差万别，但在形式上无非是人的类生命本质的体现。在这一维度，"人是谁"之问，不只关涉人的自然生命，它还内含着人之为人的"关联整体"，与人的类生命本质密不可分。现代医疗技术带来的对人的类生命本质的挑战和控制使人类居于前所未有的危险之中。一种虚无主义的狰狞面孔以一种强加的形式附着在现代医疗技术开疆辟土的"大能大力"之中。"还医学以生命"就是要抵抗带来物化或虚无化的技术对人及其自由生命的宰制，其目的是使医学回归人之"类生命本质"的本源。现代医疗技术作为一种与人们医疗生活和健康需求息息相关的技术类型，其社会功能和角色定位不可能摆脱技术"双刃剑"之效应。它在功能上缓解病情、解除痛苦和增加人类福利的同时，也带来了"权利—责任"关系的重新界定。对责任的重新界定基于现代医疗技术的伦理形态的新特质。这是现代医疗技术推动人类重新思考或重新界定一种与人的类生命本质相契合的责任伦理的良机。

医疗技术的伦理形态在常规、转化和增强的类型分布方面既相区别又相融合，并因此催生不同的伦理决断。从一种技术伦理的形态学视角看，这种异质性反映了身体伦理的认知旨趣呈现的后现代性，它提供了看待不同的医疗技术的伦理形态的多元视角。

（1）现代医疗技术的常规形态与"常规伦理形态"。现代医疗技术在其常规形态，不仅是将人和人的身体位列于"技术之后"，由于此一位序带来的效应及其展现的重大的人性和伦理的挑战，人之位格要在这一生存论境遇中"表出"而具有面向"伦理之前"的自由和尊严。常规形态的技术类型最为典型地代表了技术具身关系的特性，技术只有在一种常规化展现中才能融入具身关系所揭示的身体总体性，并激发人们对完美的追求。由技术达成的对身体与生命的干涉与调整，由于医疗技术的常规伦理形态的扩展，涉及不同寻常的责任之界定。常规医疗技术的伦理形态可分为三种类型：与"生"的问题有关的技术类型，主要包括生殖技术和生育控制技术等；与"死"的问题有关的技术类型，主要包括脑死亡、安乐死、生命维持技术、器官移植等；与"生命质量"（或生命健康）有关的技术类型，主要包括临床医学、精神治疗、美容、护理技术、老龄生命健康等。在医疗技术的常规伦理形态中，一种基本的伦理构型关涉到与生命价值紧密相关的伦理责任的诠释和理解。在常规形态的医疗技术中，医学空间能够穿越和渗透社会空间，成为构造良好生活或健康生活的基础。由此，"责任分布"的空间构型在三种不同形态的常规技术的伦理形态（生的问题、死的问题、生命质量的问题）的展现中获得了初步的界定。

（2）现代医疗技术的转化形态与"转化伦理形态"。处于转化阶段的医疗技术与"转化医学"相对应，构成了医疗技术的转化形态。在现代医疗技术中，包括人工生殖、器官移植、安乐死等技术，都是从转化医学中发展而来的。然而，转化医学由于处于受试阶段而面临一系列科学、医学、管理和伦理问题。"从板凳到临床"这个口号，形象地描绘了现代医疗技术从一种技术形态进入"技术—伦理"形态的过渡性或转化型的基本特征以及内在诉求。对于现代医疗技术的形态构成来说,冰冷的技术理性要体现人性内涵和人文价值的光芒,彰显人道关怀的温暖,就必须在转化形态中充分关注"人权伦理"要素。我们面临的挑战在于,在"转化伦理形态"中,人体试验或人体研究,由于试验被打扮成一种"道德形象"而惑人眼目,"人权诉求"与"医学贪婪"最容易达成妥协。生物医学实验在受试者研究方面遇到的伦理挑战,迫使人们一再地回归并认真地反思《纽伦堡法典》和《赫尔辛基宣言》的人权伦理意蕴。

(3) 现代医疗技术的增强形态与增强伦理形态。在现代医疗技术的拓展善的目的诉求中,会出现逾越医疗目的的情况,于是出现了不以治疗疾病为目的,而以增强人体为目的的现代医疗技术。这类技术,我们称之为人体增强技术。增强人类一直是前技术时代和技术时代的哲学和现代性谋划的梦想。后技术时代的来临,使得人类增强的技术展现有如"脱缰之马"。"技术激进主义/技术保守主义"之争表明,人类增强技术在其前沿性技术展现中使今日之人面临"技术之后—伦理之前"的困境。生命伦理的反思在关乎人性的改良、医学功能的转移、技术的逾越性、公正的有限性四大生命伦理挑战时,呈现出"未决事项"的特征。寻求一种"允许的伦理"而不是一种"禁止的伦理",是增强形态的医疗技术面对生命伦理难题时的解决之道,它凸显了身体伦理的重要性。

更深入地探究现代医疗技术中的生命伦理问题,不能回避与常规、转化、增强三种医疗技术的伦理形态有关的三个重大的生命伦理学议题。

第一个生命伦理学重大议题是:现代医学技术的常规形态遭遇大数据时代的健康革命及其伦理挑战。

从"技术形态"发展演进的轨迹看,由于越来越多的高新技术融入医疗,医疗技术实践将会实现某种形式的"超级融合"过程。数字化医疗和精准医疗所开启的一种"创造性改变"(Creative Destruction)正在重构常规医疗技术的基本形态。这引发了世界各国政府的高度重视。数字化技术的潮流使医学呈现出一种个体化的发展趋势。个体化医学成为常规医疗技术发展的方向。基因技术在医疗技术实践中的普遍应用带来了革命性的变革,它使常规医疗技术对疾病的诊断和治疗更精准,从而使精准医学也成为常规医疗技术发展的方向。从技术现象学的视角看,大数据技术推动医学道德形态重构，充分体现在它使得"以患者为中心"（而不是"以医者为中心"）的伦理理念得到了切实的确立。一方面，医学将越来越成为个体化的科学；另一方面，"公共健康"将越来越成为医学道德形态的核心。在大数据时代，医疗技术实践在移动医疗、精准医学、个体化医学的范式变革中，不仅带来了医疗卫生和保康领域的健康革命，还带来了和谐医患关系的重构。与大数据技术蕴含的道德旨趣相关，大数据时代生命医学伦理面临的主要伦理问题可归纳为四大挑战：如何缩小"数字鸿沟"？如何防范数据失信或数据失真？如何保护个人隐私和安全？如何从"多"和"杂"中挖掘"好"？医疗大数据既产生于数字化身体，同时又不断地推进将数字化身体纳入医疗的超级融合进程。这不仅带来了医疗技术形态的改变，而且更为根本地带来一种道德形态过程的改变。大数据技术改变的不仅仅是技术，它在数据挖掘中开显行为导向，在方法创新中融入思维和价值观的革新，在"算法"关联中体现"伦理"的关联。大数据技术推动医学进步、健康革命和人类道德发展的枢机在于：大数据通过彰显个体与总体之间的关联性和连通性的意义，提供了重新思考"集体主义原则"的时代精神的样本。

第二个生命伦理学重大议题是：现代医疗技术的转化形态遭遇"道德脑区"的困惑，从而使"人体研究"面临"人脑研究""特殊的道德重要性"的质询。

现代医疗技术的转化形态处于技术探索的前沿。"人脑研究"作为认知神经科学或脑技术进入医疗技术的转化形态的一种前沿探索，与一般意义的人体研究不同，它与研究工具的进步密不可分。随着各种神经成像技术的相继问世，脑科学或认知神经科学可以采用更精密的方法观察人的感觉、记忆、语言等认知过程的神经机制。然而，当认知神经科学家在一种生物学基础上定义"道德"的时候，他们实际上开始了从人脑的奥秘揭示道德的神经生物学基础的历程。一旦在这个层面揭示大脑的奥秘，那么，人体研究最难的环节"知情同意议题"就会在一种新基础上被重构。三种实验以及相关研究揭示了道德脑区及其关联性问题的神秘面纱：Benjamin Libet 的实验提出了道德研究的科学范式转换问题；达马西奥的实验揭开了测定道德脑区是否存在的序幕；电极检测恒河猴大脑的实验发现了一个"道德相关"神经元（镜像神经元）的探索领域。"道德脑区"议题关涉道德形态构成的神经机制，它否定了一切形式的道德先天论观点，确立了道德后天形成的神经机制理论，肯定了从人类认知发展阶段入手研究道德认知模型的重要性。脑技术将人们带到了道德脑区的门槛上。生命伦理学在现代医疗技术的转化形态中，面临"道德脑区"议题展现的四个诘问：（1）自由意志只是一个错觉吗？（2）知情同意还有必要吗？（3）隐私的保护如何可能？（4）人们能修改自己人性的版本吗？在生命伦理学家看来，构成这四问的挑战却是：如何用道德的尺度衡量技术从"板凳到临床"的距离。

  第三个生命伦理学重大议题是：现代医疗技术的增强形态遭遇"后人类主义"的生命道德之忧虑。

  技术增强人类的趋势，使我们遭遇后人类时代的道德忧虑。后人类主义揭示了一个亟须认真对待的关涉技术和文明之未来的生命伦理议题。现代医疗技术的增强形态使人类站在了一个新的起点上，我们面临三大"未决问题"的困扰，这些困扰凸显了后人类生命伦理规制的重要性：第一，人类是应该被超越的存在吗？第二，增强人类与治疗疾病之间没有本质上的道德区别吗？第三，如果没有禁止规约所形成的必要张力，允许原则可以伦理地得到辩护吗？后人类主义者预见到技术与文明的形态关联及蕴含的从社会建构到人性改良的后人类道德前景。当然，它有明显的技术乌托邦色彩，涉及对人的定义、健康之本质、技术之功能、公正之条件等论题的重新诠释。针对后人类时代的道德论辩，一方面涉及人类增强技术展现出来的伦理世界是什么，以及我们如何去在这样一个伦理世界中构建一种技术合理化的道德法则、道德原则；另一方面涉及如何回到生命的本源的意义上来看问题。后人类生命伦理规制的起点在于：通过负责任的共同行动，使人类增强技术的发展成为一个不断展开的道德形态过程。规制的前提是：为后人类时代进行道德辩护。

  在事关人性本质的困惑与挑战之类重大议题方面，生命伦理学不可能脱离具体的文化历史语境和特定形态的医疗生活史的背景。特别是对于我们思考现代医疗技术面临的关键的伦理挑战而言，生命伦理学的中国难题就具有更为重要的意义。它比较典型地反映在现代医疗技术中的三大关联性的问题域：（1）伦理难题；（2）法律难题；（3）"伦理—法律"难题。中国语境下的现代医疗技术遭遇的伦理难题主要聚焦在两大问题症候上：

第一,"缺少对话",尤其是缺少人文与科技之间的跨界对话;第二,"不够关心",特别是缺少对医疗民生问题的人道关怀和生命关怀。中国生命伦理学的形态构建的方向是:(1)亟须一种宏观理论视野的突破为中国难题的解决奠定概念逻辑基础;(2)亟须展开基础性的关于生命伦理状况的调查以使生命伦理学的中国语境变得清晰和有力;(3)亟须推进应用难题和前沿问题的研究以洞察当今生命伦理观念变革的基本趋势。

第一章 现代医疗技术面临的伦理挑战

第一节 技术时代的医学人文课题

自 20 世纪 50 年代始，现代生命科学及其技术的迅疾发展，引发了医疗、卫生、保健领域的重大变革，进而带来了生命伦理或生命医学伦理方面的一系列重大的挑战。一方面，现代医疗技术的巨大进步，再次重燃"科学与人文之争"。这急切地呼唤生命伦理学必须容纳人文史学和生命史学的智识和视角，以克服科学、科学家和医学技术专家们日益滋长起来的科学之傲慢与偏见；另一方面，随着越来越多的高新生命技术、信息技术、环境科学技术进入现代医疗技术的范畴之中，研究者对于现代医疗技术的复杂性及其带来的伦理挑战持有不同的观点、存在不同的态度。一些人对技术治疗疾病、增强人体、改善健康状况持一种乐观主义的态度，甚至有人认为，随着更多更前沿的高新技术（特别是高新生命科学技术）进入医疗和保健领域，人类有可能最终消灭疾病[①]。与此不同的是，另有一些人（例如美国总统生物伦理委员会的一些成员）对新呈现的现代医疗技术的清单（尤其是对生物工程技术、神经科学技术、人工智能技术等）及其日益滋长起来的控制论世界图景及其支配性权力意志对生命自身的宰制，持批评和质疑的态度。

现代医疗技术包括三种形态，即常规医疗技术形态、转化医疗技术形态和人体增强技术形态。常规医疗技术形态的特点是技术介入医学或医疗

---

① 据报道，美国 Facebook 的首席执行官马克·扎克伯格与他的夫人普莉希亚·陈将在未来的 10 年内投入 30 亿美元巨额资金资助科学家攻克世界上最主要的疾病。这一计划提出的口号就是"终结疾病"。

实践之进程，其标志性特征是这一进程已经完成，并得到广泛的推广和应用。这一进程构成了一种可常规化的医疗技术现象。人们对于这一形态的医疗技术带来的生命伦理挑战尽管在某些方面可能还存在某种程度的争议，但是，这不影响在实践领域和应用层面形成一些具有指导意义的普遍性价值准则、规范程序以及处理特殊情景或例外情况时指导医疗抉择的道德原则。即是说，与常规形态的医疗技术相对应的是一种可经验化的、可常识化的生命伦理形态。转化形态的医疗技术是与转化医学相伴而生的，它是技术进入医学或医疗实践的中介，它当然以医疗目的为"最大的善"，但是，技术本身面临的风险、不确定性以及社会化后果的不可预知性，使得这一形态的医疗技术面临异常尖锐的生命伦理论争。人类增强技术在某种程度上是转化技术形态的特例，它是转化形态的医疗技术逾越了医学目的（即不再以医疗目的为旨归而是以"增强目的"为"最大的善"）的产物，必将引发全方位的生命伦理挑战，甚至带来对"人性之本质"或"人类之本质"的诘问。不难看到，在现代医疗技术的发展及其产生的医学进步中，不同技术形态或技术类型产生的问题是不同的。我们不能简单地依据单一指标或指数来应对性质绝然不同的诸种生命道德方面的论争，而是需要对其利弊、风险和长短期的后果进行综合权衡和反思平衡，并从一种新的人类史和人文史视野（例如"后人类史"）评估现代医疗技术带来的伦理挑战。这是我们不得不面对的当今技术时代呈现的医学人文或医学哲学的重大课题。

这一课题的关键在于思考，如何从生命伦理视角理解"技术"与"医学"之关联？

回溯现代医学和医疗技术进步的历史，我们不难发现，现代医疗技术面临的伦理挑战的呈现方式，大致可概括为以下三点：（1）通过技术之介入，医疗保健领域的常规性医疗技术现象总是以一种加速累积的形式得到发展，从而推动人类在医学及卫生保健领域的进步；（2）这一形态进程的关键要素是"技术"形态向"医学"形态之转化，以往在实验室或研究所的那些科学技术成果，要在医学或医疗领域得到应用（完成了技术成果的商品化或社会化），其基本前提是需要获得生命伦理的支持；（3）医学或医疗技术从治疗疾病到增强人类身体的这一趋向，使现代医疗技术面临一种悖论性处境：倘若技术的发展从根本上消灭了疾病，那么技术的"医疗"功能和"医疗技术"的提法似乎就成了多余。但是，不得不考虑的是，"增强"替代"医疗"的进程却是一个正在展开的形态过程，这在"人类增强技术"的技术形态中已然显露峥嵘。

现代医疗技术作为一种"技术类别"或"技术类型"，当然属于一种技术形态学的范畴，它是按照技术功能满足人类或特定人群的医疗保健和卫生之需求而确立的一种分类学命名。它不限于某一种或某一类技术，而是指凡是能够进入医学或医疗领域并发挥医学功能、达成"医疗目的"的技术都可称为"现代医疗技术"。在这个意义上，我们区分了常规形态的医疗技术、转化形态的医疗技术和增强形态的医疗技术。其中，将"人类增强技术"看成是"现代医疗技术"中的一种形态的依据就在于：增强的功能在某种程度上可以理解为是医疗的功能的一种替代或逾越。

从最一般的意义看，单靠技术自身是不能解决它带来的伦理道德问题的。现代医疗技术在其常规形态、转化形态和增强形态中，在治疗疾病、提升健康、改良人之内外部的性状诸方面，必须充分谨慎地考虑三个"技术限度"：（1）技术自身发展的限度；（2）人类公开运用技术力量的自由的限度；（3）社会伦理突破技术能做的评估而给出"应做"之理据的限度。从技术自身的限度看，科学技术不受限制的发展与技术经济的开疆辟土，是人类理性力量的展现。它一方面确证了人类主体性的力量；另一方面却可能导致"人类主体性"维度的丧失。换句话说，那些用来支配、控制自然及人类生命的技术在为人类谋福利的同时，可能反过来导致人和人类受到技术架构的促逼、控制和威胁。不论是医疗技术，还是非医疗技术，就技术本身而言，它自身并无"善""恶"之分。基因技术可以纠正遗传性状方面的缺陷而具有医疗功能，为遗传病人带来福音，但是它也可以利用物种、族群遗传性状方面的缺陷而具有军事功能，制造出骇人听闻的基因武器。现代医疗技术可以通过产前技术诊断母腹中胎儿的某种疾病并对之进行治疗。比如，最近报道的一例对母腹中婴儿进行肿瘤切除术医学案例就是明证。但是，这种技术也使某种程度的"定制婴儿"成为可能，引发诸多的伦理或文明难题。这里的关键，似乎并不在于技术本身之善恶，而在于运用技术的人类主体。譬如说，一把"刀"，当我们说这是一把"好刀"时，是说它具有优良的"切割功能"或"介入功能"，然而当我们说它是一件"杀人凶器"时，则是因为"刀"的良好的切割功能或介入功能被用于不正当的目的（杀人）。在某种程度上，工具的功能越强大和优良，它运用于不正当的目的所造成的危害也就越大，其作为"凶器"（乃至"杀器"）的危险也就越大。核技术从用于核电力开发到用于核武器制造，进一步，核武器从用于战略平衡到用于杀戮，就是从一种"善品"到一种"凶器"之演变。而避免这种技术运用的灾难性后果的出现，构成了技术时代人类的基本伦理道德的共识。一般说来，如果技术的应用不仅能够满足人类之需求，且符合社会伦理道德规范，则技术会造福人类。反之，仅仅是为了私欲或个人利益（包括集团利益）而滥用科技，便会带来灾难性的噩梦。在这个意义上，医疗技术或现代医疗技术亦复如此。它在医学科学技术领域中确属一个"价值中立"之范畴，似乎无关伦理道德，亦无关任何的价值判断，以至于它似乎有着自身的前行轨迹。科学家和技术专家更关心的是"事实判断"，即科学技术在医疗实践领域能做什么。然而，在道德科学领域或更为广义的社会科学领域，现代医疗技术则是非"伦理中立"的。技术时代生命医学伦理学的一个基本共识是：技术上的"能做"不同于伦理上的"应做"，而技术之"能做"如果不能获得伦理之"应做"的支持，它就不具备实践合理性和正当性。也就是说，从"能做"推论出"应做"的前提条件是伦理正当性的支持。不论对整体人类而言还是对个人人类而言，现代医疗技术之应用不能回避其所应负有的伦理道德责任。正如马尔库塞所指出的那样，如果按照工业文明的逻辑，只是单向度地追求技术的无限进步与发展，会带来两个后果：其一，从人类整体的视角看，单向度的技术文明必然导向一种技术支配人类的世界图景，从而造成工具理性的全面胜利，这会导致一种普遍性的分裂与不和谐的人类状况；其二，从人类个体方面看，新的奴役、不自由及贫困会随着技术支配的纵深展开而加深，以至于人类可能以一种"文明"的方式重新回到"奴隶时代"。技术时代的道德抉择总是会遭遇众多的两难困境，理性地平衡利弊得失当然非常重要，但对良知、仁爱及责任感的呼唤，也是必不可少的精神资源和美德资源。

现代医疗技术的前沿性进展之所以需要我们认真地予以对待，除了它带来了诸多棘手的伦理道德难题外，一个重要的原因是：我们必须从人类文明进程的发展方向及其大趋势来衡量和看待技术时代的科技进步和理性累积之意义。

人类文明史是由不同文明类型及其历史进程构成的庞大系统。而在各大文明体系中呈现出来的伦理扩展效应，又是其中最为引为瞩目的普遍性趋势。人类文明早期并不特别地顾及奴隶、妇女之权利，更别说顾及非人类物种的福利了。可是，我们今天却非常严肃认真地谈论动物的道德权利和道德地位问题。怎么看待这一变化的文明趋向呢？由此我们至少看到伦理从"人类"向一般意义上的"地球生命"或"大自然"扩展的文明趋势。事实上，现代文明的一个重要特征是其经历的快速进步和世界图景的巨大变化。今天，人们称之为"流动的现代性"或者"一切都高速运转起来了"的社会，这种变化趋势使我们不得不思考人对自然、人对人类自身进行技术改造或控制的限度问题及其未来的前景。改良或控制自然的观念，在今天成为一种显著的"现代性进程"和"现代性观念"，而随着生物技术（包括基因工程）、纳米技术、电子信息技术（IT 及 AI）以及神经科学或脑科学的发展，通过现代医疗技术的进步对于人类自身做根本改造或增强是一个不可阻挡的大趋势，也是"现代医疗技术"必然逾越"医疗目的"时所趋向的"新目标"。想想看，人类第一次为人类基因组测序用了 15 年时间、花费达 30 亿美元，而今天只要花上几周时间、几百美元，就能完成一个人的基因测序了。人们可以用它做"亲子鉴定"，也可以依据 DNA 测序定制"个人化医疗方案"，还可以像美国影星安吉丽娜那样，对潜在疾病提前预防或预治。在我们的时代，尤其是在不久的将来，医疗知识或医疗技术的改进和蓬勃发展，必然通过技术对人自身进行根本之改造，并在某种程度上逐渐获得人们的广泛的认同与支持。然而，清醒地意识到技术进步带来的改变，尤其是这种改变涉及对人的身体的基本性状、情态、基因特性等方面的根本改变，我们就必须更为清醒地看到，这种改变绝非局部的或细小的"量变"，而是复杂的、全方位的"质变"，是涉及文明形态意义上的改变。那么，问题必然导向根本之"问"：面对技术对人的根本改变，怎么办？首先我们必须审慎地反思、权衡这些改变带来的挑战和风险。仅就人类基因测序技术而言，伦理学家和法律专家就已经被该技术运用所涉及的隐私伦理问题弄得焦头烂额。畅销书《人类简史》的作者赫拉利对这些问题进行了例举，他问道：

保险公司是否有权要求我们提供 DNA 定序数据？如果要投保人的基因显示遗传性的鲁莽倾向，保险公司又是否有权要求提高保费？以后公司要聘用新员工的时候，会不会要求的不是履历而是 DNA 数据？雇主有权歧视 DNA 看来较差的求职者吗？而像这样的"基因歧视"，我们可以控告吗？生化公司能不能创造出一种新的生物或是新的器官，再申请其 DNA 序列的专利？我们都认同某个人可以拥有某只鸡，但我们可以完全不拥有某个物种吗？①

这些问题涉及技术时代令人感到异常棘手的生命道德难题。如果对这些道德难题的性质作进一步的探讨或挖掘，不管愿意还是不愿意，自觉到还是没有自觉到，我们都必然会碰触到一个与文明演进或文明前景密切相关的人之"超越性"的维度及理解性的问题，即在"人是什么"的问题上我们必须回答与人的物种规定不同的人之超越性的规定，即必须深入思考人之"类本质"和人之"类生命"的问题。我们说，人是一种超越性的存在，是一种类生命的存在，这当然是没有疑义的。然而，当技术时代蓬勃发展的现代医疗技术将人或人类的这种超越性和类本性摆在了"明面"上，将它们完全实现了出来、充分展现了出来，使之不仅仅体现在介入疾病之治疗、身体功能之增强，还进一步体现在从现代医疗技术的形态视角所窥见的技术对人自身"做根本改造"的方面，且这将会是一幅徐徐展开的人类未来世界的图景，此时，现代医疗技术面临的伦理挑战，就不再会是一种普泛而言（或者一般意义上）的技术时代的医学人文课题，它将人们探究的视野引向了对人之本质的追问，引向了一种哲学人类学的反思。这令人想到当代意大利哲学家莫迪恩在其代表作《哲学人类学》中对人之超越性的两种类型的论述。他写道：

> 关于人的超越可以分为两个主要类型，一个是水平的超越，一个是垂直的超越。前者包括向未来的一般意义上的前进，但它仍然保持

---

① ［以色列］尤瓦尔·赫拉利：《人类简史》，林俊宏译，中信出版社 2014 年版，第 402 页。

在空间、时间的范围里,因此仍然保持在历史的视野里。后者则是向上的超越,意图超越空间、时间的界限,指向无限。二者也可以分别称作历史性的自我超越和形而上学的自我超越。①

莫迪恩所说的人的两种类型的自我超越,可概括为:(1)理性形态的自我超越,即在时空中,在历史中的"横向"超越;(2)精神形态的自我超越,即超越时空的、超越历史的"纵向"超越。前者是在"人"之"有限性"的限度内的一种理性的超越,而后者则指向一种"人"之"无限性"的深度上的精神的超越。我们总是从人分化为一个一个的个体(理性存在)的意义上思考第一种类型的超越,即"从个体出发"的伦理形态上思及时空中人的自我超越,而从人结合成为一个群体和整体的意义上思考第二种类型的超越,即"从整体出发"的伦理形态上思及超越时空意义上(或超验意义上)的人之自我超越。这两种涉及人之超越性的形态,在现代医疗技术的伦理挑战中都有鲜明的呈现。抛开第一种超越(即理性形态)不论,就第二种超越(即精神形态)而言,现代医疗技术在快速融入最新科学技术成果方面由于展现了对人类自身进行根本改造的技术化生存之可能,故而引发了关于人是否能"扮演上帝"之争论,特别是人类增强技术带来的关于"后人类主义"和"超人类主义"的讨论,展开了对"人的本质"的重新理解及对人的概念进行重新定义和重新认识的哲学思想之维度。在这一点上,我们需要在一种即将开启的文明形态之总体转换的视野下,拓展我们的伦理道德观念,重新面对"人与非人""人类生命与非人类生命""人类时代与后人类时代"的哲学人类学区分。当克隆人、定制婴儿、编辑基因、增强人体等技术被广泛运用于人类健康之改善和人类生命质素之改良时,我们可能面临一种根本的精神的、形而上学的困惑:"我"是谁?"人"的本质是什么?什么是"人"?

这是一个无可回避的古老而常新的哲学之"问"。现代医疗技术在其常规形态、转化形态、增强形态三个层面可能遭遇极为不同的问题。但

---

① [意]莫迪恩:《哲学人类学》,李树琴、段素革译,黑龙江人民出版社 2004 年版,第 157 页。

是，从理性地处理"医患冲突"、面对"病人之权利"，到寻求人口意义上的健康公正和医疗保健方面的伦理难题之解决，再到面对人类增强技术带来的前沿性的伦理道德挑战，这些都不仅仅是一种经验性层面的医学人文课题，它还属于一种哲学性质的反思和建构。

第二节　现代医疗技术的伦理形态

在前文，我们提到，现代医疗技术及其相关体系推动了高新生命技术和尖端科学技术在医疗中的转化和应用。这一趋势随着人类理性力量之累积和人类知识之进步，以一种加速度形式呈现出来，使得现代医疗生活的形态演进遵循着医疗技术化的趋势而发展。

一方面，医学的目的是治疗疾病、缓解疼痛、护卫生命、增进健康、延展寿命、减少死亡，其基本宗旨是"卫生""文明"，即面向人之生命的安顿与保全，核心理念体现为关怀生命自身的伦理理念。因此，古人云："医乃仁术。"然而，"医学目的"的达成，既非纯粹医疗技术之功能，亦非纯粹的伦理或人文之功能，而是两者相互作用的产物。这使得医学在关怀生命、尊重生命的面向上，融汇了伦理形态与医疗技术形态两个方面。尊重生命和敬畏生命的伦理省思，在医学维度是由医疗之"仁术"而非某种哲学之"玄思"体现的。换言之，现代医疗技术因其"术"的功能而带来了诸多伦理挑战，如若没有伦理之"道"或文明之"道"的指引，则所谓"仁术"就要大打折扣了。从这个维度看，古之所谓"医乃仁术"契合了生命伦理学特别关注生命科学技术之道德维度的核心定位，就其主旨而言，必然涉及到现代医疗技术的伦理形态问题。

另一方面，现代医疗技术虽然来源不同，但其展现方式上有两个特征不可不查。其一是"医学方面"之特征；其二是"生命方面"之特征。这"两面"特征使得现代医疗技术的技术形态与其伦理形态密不可分。首先，现代医疗技术有其"医学面"。何谓"医学"？许慎《说文解字》释曰：所谓"医"者，"治病工也"——就是说，"医学"之功能，说得直白些，就是"治病救人"。西方比较早的关于"医学"的权威定义，出自中世纪哲学家阿维森纳（Aviccenna，980—1037）。他在《医典》中写道:"医学是这样一门科学,它告诉人们关于机体的健康状况,从而使人们在拥有健康的时候珍惜健康,并且帮助人们在失去健康时恢复健康。"①后世对医学的理解,虽然有各式各样的定义,有时甚至千差万别,但其核心内涵则是脱胎于阿维森纳定义中的"健康关怀",即"如何确立人类机体健康的标准"以及"如何保持和恢复人类机体健康"的问题域。其次,现代医疗技术有其"生命面"。何谓"生命"?哲学、形而上学、神学和各门具体科学对这个问题的响应方式各不相同。生命伦理学显然是以"生命"之关切为重点的道德科学,但它关于"什么是生命"却并不能给出一个简单明了的标准答案。世界上一切伟大的宗教(例如基督教、佛教、伊斯兰教以及中国的儒家、道家)和道德体系,无一不是孜孜于探求生命之奥秘或生命存在之意义。尽管个体生命的生物学遗传密码在今天已经被生物学或遗传学所解密,但生命之整体的意义,尤其是人类生命的存在之意义,显然是各门具体的自然科学(包括生命科学)的知识无法穿透的。生命来自自然,但又在人之生命存在的维度超越于自然。我们可以用技术方式创制人工生命或生命之机体以服务于医疗之目的,但是,个体生命的独一无二性不论是对人而言还是对于动物而言都是其本真的规定。现代医疗技术所关联的生命之面向和医学之面向表明,现代医疗技术在"干预生命"和"重塑医学"的意义上,不再是某种纯粹的功能化的技术类别或纯粹技术的展现方式,而是包容诸异质要素的一种形态化的技术展现。这种"形态化"将"技术与伦理"结合在一起。在有着广阔应用前景的 NBIC(纳米技术、生物技术、信息技术、认知科学)四大技术的会聚中,我们看到,人类以技术方式构造社会和医疗之进程是一个不断展开的形态过程,那些看似与医疗目的无关的各种形态的技术,正在进入现代医疗技术范畴。比如,"大数据技术"原本不是一种"现代医疗技术",但是它进入医疗实践和保健领域所展现的开启智慧医疗及个体健康革命的强大功能,使之成为当今最能引发现代医疗技术革命或卫生保健变革的技术形态。

由此可见,现代医疗技术依其技术功能与医疗功能的关联而呈现为一种从技术形态到伦理形态拓展的趋向。生命伦理学的形态学视角不能回避

---

① [英]苏珊·阿尔德里奇:《话说医学》,曹菁译,北京大学出版社 2010 年版,第 21 页。

这一趋势以及由此带来的医疗生活史重构的课题。技术进入医疗的不同进路构成了技术与伦理关联的不同形态。如前所述，如果从人口现象的形态学视角看问题，可以辨识三种关涉医疗生活史之重构的形态。第一种形态是已经被广泛使用的医疗技术，即不论是作为药剂、器械、检测工具和仪器，还是作为方法、原理和干预手段，这一形态的医疗技术已经非常成熟、稳定，是日常医学实践或常规化医疗技术应用的基本构件。常规形态的医疗技术就技术本身而言不会带来棘手的伦理难题或伦理挑战，即是说它不会带来令人困扰的"技术—伦理"难题。然而，这并非是说，常规形态的医疗技术不涉及生命医学伦理问题，而是说，它面临的问题更多是一般意义上医患关系、病人的权利、医生的责任、知情同意原则、医疗制度合理化等问题，包括医学美德问题、医疗公正（健康公正）、卫生保健资源分配的问题，以及由成熟的医疗技术的应用产生的生命伦理问题（特别是与生死问题有关的医疗技术的应用，如代理母亲技术、安乐死、脑死亡、器官移植）等常规形态的生命伦理问题。由于常规化的医疗技术关涉广大的人口规模和人群范围，讲求医学科学之证据、顾及各方面的"权利—义务"关系是其最为突出之特点。其相关联的伦理形态主要表现为一种人口意义上伦理形态；第二种形态是处于转化中的医疗技术。转化医学是科学技术进入医疗领域的中介。它与常规医疗技术最大的不同在于，它在将"研究成果"与"医疗技术"联系在一起的时候，需要面对技术的运用所产生的一系列的科学、医学、管理、伦理等复杂的问题。这种转化的力量，在异常久远的古代是被人们以一种古之又古的智慧所直观到并感知到的力量。在古希腊的荷马时代，人们将疾病治愈的力量描画为"蛇杖"。"医神"阿伊斯古拉普所持的手杖上缠绕着一条"神蛇"，它象征着具有魔力的知识向具有神奇医疗效果的医术的转化。然而，这个隐喻最初无疑带有"巫术"的色彩。只是在现代医疗技术出现后，现代科学技术才开始了重构医学形象的文明进程。近世医学是随着外科技术（特别是人体解剖学技术）的发展，听诊器等医学器械的发明，而开启了医学诊断的新纪元。20 世纪 30 年代磺胺药和青霉素进入药典，随后 1945—1965 年间各种抗生素、抗高血压药、抗精神病药以及抗癌药的普遍使用，使医学获得了突破性的进展。这些推动医疗革命的药物的出现，前所未有地扩展了常规医疗技术的规模和力量，同时也揭示转化医学的形态特质。

转化医学通过将医疗与自然科学和现代技术进行嫁接和融合，使医学发展成为一种知识体系、技术体系和保健体系。然而，问题一直以一种异常尖锐的方式存在：如何应对和评估那些仍然处于转化中的医疗技术呢？这是现代医疗技术面临的第二种类型的伦理挑战；第三种形态的技术是逾越了"医疗目的"的现代医疗技术。学术界通常称之为"人类增强技术"或"人体增强技术"。随着现代医疗技术的进步，使得一些医疗技术在技术目的的维度，不再受限于疾病的诊断与治疗，而是以纳米技术的启用，基因技术（包括基因增强技术或基因编辑技术）的发展，"脑技术"、信息技术（包括大数据技术）、人工智能技术以及人造生物体技术的突破为契机，在技术形态方面出现了现代医疗技术的改革，即医疗的功能在这些技术类型中不再居于优先地位，取而代之的是"增强功能"的优先地位日益变得显著。这种技术形态的改变带来了日益严峻而尖锐的伦理难题和人性挑战。

综上所述，现代医疗技术的伦理形态呈现为三种形态分布，这三种形态的基本特征及其带来的伦理问题和伦理形态，概述如下。

第一种可称之为"常规形态"。常规医疗技术在技术形态方面具有明确的医疗目的，它以诊治疾病和纠正缺陷为主要目标。而与之相关联的伦理类型，则主要涉及病人个体权利的保护、医生的义务与责任以及适用于医疗技术的生产和使用过程中的公平正义原则，等等。这些表明常规形态的医疗技术所关联的是一种可常识化的伦理形态，其典型形态特质就是以制度性架构为旨归的程序伦理问题。换言之，可常识化的程序伦理是与常规化的医疗技术及其发展相适应的一种伦理形态，核心就是确立和运用尊重病人个体自主权的制度性架构。它需要协调三方面的矛盾：常规化医疗技术水平与日益增长的大众保健和医疗卫生需求之间的矛盾；传统伦理生活方式与现代医疗制度之间的紧张；以家庭为单元的医疗决策模式与尊重个人自主的伦理原则之间的冲突。

第二种是"转化形态"。"转化医学"一词虽然晚出（1996年首次提出），但它作为技术形态却早已存在，且体现在"从板凳到临床"的口号中。转化医学是将研究成果转化为诊断工具、药物、干预措施等，以达到改善个人和社群之健康的医疗目的。它在两个方面遭遇伦理难题：一是临床前研究与临床的衔接要经过从动物实验到早期人体实验诸环节，这带来了以"常规形态"为参照的可程序化的研究伦理问题；二是高新生命技术的临床转化进一步带来了医学革命化，因而也造成了"风险—收益"难于计算或评估的伦理问题，而一些尖端技术（比如克隆技术）的转化有可能带来对"人性"、"人的自主权"、"人的概念"等常识概念的颠覆性改变。因此，伴随着转化医学范畴下的医疗技术的跨阶段、多领域、探索性等复杂特质，其伦理形态以策略性架构为旨归，既有面向可常识化的程序伦理的方面，又有面向针对"人性"或"人之自主权"进行生命伦理质询的实质伦理的方面。这种两重性使得转化形态的医疗技术比较明显地关联着一种"途中道德"的伦理类型。

第三种是"增强形态"。这一伦理形态与"人类增强技术"的发展相关联。"人类增强技术"通常是指逾越"医疗目的"的技术。从技术形态看，这些技术有的是从医疗技术的功能逾越而来，有的是从转化医学的"转化形态"中进一步转化而来。由于它在关乎人性改良、医学功能转移、技术逾越性、公正有限性四大生命伦理挑战时总是呈现出一种未决事项的特征，因此，其伦理形态只能诉诸人类拓展未来的技术化生存获得对生命总体存在进行改造的超人类主义的伦理辩护。因此，"人类增强技术"是在拓展一个可能（或即将）来临的"后人类主义时代"的意义上，关联着一种新的实质伦理的"增强形态"的建构。

现代医疗技术作为一种容纳了各种异质性要素的技术形态的展现，在常规形态、转化形态和增强形态的技术展现中，关联并展开了相应的伦理类型或伦理形态。现代医疗技术对人的生育方式、保健、疾病治疗、人体增强、寿命延展、老龄生命质量提升、临终关怀、死亡问题等殊为不同的事项所进行的干预和操纵，使得生命伦理学必须面对不断得到拓展的异质性的"技术—伦理"类型。这凸显了生命伦理的形态学视角对重构医疗生活史的重要意义。

第三节 现代技术的本质及其面临的人性挑战

毫无疑问，现代技术带来了人类社会生活和实践样式的全方位变革。其中，一个显著的变化来自医疗的现代化和保健方式的日新月异。越来越多的新技术进入常规医疗技术的"清单"之中。而这个"清单"也以不断增长的数量规模和质量形态呈现在人们的面前。技术类型学上的一个突破愈来愈清晰可见——这就是，随着转化医学的进步，人类以技术介入方式操纵控制身体、修改或矫正疾患、保护增强人类健康的理性能力获得了前所未有的提升。一方面，现代技术的本质，正如海德格尔所说，典型地反映在技术对人的自然生命存在的促逼或一种座架式的支配体系的构建，它规定了人对自然的关系是一种人对其自然母体的出离和反抗的关系。另一方面，人类不再满足受限于自然并以适应自然的方式建构人与自然的原始和谐。"天人合一"之境界及其古老智慧，以及其中蕴涵着的伟大的"天道"运行法则，只存在于思古之幽情的怀旧思绪中，或者存在于某种艺术审美的情感中。人类也不再仅仅满足屈从于自然的限制而被动地适应自然而生活。伟大的主体性觉醒被理解为（或者甚至是如此地被看作）人类控制自然之进程的文明的胜利，这是一种"力"的展示，它在聚集和释放的同时又不断地反噬着生成它的人类之主体，且将人类主体转化成为被技术所支配的对象。

一 "力"的聚集和释放：现代技术的本质

在今天，人类文明经历着由科技、智识和智能的"具身化"及与之相关的道德的物化，使一切理性的小精明（或算计）难以逃脱由现代技术所造就的一种聚集起来的"大理性"所覆盖。尼采曾以一种诗意的隐喻天才地预见到这种使一切旋转起来的"权力意志"的新型"力学"。他写道：

> 这个世界是：一个力的怪物，无始无终。一个钢铁般坚实的力，它不变大，不变小，不消耗自身，也没有损失的家计，但同样也无增长，无收入，它被虚无所缠绕，就像被自己的界限所缠绕一样，不是任何模糊的东西，不是任何挥霍的东西，不是无限扩张的东西，而是置入有限空间的某种力……在此处聚集，同时在彼处消减，就像翻腾和涨潮的大海，永恒变幻不息，永恒复归，以千万年为期的轮回……作为必然永恒回归的轮回，作为生成的东西，不知更替，不知厌烦，不知疲倦，自我祝福……这是权力意志的世界——此外一切皆无——

你们自身也就是权力意志——此外一切皆无!①

在这种"力学"的支配原则中,在这个"权力意志的世界"中,一切伟大与不朽的事业,一切表象的、运动的、静止的、产生的、消亡的事物,都被还原为一种"力"的原则。而整个世界都是"力"的世界。所有的现象都是权力意志的竞技和自我游戏,是积累和释放,是无休止的变化和轮回。尼采对世界的这种变易性、流动性、生成性的揭示,是对现代性的一种图画式或图谱式的描述。而现代性的本质就体现在这种"力"的聚集和释放之中。它是一切变化、生成的根源。在这个意义上,尼采借"权力意志"之名,且以如此浓重的笔墨描绘的"力"之世界图画,实乃表征了今日"人之类型"已然为一种"求强力的意志"(权力意志)所支配,他(或她)从适应自然的人性或人类,趋向一种控制自然(甚至重塑自然)的"超人类"之阶段。我们今天在现代技术所展现的此等"伟力"中,特别是在现代医疗技术由控制人的生物学遗传性状到控制人的认知神经过程的"大能大力"中,确乎见证了尼采预见的这个"力"的世界的聚集和释放的未来前景及其现实展现。

现代世界的文明法则随着"力"之聚集和释放,并以此所体现的人类主体性力量的日益膨胀和人类理性威力的"进步",又一次使人类面临新的问题和挑战。

在这一维度,研究者们谈到了不受限制的主体性——一种不知疲倦的进取的理性的累积与进步,以及它可能带来的诸多的文明病症。因而,主体性的限度问题,以及与之相关的人类理性本身隐蔽着的疯狂,正是"尼采-海德格尔-福柯"这一脉思想家在反思技术时代的现代文明病症时要着力予以揭蔽的思想主题。不管哲学家们以何种概念表达这个主题,也无论现代技术的本质如何体现为人类主体对自然进程和生命进程的干预、控制和主宰,在这种现代技术所展现的"力"之集聚与释放(尤其是体现在现代技术的"力"之集聚)的现代性空间中,尤其是在这一空间中它对物之纯真及其存在意义的剥夺,开启了一种令人深思的影响至为

---

① [德]尼采:《尼采遗稿选》,君特·沃尔法特编,虞龙发译,上海译文出版社 2005 年版,第 117—118 页。

深远的思想事件之契机。

从一种始原性的伦理视角看，人之此在性的生存一旦落入技术化生存的规制和统治，一种出离了人之主体性控制的总体性力量，就会反过头来主宰和控制人的世界和人的生活，进而实现对人自身的主宰和控制，并带来一种灾难性的人性之反噬——本来是一种彰显人性光辉和人之理性伟"力"的主体性，是一种源自人之权力意志的"力"之集聚和释放，反过却成了瓦解和支配人和人性的一种异在的、异己的力量。"力"之轮回如此旋转，于是，最有力量的世界中心或宇宙中心，必定有如那最"虚无"的"黑洞"一样，既是集聚一切力量的中心，又实质上是一种"虚无"的象征。

二 "虚无"的隐蔽与呈现：现代技术的展现方式

现代技术的本质居于此两重性之中，从其最大限度地呈现为一种"力"之集聚和释放的"正面"看，甚至可以说它使得古老形而上学的"理念"获得了一种现实展现或实际呈现的良机。然而，从其隐匿的本体之"虚无"的"背面"看，则在现代技术"解蔽一切神秘、打破一切限制、改良一切缺陷"的宏伟展现中，存在自身被剥夺的命运亦随时生发——善哉，这种危险确属此技术时代之"天命"也。

德国哲学家海德格尔在现代技术的伟大胜利中看出了一种"夜到夜半"的黑暗之降临，因而，他追问现代技术的本质，就是力图去澄清吾人之遭遇到的前所未见的黑暗与危险的一种"思想之努力"。倘使吾人不欲在欢呼现代技术之"大能大力"时，不为其隐蔽的"虚无黑洞"所吞噬，就需要静下心来聆听这种"夜到夜半"的钟声。海德格尔1950年在题为《技术的追问》的演讲中谈及现代技术与人的存在关联时说：

> 我们追问技术，旨在揭示我们与技术之本质的关系。现代技术之本质显示于我们称之为座架的东西中。不过，仅仅指明这一点，还绝不是对技术之问题的回答——如果回答意味着：应合，也即应合于我们所追问的东西的本质。
>
> 如果我现在还要进一步深思座架之为座架本身是什么，那么我们感到自己被带向何方了？座架不是什么技术因素，不是什么机械类东

西。它乃是现实事物作为持存物而自行解蔽的方式。我们又要问：这种解蔽是在一切人类行为之外的某个地方发生的吗？不是。但它也不仅仅是在人之中发生的，而且并非主要地通过人而发生的。①

这是一段非常经典的海德格尔式的追思追问，是其关于现代技术本质之追问的问题脉络。沿着这一脉络，在这种追问中，现代技术的本质已经不是某种单一的技术要素，而是作为一种总体性控制方式或支配形式表现为一种形态普遍性。这即说，现代技术的本质居于一种可以称之为"座架"的总体化支配之中。我们现在称之为"体制"也好"架构"也罢的东西，它的一个最为典型的特征就是归属于一种展示或"解蔽之命运"，成为一种无可更改的必然性，或"无可回避之物"。现代技术导致的一个结果是："人一味地去追逐、推动那种在订造中被解蔽的东西，并且从那里采取一切尺度。由此也就锁闭了另一种可能性，即：人更早、更多并且总是更原初地参与到无蔽领域之本质及其人无蔽状态那里，以便把他所需要的对于解蔽的归属性经验为他的本质。"② 当然，正如海德格尔所说，这种关于技术本质的追问，注定了将人们驱迫进一种危急状态：如同群山被展开为山的形态，且被指认为山之聚集，是为"山脉"，现代技术以类似的方式将人和人的生活聚集起来，使之被促逼着"订造作为持存物的自行解蔽"。于是，技术事情的本身或本质，指向了日益被技术物化了的人性尺度，它的本质就被铭刻进现代技术的非技术因素之中——一种能够支持技术的人文价值要素或道德要素之中。

现代医疗技术虽然是现代技术之一种，却是其最具典型的一种样式。它以一种独特的具身性，令现代科学技术中隐匿不见的权力意志得以彰显。在那里，技术本身在"如群山一般聚集"的"力之运作"中，使人的生命或身体也成为订造的对象。虽然在海德格尔的时代，这种聚集起来的座架力量还只是以一种隐匿未彰的"势能"潜伏在最初的现代技术的创建中，并没有像今天人们所经验到的那样真实地感知到由于

---

① ［德］海德格尔：《技术的追问》，孙周兴译，载孙周兴选编：《海德格尔选集》（下），上海三联书店1996年版，第941页。

② 同上书，第944页。

基因组图谱的成功绘制和脑科学以及认知神经科学的突破,技术解蔽进入基因、细胞、神经的层面。然而,海德格尔对现代技术本质之追问,特别是对现代技术背后的权力意志的支配作用的揭示,则提供了看待现代医疗技术作用于人之身体、疾病、健康、死生的那种"力"之聚集和释放的独特视角。

我们必须守护物之纯真,此乃人之安居之根本。我们不能丧失对存在之真的敬畏,不能放弃对人之诗意安居的一贯坚持。当此之时,首要前提是要有对现代技术之本质保持清醒之认识和深切之感知。唯有如此,才能推动人类在面对技术不断进取或开工掘物的无穷尽的"力"之聚集和释放时,坚持对自然之改造保持在适合的限度内。这意味着让理性回归其希腊之本义,即让理性回归其"适可而止"或"适度"的原始德性。我们要认识到,技术之发展,人类知识之进步,都有其局限性或片面性。在一种绝对的意义上,大自然永远是正确的,大自然永远是人类的导师,这是现代技术的"大能大力"不可能逾越的大自然之"天道"。遵循自然,而非控制或支配自然,才是大自然给予人类的永恒的道德劝告和道德命令。无论是在技术发展的有限性层面,还是在人类掌握自然知识的有限性层面,遵循大自然并非是完全放弃人的主体性,恰恰相反,它是实现人之主体性的必备条件。

现代技术在其"力"之聚集与释放的本质规定中,遵循着一种功能推理,即它设置了一种以满足人类需求为目的的功能。例如,现代医疗技术,其功能推理和功能展现,在一种形态学意义上,呈现为从医学功能到增强功能的分布和延展。这体现了现代技术的本质居于一种非技术要素的特性之中——它以满足人之需要为目的。当现代技术以这种方式拓展时,它也就预定了无穷尽地满足人类所有需求的功能和目的。从延长寿命,干预生育,延缓衰老,治愈疾病,增强人体,到长生不老,都可能会成为技术拓展的目的。后人类主义者在这个意义上提出了"永恒发展"之原则。依此而论,人的一切"生老病死""祸福吉凶"都在技术功能的预设之中。那些被认为是无能为力的致死痼疾因为现代医疗技术(如心脏与脑部手术的成功)而被治愈。器官移植手术、基因修饰技术、人造器官技术等,使得医学最终可能摆脱面对生命脆弱时的"无能或无奈"之叹息。然而,人类的欲望是无限的,但身体和生命终究是有限的、脆弱的。现代技术的功能设置存身于这一至为根本的矛盾运动之中。这是现代技术之本质使然，又是人之本性使然，是两者互动共生的一种现代性的"共谋"，是技术发展、医学进步和伦理拓展的根本动力之所在。

三 "人的形象"的重构：透过现代医疗技术的"幕纱"

现代性的动力特征可用一句话来概括，就是，"一切都旋转起来了"。现代技术的"现代性"在于：当其加入这个"一切都旋转起来"的运动之中，当其为"力"之集聚与释放的进程所裹挟，并推动人类永不停歇向前行进时，一种反向运动实际上已经潜隐于技术进步史（包括医学进步史）的背后——当"一切都旋转起来"时，人类尤其需要一种沉静，或冷静，以平衡日益滋长的喧嚣——我们需要停下来！等一等！我们需要等一等这种可能会被急速变革和进步已然丢在身后的人类的"道德"和"良心"！在一种沉静甚或冷静中，我们或许透过覆盖在现代医疗技术之上的"力"的"幕纱"，观察到一种已然开始的对"人的形象"的重构。

事实上，今天通过医学和现代医疗技术的高度专业化和技术化，人类前所未有地瓦解了作为整全的"人的概念"。知识是如此密集地集聚着、增长着、爆炸着，不同学科知识领域以一种特有的方式与医学和现代医疗技术发生着某种关联。历史学、人口学、经济学、政治学、社会学、心理学、法学，等——这些看起来似乎与医疗无关的人文社会科学，也都具备与生命、身体、健康、人类繁荣之改善、调整和需求之满足有关的面向。更不用说，那些可以直接转化为作用或介入身体的自然科学、技术科学和工程科学方面的知识了。"人死了"——福柯的话，说的是太多的关于"人"的科学导致了"人"之终结，因为从这些不同的方面看待人的生命或身体，就会导致某种程度的"人的概念"的瓦解。

特别是，生物科学或生命科学、行为科学的专门化，最突出地产生了类似的效应。它使"生命"的整体性被分解为细胞、神经、基因或行为等。通过现代技术，即通过现代医疗技术的不同形态对"对象"的控制和改良，我们把客体对象从外部世界转化为人自身的身体，从对外部自然对象进行操作转变成对人自身的身体或肉体进行操作。控制自然转换成了对人自身生命的控制。而控制或改良的方式就是事先将整体自然过程和身体切割、分解成为片断，最后构成事物整全本质的东西消失了，被瓦解掉了。

　　人是什么？生命是什么？什么是人类真正需要的东西？什么是生命的意义？这些问题都要在一个碎片化的世界图景上被重新问及。由于现代技术不仅把外部自然而且把人自身生命作为改良、加工、修饰、操作的对象和客体，现代医疗技术带来了日益严峻的人道关怀的失落和人性意义的困惑。技术乐观主义者希盼通过技术改变人体的性状或功能，使人更"完美"，以减少甚至杜绝疾病之困扰，以更好地适应"无痛时代"的社会生活和政治生活。然而，人类在生物学上的缺陷或弱点虽然可以通过现代医疗技术的进步予以纠正、治疗甚至克服，但是，人类在社会学上的缺陷或弱点则不是现代医疗技术所能矫正或克服的。

　　人类的繁荣昌盛与动物有很大的不同。动物大都拥有某种特殊本能以适应或应付复杂多变的环境；而人类的全部优势，就是人的理性和思想。这也是人的全部尊严之所在。现代技术作为人类理性和思想的杰作，在一种"力"的聚集与释放中，已确证了人的理性和思想的伟大，同时也彰明了这种"大能大力"可能存在的巨大危险——"理性"可能演化为"疯狂"，而"思想"则可能在技术具身的现代性展现中沦落为一种彻底的"无思想"。

　　毫无疑问，人仍然需要运用理性和思想去战胜疾病、贫困、愚昧、落后，去强健人之体魄和精神，抵抗衰老和脆弱，进而消除阻碍社会发展和知识进步的障碍。然而前提条件是，我们需要时时警惕在现代技术的进步中那种使得理性陷入疯狂、思想沦落为"不思想"的人性的或伦理的挑战和陷阱。

　　对于处理身体或干预生命的现代医疗技术而言，技术要素日益成为现代医疗或医学的形态特征，这从另一侧面凸显了人文要素和道德原则的重要性。现代医疗技术有自身前行的轨迹。无论是常规技术形态、转化技术形态，还是人类增强技术形态，都凝聚着人类理性的累进。我们不需要怀疑技术进步的"大能大力"。真正艰难的问题，也是最为令人担忧的问题，是技术进程中的人文要素。这里始终存在着如下一种警醒："医学是一门需要博学的人道主义的职业，其道德性质更类似于宗教的传教士。"在这个意义上，我们可以说，现代医疗技术作为现代技术的一种特殊类别，它在展示"解蔽之命运"的维度提供了解蔽现代技术中人文要素和道德要素的最适切的视阈。不仅治疗疾病成为技术突破的重点，而且在道德形态学意义上再造病人逐渐成为医疗过程的重心，甚至可以说，它关乎对"人的概念"以及人之尊严命题的重审。

古之所谓"医术"多以经验方式诊治疾患，而无精准检测和定量依据，其优点是"医患联结"在医生与病人的情感关联中获得了一种道德性质之建构。所谓"无恒德者不可以作医"。这使传统医学不离人文价值之内核。事情的改变起于现代医疗技术及其带来的"精准医学时代"的来临。现代医院体系不仅仅是一种高度专门化、专业化的知识体系和管理体系，它还是各种尖端技术和治疗方法的汇聚之场域，因而，使机器成为技术时代"医患联结"的纽带。生命伦理学家黄丁全对此有一段描述，他写道：

> 医院的规模日渐庞大，软体硬体建设日渐现代化，一座座白色巨塔里充斥的是各种诊断治疗仪器和设备：从X射线、心电图、电镜、内视镜、示踪镜、超音波诊断仪，到自动生化分析仪、CT扫描、正电子摄影（PET）、核磁共振成像（MRI）、肾透析机、心肺机、起搏器、人工脏器与不能胜数的药物，这些在临床治疗中发挥着救死扶伤的重要作用。化学药物、器官移植、生殖技术、介入性治疗等提供了多种有效的治疗手段。种种技术的飞跃解开许许多多生老病死之谜底，疗治许多原属不治的疾病。令人歌颂的医学的傲人成就，固然造福无从计数命在旦夕的病患，却因分析研究的必要，把研究对象"物化""非人化"。原先几千年来一个医师面对一个病人的对话氛围，猛然切换成"一个医师面对一台出错的机器"，不问这人是谁，医师只管维修，就像汽车维修站的技术工人。这是技术属性膨胀的结果，使医疗活动中"人"的属性失去了原有的光彩，病人的痛苦转化为疾病的表征，被简化为因机体的某一部位损伤或功能失常需要修

理和更换的一具具生命机器。①

这段对现代医疗技术及其由之奠基的现代医院诊疗体系的现象描述，反映了当今人类对现代医疗技术的复杂态度。毫无疑问，我们对现代技术的发展抱有无限期望，希望通过技术及其运用为人类带来福音，但是技术发展本身存在着诸多不确定性，而且技术化生存对人性关怀、人道眷顾和仁爱情感的剥离，是技术这一"座架"设置必然带来的效应。因此，技术时代的理性和思想存在着将人简化为"生命机器"的危险。可是，一种冒险而行的惊讶，却存在于一种可能性之中："技术之疯狂到处确立自身，直到有一天，通过一切技术因素，技术之本质在真理之居有事件（Ereignis）中现身。"② 这就是说，时代之旨趣已然不同于人类原初依赖技术进步解放体力之阶段，技术在拓展和开发人之世界的广度和深度方面，机器在取代人之理性和思想方面，已经使"人的概念"和"人性问题"成为我们不得不面对的"真理之居有事件"。我们还有可用来支撑这个日益变得"疯狂"的技术时代的人文价值体系和道德行为准则吗？这个"我"又会是谁呢？

四　"人是谁"：人性本质的挑战

不用举太多的例子，我们仅以每天使用的智能手机为例，就会看到，这一看似与医学或医疗技术无关的"现代技术"可能会打开个体化智慧医疗的大门。科学家们正在研制可与智能手机相联接的微型传感器。这种传感设备在植入人体的相关部位后，可以精准地监测各种疾病的征候并通过相关软件程序和互联网数据库对监测数据进行分析，即时提供健康指导和就医指导。当然，这种对生命体的监控将会成为一种普遍性的社会规训的"力"的组成部分，并成为拘禁个体生命自由的一种强大的设置，它在护卫生命健康、增强人体的同时，也会对隐私伦理提出尖锐的挑战。无处不在的监控使一切大白于天下。于是，"人是谁"之问，将会顽固地盘

---

① 黄丁全：《医疗法律与生命伦理》，法律出版社 2007 年版，第 7 页。
② ［德］海德格尔：《技术的追问》，孙周兴译，载孙周兴选编：《海德格尔选集》（下），上海三联书店 1996 年版，第 954 页。

踞在现代技术造成的至为深层的"人性困惑"之中。

现代技术之"现代性"（进而现代医疗技术之"现代性"）皆以崇尚"力"之原则和"流变"之"哲学"为要义。约纳斯指认，现代技术已然成为我们时代的哲学之对象。他写道："……由于技术已成为地球上全部人类存在的一个核心且紧迫的问题，因此它也就成为哲学的事业，而且，必然存在类似技术学的哲学这样的学科。"[①] 虽然这只是一种仍处于起步阶段的哲学，但一种典型的关注方式已经在最近的半个世纪得以展现，这就是生命伦理学的兴起。在这个意义上，我们把现代医疗技术的本质之问归于现代技术之名下，即敞开了从医学叙述回归生命伦理学根本问题的进路。约纳斯揭示的通过描述使人确信身体现象和技术现象及其内在关联来发现哲学原则的"技术学哲学"，显然涉及某种深切的"人性困惑"。

具体说来，吾人今日之困惑的根源在于，当吾人被置身于现代医院这座由现代医疗技术构造的"生命维修厂"去"被修理""被保养""被增强"（吾人这架生命机器）时，一个哲学问题其实已然呼之欲出了："人是谁？"——"人"到底是什么？而在操纵基因的技术革命中，我们可能在生物学的意义上见证了一种文明类型的改变和人之类型的改变，今日的人类史是否会成为一种新的文明类型的史前史呢？生物工程技术会带来人口形态发生大幅度的改变，到最后，"人是谁"，就真的会变成了一个问题。

换一个角度看，医学生命伦理学关注医学叙事，尤其重视医疗技术实践之叙事，它原本要讲述的就是在医学实践（包括医疗技术实践）中人与人之间的故事。可是，现代医疗技术对人之身体或生命的支配和干预，可能最后将故事情节变成了人与机器的"故事"，而故事背后更是隐藏了人与市场利益或资本控制的故事。在人与医疗器械的"故事"中，由于现代医疗技术展现出一种日益强大的"大能大力"，"医疗器械"成了医疗技术实践的神器，而"人"则转化成了"物品"。这使得"视病如亲"、"仁爱感动"的大医精诚之道，在今天似乎成了与现代医疗技术隔

---

① ［德］汉斯·约纳斯：《技术、医学与伦理学——责任原理的实践》，张荣译，上海译文出版社 2008 年版，第 1 页。

岸相望的古旧时代的遗响。"人性本质"在资本增值和资本扩张的逻辑下面临遭遇瓦解的困局。

这里所说的"人性本质"之困惑,在"人是谁"之问的哲学题域中,呈现为"质料方面"与"形式方面"的区分。它提供了我们在现代医疗技术的展现中重新描绘"人之形象"的两个主题"图画"。

第一,作为趋向医学或医疗实践的一种持续不断的技术总体化展现,现代医疗技术对人文价值世界的剥蚀是其在"质料方面"的规定,它引发了关于人性本质的质疑,此事攸关"生""死",我们只有于"质料方面"上让医疗回归最基本的敬畏与尊重,即敬畏生命,尊重人之尊严,才能在"生""死"抉择之际,"还医学以人道"。

第二,在现代医疗技术开辟并试图控制的新目标中,如果抽离那些丰富的具体性,就会看到,技术对人之世界的座架式设置是其在"形式方面"的基本规定,它引发了关于人以何种形式栖居于技术化世界之中的人性本质的质询。此等质询朝向技术座架的形式伦理方面延展。我们只有在"形式方面"赋予医学和医疗以更大的合理性,才能在具体医疗技术实践中,"还医学以生命"。

第一个主题凸显的要点是"还医学以人道"。它是从医疗技术运作或实践的具体内容上凸显那些支撑技术展现的人文价值要素的重要性(关涉到一种人文价值的本质规定)。它与人性本质的实质内涵有关。第二个主题的要点是"还医学以生命",其目的是使医学或医疗实践更加合理化,从而更有生命活力。具体说,它是从医疗技术运作的抽象形式上强调支撑技术展现的理性形式的重要性(关涉到我们以何种形式运用技术的理性形式规定)。这与人性本质的形式内涵有关。这两个方面分别关涉到"应该做什么"(实质伦理)和"应该怎么做"(实质伦理)的两种类型的伦理问题,并分别从内容和形式两个方面指向现代医疗技术引发的关于"人之形象"的人性本质之挑战。

五 还医学以人道

现代医疗技术对人文价值世界的剥蚀,最典型地体现在生命科技进入医疗所产生的医疗技术的实践效应。"还医学以人道"是抗击此种价值剥蚀的基本原则,其目的是使医学"目中有人"。

如何使医学"目中有人"呢？这个问题的背景源自生命科技之勃兴及其带来的挑战。自20世纪70年代以来，随着生命科学的长足发展，现代科学技术极大地改变了医疗技术的形态构成。以基因重组、细胞融合等新技术的兴起为标志，围绕遗传信息操作技术这个焦点，形成了一些前沿性的高新平台型的技术群，新技术迅速向分子生物学、生物医学、认知神经科学以及其他相关工程或产业拓展，并开掘出众多新型应用领域。新兴的现代医疗技术带来了技术发展和生命道德之相互关系问题的全新挑战，技术在成就其伟大进步时只看到了胚胎、细胞、神经、分子、DNA、纳米、比特等，它可能直接控制、操作、复制甚至打印人的身体或器官，与人的身体打着交道，但是"目中无人"。这引发了关于"人是谁"的实质性的人性困惑。我们可以为生命定价吗？如果可以，我们如何为人的生命定价？人类生命和非人类生命是否存在价值等级序列？我们如何看待或定义"人"的概念？人类胚胎是否可以算是"人"？如果不可以，胚胎发育到何种程度或哪一阶段才可以算是"人"？我们有没有一个公认的关于死亡的标准定义？脑死亡的植物人是否还是人？如果脑死亡是标准，从脑死人体中摘取器官是否合乎道德？现代医疗技术面临的实质性的人性困惑和挑战，集中体现为何谓"生"、何谓"死"的困惑。

这种困惑的根源明显来自身体问题的凸显。在传统哲学形而上学论题域中，"人是谁"之问更多指向灵魂的本质关切——人们可能会说，"我愿意是一只美丽的魂魄"。而在现代技术的展现中（特别是在现代医疗技术的展现中），"人是谁"之问则发生了改变，它更多指向身体维度——人们会说："我更愿意是充满意欲的肉体"。现代技术在今日延展到与人的身体相关的一切领域。其中，"生"的现实性，涉及人工授精、体外养育、代孕母亲、克隆人（复制人）、订制婴儿等医疗技术实践的伦理构建样式。"死"的现实性，则涉及死亡的认定标准和由此带来的诸种歧异或道德争论，以及与之相关的安乐死、器官移植、生命维持技术、临终关怀等医疗技术实践的伦理构建样式。而在由"生"到"死"的生命历程中，"人"之为"人"的本质规定性又总是和健康标准的确立以及我们对待疾病的方式或我们是否可以通过现代医疗技术进行人体增强之类的问题密不可分。

事实上，随着人类介入基因、干预生殖的技术能力的大幅度提高，以及克隆人技术有可能变成为现实，一些人不仅尝试用这些技术治疗疾病，而且尝试用这些技术去设计孩子，扩大对体质、智力、性状等进行选择的自由。而基因工程技术的进一步发展，产生了用来对基因进行编辑的技术。如果科学家寻求长寿基因的努力最终获得成功，那么，延长寿命、推迟死亡的技术就会出现。如此，生的现实性，死的现实性，和健康标准的现实性，都前所未有地受到现代技术的干预或重构。总之，一种实质性的改变，已然隐身于现代医疗技术对身体和生命本身的支配和控制的逻辑之中。干预生殖，重构"生死"，改写"健康标准"，改变人类体质或者按照一种预先拟好的"说明书"订制我们子孙后代的样貌或心智，等等，这一切的观念或设想都随着现代医疗技术的形态变化（特别是从转化形态到增强形态、从医疗功能到增强功能的变化）而不再是幻想。然而，我们又必须非常清醒地意识到，这种观念由于受到"人是谁"的深度诘问又总是被一种不可逾越的禁忌所禁止：不可充当上帝。换言之，现代技术在这一维度，有可能会使人类遭遇一种"底线危机"。约纳斯对此写道："如果发生了这种革命，现代技术的权力就真的要开始修理基本键了。生活必将在这些键盘上为后代奏响其乐章——也许是宇宙中唯一的乐章：这样，一种对人类期望值的反思，对选择要决定的东西的反思，简言之，关于'人的形象'的反思，比尘世间人的理性所苛求的反思更加紧急而迫切了。"① 显而易见，"让医学回归人道"的"人是谁"之问，将会是从约纳斯要修理的那些"基本键"上奏响的未来乐章的主题曲。

六 还医学以生命

现代医疗技术要开辟和控制的新目标，尽管千差万别，但在形式上无非是人的类生命本质的体现。在这一维度，"人是谁"之问，不只关涉人的自然生命，它还内涵着人之为人的"关联整体"，与人的类生命本质密不可分。

如何使医学回归人的"类生命"本质？这涉及"人是谁"之问问及的人的类本性或类生命本质。人是两重生命的存在。当人们说"人是理

---

① [德]汉斯·约纳斯：《技术、医学与伦理学——责任原理的实践》，张荣译，上海译文出版社 2008 年版，第 23 页。

性的动物"或"人是政治的动物"时,意味着人有动物生命的一面,同时又有与人之外的其他动物生命不同的理性或政治生命的一面。即除了物种生命或自然生命之外,人还有与物种生命相区别又超越物种生命的类生命。人之为人的生命本质,在于人本质上是一种"类生命"存在。现代技术作为一种整体性而非单个性的实践活动的产物,正是源自人的类生命活动或自由生命活动。也就是说,技术活动作为人的创制是人的类生命(自由生命)的展现。人的类生命不同于动物生命之处在于,他通过制作而建构自己所需或自己所向往的生活世界,并不断地丰富和发展自己。以类生命看人性,则人并无与生俱来的抽象人性,也无一成不变的永恒人性。人性本质从来就不是某种超验的实体,亦非某种自然的恩赐,而是人之自我塑造、自我创建的一种过程。这是人与动物相区别的根本所在。动物只有物种生命,即一种由自然先定的物种本性。惟有人才是一种类生命存在,并因而具有类生命本性。因此,"真正的人性无非就是人的无限的创造性活动。人具有创造理想生活世界的能力,人的本质就是人的无限的创造活动。"① 可是,人的类生命本质在现代技术或现代医疗技术的展现中隐含着一种技术能力的暴力或恐怖。因为过大过强的现代技术愈来愈彰显危及人类持续生存的力量,对自然遗传物质的某种自以为是的改进有可能最后被证明为是一种根本的退化,而某种对自然进程的干预可能最终毁坏大地上的生命支撑系统。这使得人类遭遇如下一种日益显著的尴尬:现代技术的座架式控制和支配反过来成为危及人的类生命本质或自由生命本质的异己的力量。产生这一异化的根源在于:它落入了资本统治的逻辑之中。

现代医疗技术并非来自人的某种"即兴表演"或艺术化创建。它是医疗、文化、社会、商业、知识、教育、科技等现代性综合架构的产物,它离不开资本运作,离不开医疗产品(包括医疗器械产品)的商业化运作。在前景诱人的商业利益面前,各种具有潜在危险的医药工程和医疗公司并不会放慢资本介入和商业化的脚步。医疗技术的准入、研发、市场化及监管面临新的伦理道德问题以及如何定义和理解"人之概念"的问题。

---

① [德]卡西尔:《人论:人类文化哲学导引》,甘阳译,上海译文出版社2013年版,第8页。

科学技术之不思想或者丧失了思想维度的特征，导致了生命之高贵的失落和生命之空虚的肆意滋长。这是现代医疗技术最为显明地呈现出来的一种悖论——用来拯救生命、医治身体疾厄的技术形式，反过头来背离人的真实生命存在（自由生命或类生命），甚至成为禁锢或扼杀人之自由生命本质的力量，至少使之处于日益增长的危险之中。一方面，高贵愈来愈为实用所取代；另一方面，沉思的世界愈来愈为无限欲望（欲求）的世界所取代。我们改良和医治人的自然生命的技术能力确乎获得了飞速发展，然而，现代医疗技术带来的对人的类生命本质的挑战和控制却使人类居于前所未有的危险之中。现代技术在资本逻辑的控制中日益彰显其技术能力和暴力之恐怖，其专横的或者不容分说的独裁统治，使技术时代的人之自由生命或类生命被禁锢于技术权力的"铁笼"中。一种虚无主义的狰狞面孔以一种强加的形式附着在现代医疗技术开疆辟土的"大能大力"之中。现代技术本质上并不是虚无主义的"道具"，然而在它激发起无限的热情和永无止境的需求的物化逻辑中，人们则不难看到这种"道具"之现身。

"还医学以生命"就是要抵抗物化或虚无化的技术对人及其自由生命的宰制，其目的是使医学回归人之"类生命本质"的本源。由于生殖医学、遗传基因治疗、器官移植等先进的医疗技术的研发和应用，人类进入对"自我"进行再造的时代。这是一个"生命科学"进入大众视野从而使得"改进人类"成为公共话题的时代。"克隆人""换头术""基因编辑""生化运动员"被"定制的婴儿"之所以特别吸引人们的眼球，在于它的话题性质不再是一种纯粹专业性的科技话语，更在于它提出了重构"人的形象"的哲学话题。也就是说，现代医疗技术带来的人性本质的挑战，最为典型地体现在它使我们面临人的"自我同一性"的危机之中。利用基因工程技术或纳米技术实施整容手术会使人变得更年轻，使人的身体性状获得某种程度的改进，然而，一个哲学问题却是我们无法回避的："未被改进的人"和"改进后的人"还是同一个人吗？实际上，对于人的类生命本质而言，人的身体的权限不只是规划了我们所属的自然时空和自然属实，它还规划出了一种与我们的类生命本质密切相关的社会时空和社会符码。我们的生物公民性条件总是与它所获得的社会公民性承诺相一致的，它使我们的自然身体居于社会时空之中而享有权利和尊严。当人们利用技术手段对身体进行操作，或者按照个人意愿对自然赐予的秩序与结构进行重构，甚至随心所欲地改变自然之所予，就会使作为类生命的"我"处于被剥夺的危险之中。还医学以生命，旨在呼唤人们真实地面对这种危险。

第四节 "谁之权利"与"何种责任"

我们如何应对现代医疗技术提出的伦理挑战？这问题涉及技术与伦理如何相遇，以及伦理在技术构建的世界图景中如何说话。一方面，现代医疗技术必须受到伦理的评估和支持，这已经演化成一种制度性的道德程序。技术如果不能获得伦理的支持，或者在它所面对的一些棘手的难题上没有伦理的介入，它就不具备合理性，甚至不具备合法性。这在道理上非常简单，因为技术就是权力，它代表了行动能力之可能，因而要接受道德的审查，不能放任权力（Power）对权利（Right）的侵犯；另一方面，随着智能化程度的不断提高，智慧医疗或智能化医疗技术将会大行其道，我们是否以及如何将某些伦理决策写入电脑程序并使之进入医疗技术的清单，同样涉及到需要进一步予以澄清的"权利—责任"问题。

一 "伦理委员会"的功能：澄清"权利—责任"关系

一般说来，人有根据自身需要自由作出选择的权利，此乃人之自由意志使然。但是，在与医疗技术相关的技术研发、患者权利、治疗或试验中的说明与同意（知情同意）、脑死亡、生命维持、临终关怀、安乐死等事项中，伦理抉择的复杂程度有时间轴线上的不确定性，也有空间轴线上的多样性，然而，这种复杂性却要在一种伦理委员会（或生命伦理委员会）的组织建制中得到某种程度的展现。伦理委员会的功能就是澄清"权利—责任"关系，否则，技术就无法获得伦理的支持。当然，在智能机器（如护理机器人）和大数据医疗技术中，道德写入电脑或者通过算法或程序体现道德之类的问题，亦存在时空维度的复杂性，但人类还没有找到构建对之进行道德审议的伦理委员会的方法。

由生命科学（或者以生命科学为中心）之拓展所形成的各个层次的生命伦理委员会尽管各不相同，但它们主要关注的是三大问题：一是从伦理上判断支持还是反对，特别是以人权伦理为基础决定支持或反对某项技术研发项目；二是对取得同意的方法进行伦理审查，即审查项目用来争取研究对象本人的理解和取得同意的方法；三是对风险和收益进行评估和预测，即对研究中出现的可能存在的对研究对象不利或危险性进行评估和预测，同时对可能带来的医学上的贡献和收益进行评估或预测。

伦理委员会（各医院设置的医院伦理委员会、各大学设置的大学伦理委员会和政府机构的伦理委员会如美国总统生命伦理委员会）工作的核心是遵循《赫尔辛基宣言》的基本原则。而各国设置的各级"医院伦理委员会"（HEC）又有各自关于保护患者权利的章程，如美国医院协会制定了《患者权利章程》（1973年），日本制定了以维护临床试验伦理权益和科学性为目的的《关于实施医药品临床试验的标准》（GCP）并于1990年开始实施。在伦理委员会的建制和实践操作中，"权利—责任"关系是一根关键主轴。"权利"总是与"责任"相伴而生的，两者是不可分割的"对子"。现代医疗技术推进了人的权利意识（病人的权利、实验受试者的权利以及医疗商品或产品的消费者的权利）的高涨，核心是自主权的确立。亦即，人的自主权建立在深思熟虑的基础上，因而要为其行为承担责任。因此，从权利伦理审视现代医疗技术，还必须辅之以一种责任伦理。这是由于现代医疗技术除了常规形态外，它还产生了新的特殊情况，即转化形态和增强形态。于是，出现了需要进一步澄清的"权利—责任"的伦理挑战。

（一）由于现代医疗技术的发展带来了"技术能做"的不确定性的行动后果，这使得后果论的考虑不能完全界定其"权利—责任"关系。我们在能够清楚看到一种技术能力的正确使用和错误使用可能导致的行为后果时，就会做出正确的选择而避免错误的选择。在这种情况下，界定如何行动的"权利—责任"关系并不困难。但是，当行为后果不可预知或不确定时，困难就会出现，因为"并非只有当技术恶意地滥用，即用于恶的意图时，即便当它被善意地运用于其本来的和最合法的目的时，技术仍然是危险的、能够长期起作用的一面。"[①] 这使得被说明和被告知者的

[①] ［德］汉斯·约纳斯：《技术、医学与伦理学——责任原理的实践》，张荣译，上海译文出版社2008年版，第25页。

"权利"以及主张"应做"者的"责任"处于一种很难加以澄清的模糊性地带。

（二）由于高新生命技术进入医疗引发了技术能力被促逼着的使用状态，这使得个人权利和个人责任的对应关系，失去了解释力。对于现代技术来说，一种技术能力会引发越来越多的使用，并引发另一种技术能力的越来越多的使用。这种技术能力既可以是现代医疗技术，也可以是更广泛的社会技术。我们当然要重点考察它对个人权利的影响。但是，相对于技术的潮涌般的推进和聚集，我们更需要关注一种集体行动的伦理责任——既要警惕诸如基因工程技术的合法的、但却可能是不正确的使用，又要警惕"伦理委员会"的理性建制中隐蔽着的集体行动的不负责任。

（三）由于现代医疗技术必然受到商业化的影响和资本逻辑的控制，医疗技术及其实践类型不可避免地进入全球化的时空格局，其效应也会在代际间拓展。这使得短期利益和长远利益、局部利益和整体利益的矛盾变得非常突出，从而对伦理委员会通过"权利—责任"的界定或权衡以支持或反对某个技术项目，以及进行风险—收益的评估，带来了重大的伦理挑战。

（四）由于现代医疗技术逾越医疗功能的趋向会以加速方式行进，技术在增强人类的"大能大力"方面虽然只是刚刚开始，但会变得愈来愈强大，亦因此会变得愈来愈危险。在这一点上，约纳斯的如下断言并非危言耸听："……技术的影响力使人的责任扩大至地球上的未来生命，从现在起，地球生命无任何抵抗地遭受着滥用技术作用力的痛苦。人类的责任因此首次成了整个宇宙的责任。"[①] 这意味着什么？我们的伦理抉择是否能让我们的子孙后代穿越时空光临我们的伦理委员会？这意味着现代技术前所未有地遭遇时间、空间两条轴线上的伦理挑战：我们不仅要在更为广阔的空间轴线上澄清"权利—责任"关系，而且需要在更为长远的时间轴线上澄清"权利—责任"关系。

（五）由于现代医疗技术日益彰显的健康社会学效应，技术福祉将会使地球面临一个简单的哲学问题："是"还是"不是"，"生"还是

---

① ［德］汉斯·约纳斯：《技术、医学与伦理学——责任原理的实践》，张荣译，上海译文出版社2008年版，第29页。

"死"。技术干预生老病死的能力越强大,它所固有的无度就越会得到淋漓尽致的展现。于是,地球上人类的数量就会越来越多。如果生育可以人工干预,死亡可以克服或者至少可以被推迟,智能机器人大量进入人的生活,那么,当地球无法承载太多的人口之时,伦理委员会(如果还有这样的一种理性建制的话)在试图澄清"权利—责任"关系时,就会遭遇一个前提性的哲学之问:为什么人类存在是独一无二的?为什么人类生命如此高贵和重要?

二 人的自主权利面临责任伦理挑战

人是一种自由意志的存在。人类拥有自由,因而是一种自由生命的存在或类生命存在。这是人的独一无二的特性,是人性的伟大和高贵。一切权利的根源和责任的策源,就在于人之自由。现代医疗技术遭遇的"权利—责任"难题,虽然在不同的技术形态中有不同的表现,但其总体形态特征指向了"人的自主权利"这一问题核心。

目前的技术更像是一场"豪赌"。比方说,当智能化的人体义肢或人工器官可以替换受损的人体组织时,想象一下,我们似乎就可以像装配机器一样来改装人体了。那么,人和机器(或机器人)的差别何在?相对地于更优良的机器人来说,为什么应该是人类存在重要?或者说,如果允许克隆人的话,为什么不是克隆人的存在更重要呢?虽然通常情况下,人拥有权利自由地进行选择,但是人的自主权不是无限的,而是有限的。由于现代医疗技术将更多的高新技术和尖端技术带进人的医疗生活和卫生保健的实践之中,医疗技术实践涉及的问题就不再仅仅是医生与患者之间的关系,它还扩展为个人与社会之间的关系问题以及当代人与后代人之间关系的问题。我们可以拿子孙后代的福祉做"赌注"吗?或者我们必须约束我们的医疗需求或健康需求的层次和范围,将医疗技术保持在一种相对常规化的或日常化的形态之中?倘若如此,非医学目的的选择性需求就会遭到排斥。这是否是对人的自主权的不当干预?在这个问题上,我们可以冒多大的风险?如果没有冒险前行的动力和契机,真正的技术进步和道德进步又如何可能?对人的自主权预设限制,曾经是上帝承诺给人以自由意志的一个前提,它也是一切责任解释的根据。我们究竟应该以何种道德原则为指引为人的自主权设置禁令或开放"允许"?

人的自主权利的界定需要在一个更大的范围和更长远的时空维度予以衡量和进行讨论。它所涉及的不仅仅是医生与当事者本人的"权利—责任"问题，也不仅仅是研究者和被试者本人之间的"权利—责任"问题，它还会涉及当事人与他人的权益以及对整个社会所造成的影响问题，涉及当代人的利益与后代人的利益的关系问题。其中，我们需要特别关注未成年人、未出生的婴儿以及智障人群的"权利—责任"问题，由于他们并没有能力对其进行判断并且能够有效地捍卫自己的权利，所以，关于对自主权利及其限度问题的探讨就变得格外重要。我们先读一则来自2013年7月26日新华网的报道：

> 全球首例基因筛查试管婴儿康恩·莱维日前在美国出生。这位"定制婴儿"早在受精胚胎阶段，就因为在其父母提供的一批受精胚胎细胞中基因最优"脱颖而出"，从而被牛津大学生物医药研究中心的实验人员选中，成为培养对象，并最终诞生为一个健康的婴儿。对此，有言论称，这不仅显示出新一代基因筛查技术使得试管婴儿成功率大大提高，而且还意味着"定制婴儿"的时代或将来临。①

这则报道传递出如下信息：（1）通过基因筛查技术定制一个婴儿不仅在理论上是可行的，而且在医疗技术的实践上已经出现了；（2）康恩·莱维的诞生是其父母定制一个完美婴儿的自主权利的体现，它获得成功，标志着一个时代将要来临；（3）"定制婴儿"的计划预设了一个基本的实践推理，即，我们每一个人在追求完美上有选择的自主权利，即选择成为未出生婴儿（或可扩展到未成年人及智障人）的代理人，且作为代理人，我们有责任为被代理人（婴儿）获取更大的竞争优势：通过基因筛查定制一个基因最优化的婴儿。

尽管如此，不赞成"定制婴儿"的理由，仍然值得我们认真听取和重视。

桑德尔提到了两种反对性的理由或担忧。一种是宗教立场的理由或担

---

① 付承堃：《全球首例基因筛查试管婴儿出生，"订制婴儿"挑战伦理》，资料来源：国际在线专线稿，2013-07-26，13：39：54。

忧:"认为自身拥有的才能和力量完全都是自己的功劳这一观念,造成我们对自己在造物地位上的误解,把我们自己的角色跟神的角色混淆在一起了。"① 另一种是世俗道德的理由或担忧。他写道:"然而,宗教不是关心天赋的唯一理由来源,世俗的说法也能描述道德风险。假如基因革命侵蚀了我们对人类力量和成就中天赋特质的感激,它将会改变我们道德观中的三大关键特征——谦卑、责任和团结。"② 说到这里,我们看到,一种责任伦理或许就存在于对某种自以为是的自主权利的限制中。桑德尔继续评论说:

> 深切关心自己的孩子,不能选择自己的理想中的孩子,这教导父母对孩子不期然的部分保持开放的态度。这样的开放是值得肯定的处理方式,不仅仅是在家庭里,在更广大的世界也是一样,它使我们能包容意料之外的事情,与不和谐共处,并驾驭控制的冲动。③

显然,并非基于健康需求而是为了寻求完美而运用基因技术,引发了赞成还是反对的论战。不论这场论战有无结果,也不论结果如何,人的自主权利必须顾及我们道德世界观中谦卑、责任和团结的诉求及其内在力量,则是使人类生命变得高贵的自主权利所内含的必不可少的要素,是人类社会的基本美德诉求。

三 责任的重新界定:我们如何为"生命安全"负责

人们确实可能会指责说,现代技术(特别是基因改良技术)带来了责任的淡薄,使得勤勉工作、努力和奋斗的价值大打折扣。如果人们能够运用某种药物提高注意力和记忆力,就不会选择令人生厌的反复操作或训练。如果能够在大脑中植入记忆芯片实现"脑—机"互联,我们就不需要记住那么多的东西。但是,事情的真相可能并不像人们所说的那样简单,即在技术展现的一种全面的统治中,在生命规制的高度发达的技术化

---

① [美]迈克尔·桑德尔:《反对完美:科技对人性的正义之战》,黄慧慧译,中信出版社2013年版,第83—84页。
② 同上书,第84页。
③ 同上。

生存中，人们感受到的恰恰不是责任感被削弱了，反而它是以一种新的方式被加强了，或者准确一点说，它再一次地被重新界定了。

我们以药物遗传学在医疗技术实践中的运用为例对此略做分析。早在20世纪中期，科学家们发现药物代谢酶遗传变异会引起人们对同一药物的不同反应。通过基因检测，人们可以知道自己会对哪些药物产生不良反应，从而筛选出适合自己的药物，降低药物对人体的伤害，减少因药物导致的医疗事故。这是一项值得推广的医疗技术。然而，随着基因检测在这一领域的应用，精准的药物定位将会使得责任问题变得异常突出。（1）药物遗传的临床试验要遵循自愿、知情同意和保密原则，然而实际中临床并没有完全遵守这些伦理原则，不知情的情况和泄密的情况大量存在；（2）当病人被检测出对某一药物有强烈的不良反应，但只有这种药物可以起到疗效时，谁有责任对病人进行治疗（即治疗权的归属）就成了问题，治疗权的澄清提出了基于基因检测的责任之重新界定的问题；（3）研究者注意到，药物遗传学进入医疗可能会导致医药市场的进一步分层，使得制药公司不去开发只针对少数病人带来疗效的药物，这在某种程度上提出了如何重新界定医药公司责任的问题。①

对责任的重新界定基于现代医疗技术的伦理形态的新特质，这是现代医疗技术推动人类重新思考或重新界定一种与人的类生命本质相契合的责任伦理的良机。

现代医疗技术作为一种与人们医疗生活和健康需求息息相关的技术类型，其社会功能和角色定位不可能脱离技术"双刃剑"之效应。它在功能上缓解病情、解除痛苦和增加人类福利的同时，也带来了"权利—责任"关系的重新界定。种类繁多的医疗技术，如辅助生殖技术、器官移植技术、产前诊断技术、遗传咨询技术、临终关怀技术、基因治疗技术和脑成像技术等，日益凸显了如何面对技术时代的责任伦理之吁求的问题。这里，我们可以举证三种需要认真对待的责任问题：（一）家长主义或医疗技术主义，对患者人格尊严、自主权、知情同意等基本权利的忽视，呼

---

① 这一段关于药物遗传学带来的责任伦理问题的分析，参考了潘建红在《现代科技与伦理互动论》一书第一章第二节中关于"药物遗传学的伦理问题"的讨论。见潘建红《现代科技与伦理互动论》，人民出版社2015年版，第19页。

吁一种责任伦理的回归；（二）医疗拜金主义或物质主义的盛行，使得患者合法权益的保障受到严重的侵蚀，集体行动的不负责是医疗技术实践面临的一种日益严峻的最大的"祛责挑战"，它会使得整个医疗行业出现责任的落寞，我们如何才能让医疗生活回归一种责任伦理呢？（三）毫无疑问，人类辅助生殖技术和神经科学技术的发展，将现代医疗技术推到了公众问责的聚光灯下，谁能为干预自然生育和侵犯人脑隐私带来的后果承担责任呢？

    对责任的重新界定由此具有了一种生命政治学的意味。特别说来，对于攸关人类生命安全的责任伦理而言，不给我们的子孙后代留下令人遗憾的荒芜的遗传素质，应该成为技术时代具有普遍规约性的道德命令之一。然而，当基因工程展现出一种足以带来种族灭绝的恐怖力量时，我们如何为生命的安全负责？

第二章 技术具身与身体伦理

第一节 技术具身：身体伦理的认知旨趣

现代医疗技术的发展为人类治疗疾患、增强身体提供了技术支持，使得人们可以通过技术方式规整、治疗、改良、掌控、强化人的生物身体成为可能。技术之后的事情及其伦理挑战，集中体现在受到现代技术激发的人之权力欲和支配欲的不受限制的膨胀。这是一项通过现代医疗技术推进的技术具身事件，它随着生命科技的加速发展，使得人类对自身身体和健康之改善的技术实践，扩展成为一种新的卫生经济学和生命政治学。在这个意义上，现代医疗技术必定并且正在奠定人类医学史和医疗生活史的新形态。它提出的一个重大的生命伦理学议题和生命政治学议题，就是身体伦理的认知与实践。

"具身"（embodiment）是技术与我们的身体发生关联的一种样式。作为一个颇具特色的技术现象学概念，伊德用"具身"一词是指称"作为自身的我"（I-as-body）借助技术手段把实践身体化，并最终建立起"一种与世界的生存关系"①。技术具身，揭示了具身关系的若干基本特征。根据伊德的论述，我们把这些特征概述为以下四点②：

---

① ［美］唐·伊德：《技术与生活世界》，韩连庆译，北京大学出版社 2012 年版，第 72 页。
② 参见伊德《技术与生活世界》一书中的第五章《纲领 1：技艺现象学》。在这一章中伊德对具身关系的基本特点进行了描述。我们从中归纳出四个要点：（1）身体多形态；（2）使用情境；（3）深层次期望；（4）"乌托邦-敌乌托邦"的双面性。这四个要点就是下文转述的内容。参见［美］唐·伊德《技术与生活世界》，韩连庆译，北京大学出版社 2012 年版，第 72—85 页。

（一）具身关系是扩展身体多形态（Polymorphous）感觉的第一个线索。人对身体意象的经验总是处于不断的变化之中，身体感知因而是根据可能被具身的物质的或技术的中介得到扩展或缩小。这意味着在现代医疗技术范例中，药物、器械、诊断方法、介入方式、治疗工具和增强手段的运用，会改变或丰富我们身体的形态特征。

（二）具身关系被理解为一种特殊的使用情境。技术只有合用或上手，才能使得技术具身性得到彰显。这里，我们马上就会想到海德格尔所说的"锤子"。锤子合手时，工匠几乎不会注意到锤子与他的手有什么区别，然而当特别需要锤子的帮助但却找不到锤子或者锤子特别不合手，这时锤子的具身性就会抽身离去。

（三）具身关系的经验往往置入了一种更深层次的期望。一方面，希望技术与"我"达到真正的一体化，这是一种透明性的极致，此时技术不再变得碍眼，甚至不再是可见的。另一方面，人们却期望通过技术提升或放大我们身体的能力，因此技术完成的某种转化效应又必须是明显可见的。

（四）于是，技术具身同时催生出一种乌托邦梦想和敌乌托邦梦想的双面性，既催生出一种对技术化生存的美好憧憬，又催生出一种远离这种技术化生存的、返璞归真的、从技术世界抽身离去的归隐之道的诗意向往。伊德如此写道：

> 技术在扩展身体能力的同时也转化了它们。从这种意义上来说，所有使用中的技术都不是中性的。它们改变了基本的境况，不管这种改变是多么的细微、改变的程度是多么的低；但这却是期望的另一面。这种期望同时也是一种要求改变境况的期望——栖居在地球上，或者甚至离开地球——然而有时候却暗中自相矛盾地希望这种改变能够不以技术为中介来实现。[1]

技术具身性的矛盾情绪在现代医疗技术的不同形态中得到了体现。伊德所说的双重改变，既是由技术塑造身体的一种"身体形态"的改变，

---

[1] ［美］唐·伊德：《技术与生活世界》，韩连庆译，北京大学出版社2012年版，第80页。

又是由之激发的反击这种技术化效应的一种"伦理形态"的改变。这使得身体伦理的认知旨趣总是纠缠于一种自相矛盾的张力之中。由于现代医疗技术所面对的对象直接就是人的身体，涉及人类身体的健康与生命安全，事关生死决断和医疗功能与增强功能之界分，甚至还具有改变人体性状、人之情态以及重构人性之功能，因而，技术的使用与身体的关联方式，会由于技术功能的凸显而使得身体反而居位于技术之后了。这种方位形态的变化主要是通过具身关系而获得其普遍性。比如，失去双腿的残疾人士，会通过使用集成了诸多高技术的假肢，而转化为一名令人惊悚的"刀锋战士"。[①] 但是，当夜深人静"刀锋战士"卸下义肢，他（或她）面对不以技术塑造或装配的自己时，多少会产生"我是谁"的错愕或困惑。

技术之后的理性程序才是身体问题的关键，它建立在身体伦理的认知旨趣的基础之上。即是说，良好的伦理抉择对技术具身化而言，是以身体为中心构建我们生活世界的不可缺少的理性要素和制度化要素。

支持现代医疗技术的制度化设计必须把技术摆出来置放在伦理的面前，让它接受伦理的质询和审查。在医学院或医院里经常遇到技术之后的这种情形。比如，新的生命维持技术造成了稀缺（实际上稀缺总是以某种形式大规模地隐蔽地存在着，只不过由于技术提供了某种期望和解决问题的正确方法时，稀缺才被揭示出来），就需要由一些伦理学家组成一个委员会或团队来帮助医务人员决定谁将在这种稀缺状况下受益。而最早使用的医疗技术或器械（比如最早的肾透析机器）尤其需要这种初始理性程序来认定或激活。[②] 我们今天的医疗技术，从人工心脏和心肺机，到CAT扫描和核磁共振技术，再到肾透析机，已经是常规医疗技术的一部分。但这些高科技的医疗机械最早使用时都会面临"技术之后"如何的

---

① 伊德列举了日常生活中这种以"技术之后"的样态呈现的具身关系，如，"使用中的电话属于一种听觉的具身关系"。这种"技术之后"的具身性，在汉语语境中可以通过"我电话你"或者"我 Email 你"的简化形式表达。

② 参见［美］伊德：《技术与生活世界》韩连庆译，北京大学出版社 2012 年版，第186页。伊德在这里谈到最早用于肾透析的机器所带来的技术之后的问题。"（最早的透析）机器很大，很复杂，运转费用也很高，而治疗的数量有限，可是需要透析治疗疾病的人的数量远远比机器能处理的人数要多。因为治疗非常关键，所以没有接受治疗的人注定要死去。医生对做出生死选择总是有所保留，他们犹豫不决。医学院和医院就组成了一个委员会，进行取舍和辅助选择。"

问题。也就是说，这里既存在着一种对技术不确定性的矛盾心理，也存在着使用境遇中可能遭遇的令人棘手的道德难题及其伦理决断，以及必须承担的高昂的成本问题。但是，一旦引入的高新医疗技术成为常规医疗技术的一部分，那么，医疗技术的"上手状态"就会成为整个运转起来的庞大的医疗"生命机器"的组成部分。如此一来，问题本身发生了"漂移"。

一方面，身体伦理的认知旨趣不再纠缠于单一的、单纯的"技术应做"的问题域或者某种单向度思想，而是扩散或拓展为一种"技术伦理形态"。

什么是"技术伦理形态"？我们设想，在技术具身中，身体的维度在一种日常的或者常规化的知觉经验中，从那种涉及整个身体运动的技术形态中获取知觉经验，以判断什么是善的或合适的，什么是不善的或不合适的，什么是正当的，什么是不正当的，并依此决定正确行动的进路和依据。当我们这样表述的时候，需要用一个比较直观的例子来说明它所遵循的理则。比如，在北京高铁南站的上电梯口，人们看到摆放着一圈又一圈的金属隔栏，它分流过大的人流，使人们以"回"字形的队列——相随而上，登上自动电梯。这一人群分流器的设置在人流比较大的地方被普遍地运用着。它构成了一种微观化的技术伦理形态。如果没有这一设置，则过大的人流就会因拥挤而造成混乱。人群分流器通过技术与身体的具身关系建立了一种普遍性的先后秩序，用以指引一种规范的建立和运行，从而使人们进入"整个身体运动"。值得注意的是，这里所说的"整个身体运动"，不限于我们作为一个个体生命的"这一个身体"，而是作为一种关联整体形态的"整个的身体"，也不限于作为此时此地的身体，而是一种处于"尚未"之中的朝向未知或未来的"生成着"的身体，是身体运动的形态过程。技术伦理形态由此展现为一种作为"座架"式的具身关系而赋予了某些行为规范或理性程序以契合伦理普遍性诉求的基本特质。这构成了身体伦理的一种认知旨趣之类型，它甚至被看做是一种属于生命政治学的问题类型。举一个伊德提到的众所周知的"驾驶汽车"的例子：

> 我们通过驾驶汽车来经验道路和周围环境，而运动是聚集性的

第二章 技术具身与身体伦理

(focal) 活动。例如，和 20 世纪 50 年代陈旧、笨拙与体型大的汽车相比，驾驶性能良好的赛车能更精确地感知路面的压力。我们也在像平等泊车这类的活动中使汽车具身：当具身良好时，我们感觉到而不是看到汽车和路边的距离——我们的身体感觉"扩展"到车"身"上面。尽管这些具身关系使用了更大和更复杂的人工物，需要时间更长、更复杂的学习过程，但是其中所需要的身体的默会（tacit）知识却是知觉—身体的。[①]

我们的身体与技术世界的这种具身关系改变了"身体"的定义。现代医疗技术所引起的伦理问题，在一种关于身体的政治经济学或身体伦理的普遍性趋向中呈现为极其复杂而尖锐的多重面向和挑战。设想一下驾驶性能良好的"生命机器"以及由此带来的身体知觉的类型拓展，或者再设想一下万物融合或万物一体的奇妙景观已经从一种文学的诗意叙述转变成了一种技术汇聚和融合的身体事件，我们的道德评价会是怎样的呢？由于技术对于人类生命内在的自然秩序的干预，身体伦理的优先性随着它被置于"技术之后"的具身关系的位序变革中得到了强调。[②] 以往人们从功利主义、道义论、后果论、基督教伦理等角度对现代医疗技术做支持性或者是否定性论证，并不能进入身体伦理中作为有关联整体的"整个身体运动"所内涵的认知旨趣。"身体"由于技术具身的效应日益成为通向美好生活的桥梁与纽带，成为道德评介和伦理认知的重要来源，以及构建伦理世界之秩序的基础。身体的认知旨趣因其居于"技术之后"的位序格局而日益被凸显于"伦理之前"。

另一方面，解放身体是技术具身的最高目标，身体伦理的认知旨趣在于通过具身化的实践，使人和人类获得自由和尊严——这构成了现代医疗技术的伦理形态的最高目的。

现代医疗技术不仅只是将人和人的身体位列于"技术之后"，由于此一位序带来的效应及其展现的重大的人性和伦理的挑战，人之位

[①] ［美］唐·伊德：《技术与生活世界》，韩连庆译，北京大学出版社 2012 年版，第 79 页。
[②] 追溯起来，Margrit Shildrick 和 Roxanne Mykitiuk 在他们共同完成的《身体伦理：后传统的挑战》一书中第一次使用"身体伦理"这个术语。他们认为，身体伦理无论是在理论上还是在实践上都是人们对生命伦理中有关身体知识的超越，因此，其认知旨趣是重点所在。

格要在这一生存论境遇中"表出"而具有面向"伦理之前"的自由和尊严。这意味着，解放身体，其实就是向作为整体性的身体的回归。身体伦理的认知旨趣，因此是通过对身体的生物场域、知觉场域和技术实践场域及其属性的认知，且透过这种认知切近人的自由生命本质（或类生命本质）。这是现代医疗技术的伦理形态的内在的目的价值之维。

我们以决定生命开始的技术为例，对此进行初步管窥。生育问题的治疗，需要精确的诊断以帮助病人澄清问题症结，并相应地采取体外受精、人工授精、移植卵细胞等适合的医疗形式（这些生殖技术范围内的选项也在不断地扩大）。而夫妻双方以及相关个人（一般是女性）虽然可以决定要一个孩子或者让一个生命在什么时候开始诞生，但是这种决定绝非是一种个人的任性。选择何种辅助生殖技术以及经过哪些必要的程序界定相关方的权利与责任，弄懂必要的说明、告知以及同意的意义，甚至为决定要一个孩子进行必不可少的培训，等等，这一切都是由医疗技术的伦理形态所规定的普遍性来指引。通过医疗技术的伦理形态界定身体伦理视角，观察可能遭遇的伦理难题（比如定制婴儿、代孕等带来的伦理难题），探寻走出伦理困境的出路，必须在技术具身化的医疗技术实践的前提下，既保障生命的自由与尊严，又照顾到具体情境之中个体生命的特殊性与个性化需求。

上述伦理决断的情形，在生命结束的（或决定生命终结的）技术伦理形态中，表现得更为明显。一直以来，人们对死亡认定标准比较简单，一个人如果停止呼吸（即由于溺水、窒息等原因导致的一种生物过程的终止）或心脏停止跳动就被判定为死亡。然而，在现代医疗技术的伦理形态中，传统意义上的自然死亡标准与现代医疗技术条件下可控制的死亡标准之间的分歧便产生了。在现代医院中，一个重症病人停止呼吸或心脏停止跳动，不构成医院或医生放弃抢救这个病人的理由。如果有医院或医生敢于这样做，就被认为是玩忽职守。死亡标准受到现代医疗技术的重新界定，今天的脑死亡诊断只能通过常规化的医疗技术设备进行，即死亡成了在设备中读取的东西。由此导致的技术具身的现象就是：诊断测试的技术化或工具化甚至使死亡成为由机器决定的事件。这意味着什么？它恰好表明伦理决断在现代医疗技术的伦理形态中的重要性。为了生命自身的自由和尊严，一种身体伦理的认知旨趣必须先行面对"技术之后"的死亡难题，即将技术具身化的支配性纳入技术伦理形态的筹划范畴来权衡和应对。如此一来，死亡在技术时代也就成了一件被安排好的事情。也就是说，在今天的生活世界中，"我"或者"我"的代理人（妻子、亲戚、律师）越来越需要决定"我"自己的死亡了。"这种决断甚至在生前遗嘱中，或者其他决定死亡的越来越'理性的'准备措施中就计划好了。"①

人们注意到，正是在高度现代化的社会中身体整体性及其运动才受到过强的技术工具化或理性化的控制与干预，随之而来的是居于"技术之后"的身体伦理的问题域之凸显。在现代医疗技术实践中，这种理性化干预的"非理性"日益彰显技术时代具身关系的影响力和建构医疗生活的能力，它最终影响到身体干预或控制的方向与进程。然而，除了因技术固有局限外，理论上缺乏干预身体的终极行动纲领和普遍性原则，实践上受到不同传统、不同宗教信仰或文化语境的生命政治学因素的影响，使得身体伦理的认知旨趣并不是特别能穿透身体整体性的外表——它反而会受蔽于一种技术的"乌托邦—敌乌托邦"之争的意识形态歧见。高新医疗技术总是通过创造新的具身关系的转化形态来增强对身体的聚焦，它的延展形态甚至脱出了"医疗目的"而聚集于对身体的增强，这些认知旨趣在伦理上不再仅仅停留于探索身体的可能性，而是要直接拓展我们人类身体的可能性。因此，从身体伦理的认知旨趣看，医疗技术的发展只是提供了一种具身关系的方式，其背后的深层内涵需要进一步深入挖掘。

身体伦理的认知旨趣，不能仅停留在关于身体之"是"的知识域，它还需要进一步拓展技术具身的行为法则及其建构性原则，进入身体之"应该"的道德域。在一个受规范化或理性化干预的生活世界中，伦理秩序的建立总是诉诸于一些被当作标准的规范和理性的形式，人们按照这些规范标准和理性形式来塑造自己的身体并建立特定技术化生存的具身关系。但是，这些规范标准和理性形式的制定并不是某种个人意志的

---

① ［美］唐·伊德：《技术与生活世界》，韩连庆译，北京大学出版社2012年版，第189页。

任性或任意的设计，它具有深层的意蕴。可是，规范标准的认可和价值认同方面面临的困难又是如此之大，以致于一些人声称，人类今天想要在有关伦理道德的普世标准的共认方面形成共识，几乎是没有可能的。在一种后现代的社会景观中，这种矛盾的情结表现为一种不可调和的冲突。一方面，如果缺乏某种权威的具有普遍效准的终极纲领和最高原则，技术的具身关系所彰显的理性干预和控制形式，就有可能成为社会控制中一部分人对另一部分人控制与压迫的工具，进而成为一种改头换面的新的奴役形式；另一方面，寻找最高原则及其终极解释的努力又必然使得不同传统或不同道德的人们陷入无望的纷争，一切断言终极行动纲领和最高原则的话语实际上隐蔽着"最高价值自行贬值"的虚无主义之病症。

身体伦理的认知旨趣，承载着参与包括决定死生、诊疗疾厄以及卫生保健的生活安排和制度供给的任务。身体整体性的方向不仅指向外部，同时也指向内部。它不仅预设一种终极行动纲领和最高理性原则，而且预设了对任何终极行动纲领和最高理性原则的彻底颠覆。人类对身体认知的内外部环境，因技术化具身的程度不同而不同。医疗技术的伦理形态在常规、转化和增强的类型分布方面既相区别又相融合，并因此催生不同的伦理决断。无论是有神论者还是无神论者，基督教徒还是俗世人道主义者，功利主义者还是道义论者，自由主义者还是社群主义者，都需要认真面对这种伦理决断的异质性分裂。从一种技术伦理的形态学视角看，这种异质性反映了身体伦理的认知旨趣呈现的后现代性。[1] 它提供了看待不同的医疗技术的伦理形态的多元视角。

---

① 法国哲学家福柯在《性史》第一卷《求知意志》中指出，自18世纪以来，权力统治和政治控制开始大规模围绕"身体"事件展开，并且渗透在了"身体"事件中。这是现代性权力规训的典型事件。它使身体进入到一种日益发达且不断发展的知识控制与权力干预的领域。各种高超的社会治理术的运用，使人类通过权力掌管身体与生命的技艺变得愈来愈成熟、精致和完美。然而，这时的身体却是被动的——它是受制于权力掌控的客体。社会治理术愈是发达，身体在一个总体性框架内活动而丧失其感受性与主动性的症状便愈是明显。从这一意义上，福柯揭示了现代性身体的非自治性特征，它需要服从于更高级别的权力系统。因此，一种身体伦理的认知旨趣，必须从身体是如何成为一个理性的器官及意识的载体这一事实出发，反思技术具身关系中居于"技术之后"的第二性的特征，在穿透身体是如何被管制、被束缚、被理性引导的层层幕纱后，回应身体事件需要面向的"伦理"——面向人之自由、尊严和责任。

第二节　医疗技术的常规形态与不寻常的责任伦理

在前文中，我们主张将现代医疗技术分为常规形态、转化形态和增强形态。[①] 常规形态的技术类型最为典型地代表了技术具身关系的特性。技术只有在一种常规化展现中才能融入具身关系所揭示的身体总体性，并因而激发人们对完美的追求。比如说，人工体内授精技术（即 Artificial Insemination，AI），就是一项主要针对不育丈夫将精子人为地引入女性子宫中以期受孕成功的常规医疗技术。常规形态的医疗技术有如下一些特点：（1）日常性；（2）安全性；（3）有效性；（4）普及性；（5）成本适中（常规情况下人们能够承受得起）；（6）有（依照科学比率进行的）大规模试验成功的案例；（7）能确切说明不适症或例外情况；（8）能通过告知和说明进入"知意同意"程序；（9）可以通过更好的技术进行改进或替代；（10）对身体的危害可以预知且可控。这些特点构成了常规医疗技术所要求的稳定性、安全性和开放性的基本特征。透过这些特点，我们看到，常规医疗技术的伦理形态具备日常性的丰满和充盈，也因而产生了日常性的单调与匮乏。

说它是丰富和充盈的，是指医学的常规化、医疗技术体现的理性累积以及在技术伦理形态中建立起与医生职业和医院制度相关的高度技艺化的责任类型。说它是单调和匮乏的，是指它以一种程序化的、可重复的方式进行的医疗技艺的演练和对身体的操作，终归体现了技术具身化的物化特质。它本身就是现代性整齐划一的规范体系或规训机制的不可缺少的组成部分，同时，它也是现代技术之"缺乏思想"的单面人生存类型的一种形态表征。

随着高新生命技术的迅猛发展，越来越多的新技术（或经过转化后的技术）成为常规形态的医疗技术的组成部分。常规形态的医疗技术因此总是处于增长、进步和发展之中。它不是一个自足的、封闭的系统，而是向着一种不断展现和不断发展的可能性开放和提升的体系。由此导致的效应是，由于以往被视为非常规化的技术大量进入常规技术形态之中，人

[①] 参见本书第一章第二节对"现代医疗技术的伦理形态"进行的区分。

们关于身体完整性的观念和有限的责任意识，受到严峻挑战。身体不再被看作一种单纯的有机生物基质，而是被视为一种类似于"分子软件"，既可以按照人为设想解读，也可以根据人为意愿进行调整或重塑。① 这种由技术而达成的对身体与生命的干涉与调整，会由于医疗技术的常规伦理形态的扩展，涉及不同寻常的责任之界定。

一 疾病空间化与归责困境：常规技术的伦理构型

从身体伦理的维度看，常规医疗技术的伦理形态可分为如下三种类型：

第一，与"生"的问题有关的技术类型，主要包括生殖技术和生育控制技术等；

第二，与"死"的问题有关的技术类型，主要包括脑死亡、安乐死、生命维持技术、器官移植等；

第三，与"生命质量"（或生命健康）有关的技术类型，主要包括临床医学、精神治疗、美容、护理技术、老龄生命健康等。

医疗技术的三种类型展现了人之生命从生到死遭遇到的身体疾患及其治疗技术。作为一种伦理形态，它把人的生命存在和身体事项看作一个从摇篮到坟墓的过程，其中每一种可以常规化的医疗技术都是"将疾病空间化"的医学的一种方式。

"将疾病空间化"是常规医疗技术作为一种伦理形态构型的运作机制。它的一个突出特点是：当一种医疗技术被准许应用于临床时，它需要有与之相匹配的"疾病的空间构型"。福柯在《临床医学的诞生》一书第一章《空间与分类》中曾引用18世纪学者基利贝尔的一句话："在没有确定疾病的种类之前，绝不要治疗这种疾病。"② 基利贝尔的这句话表达了疾病构型与医疗技术形态之间的内在关联。常规医疗技术的伦理形态受到分类原则的支配。一种"疾病的构型"会独断地定义常规化的治疗方式，这种定义不仅只是构型一种医疗技术的展开空间，而且定义了非同寻

---

① ［德］托马斯·雷姆科：《超越福柯——从生命政治到对生命的政府管理》，梁承宇译，载《国际社会科学杂志》（中文版）2013年第3期，第84页。
② ［法］米歇尔·福柯：《临床医学的诞生》，刘北成译，译林出版社2001年版，第2页。

常的责任空间。比如说,历史上的麻风病、瘟疫、肺结核病等流行病,以及我们遭遇的非典、禽流感、埃博拉病毒感染等流行病,都有疾病构型的空间及其支配性的分类原则将这些疾病与其他疾病作出区分。这里,分类原则蕴含了医学话语权力的生产与展布,因而构造出责任的不同类型。包括对病人的隔离治疗和非隔离治疗,需要会诊的情况与不需要会诊的情况,以及不同科室的医生之间的合作及相应的归责机制等。福柯在《临床医学的诞生》中写道:

> 在疾病被人们从浓密的肉体中抽取出来之前,它已经被赋予了一种组织,并被划归进科、属、种的等级系列。表面上,这不过是一幅帮助我们了解和记住疾病的衍生领域的"图像"。但是,在这种空间"比喻"背后的更深层次,为了造成这种图像,分类医学预设了疾病的某种"构型"(Configuration):它从来不会自己明确表达出来,但是人们可以事后确定它的基本要素。正如一棵家庭系谱树,在这种相关的比喻和它的全部想象主题之下的层次,是以一种空间作为其前提的。在这个空间里,其血缘关系是可以图示出来的。疾病分类学图像也包括一种疾病构型,它既不是因果系列,也不是事件的时间系列,也不是疾病在人体内的可见轨迹。

"疾病构型"不仅关涉疾病是如何呈现于医疗空间中,是如何被认知或被建构为一种"疾病",而且涉及医生与之打交道的技术形式,它内在地推展并凸显某种类型的医疗技术实践,并因而使得医疗技术的建构沿着"疾病构型"的结构化展开。然而,身体仍然与完整的人(或者作为位格存在的 person)不同。身体总是由分解为局部的部分所构成。而现代医疗技术在常规形态中总是将身体的某个部分与整体分开。例如外科手术中针对创口的处置方式,是将其他部分隐去以突出手术要予以操作的创口。这种技术化的操作通过"疾病的构型"得到揭示,它一旦成为某种程序化的常规的医疗技术实践,就将医生的责任归结为一种技术的展现形式。医生的责任原本是清楚明了的——医生首要的责任是照料病人,但是,当医生的责任被分解为分类医学中医疗技术的展现形式后,医生的形象在医疗技术的阴影下变得模糊不清。如果公共医疗政策允许医生自由判断,那么，医生就必然面临某些良知的决断：是否为需要终止妊娠的妇女施行手术？

这里涉及三种空间的重叠关系。扼要言之，它主要体现为"疾病的构型—医疗技术的建构—责任的分布"三种空间构型的交集或重叠关系的一种技术伦理形态。

"疾病构型"是基础。一些引发重大伦理争议的常规形态的医疗技术，通常与"疾病的构型"涉及的问题有关。一种被当作身体问题的"麻烦"不能进入常规形态的"疾病构型"，就会引发责任伦理的归责难题。例如，避孕或堕胎，或者实施器官摘除，无论从何种意义上都不能将之归于"疾病构型"的范畴。不用于治疗疾病的"医疗技术"尽管可能属于常规形态，但它是否具备伦理正当性便存在尖锐的道德争议。广泛使用的生育控制技术，例如，外科的绝育手术作为永久性结扎，就与任何可以被称作"疾病构型"的空间不能重叠。因而，这一项技术被一些人指责为"全然和希波克拉底的誓言（医生行医道德的准则）这一基本准则'不伤害'十分不符"[①]。然而，"永久性结扎"所面临的归责困境还在于，在这种技术伦理的形态展现中，人们明显觉察到一些不同寻常的归责事项发生了——对身体的某种伤害甚至不以治疗性目的为旨归，但被当作一种常规性医疗技术范畴来加以运用，当这种情况变得司空见惯时，人们甚至无法对这种医疗技术实践进行有效的归责，于是"结扎"就成了医疗技术对身体进行不当干预的一种反自然的例子。这里产生的问题是：就现代医疗技术的伦理形态而言，它的责任的配置原则是否预设了以医疗名义且通过医院建制对人口进行控制，或者对的人的身体进行某种程度的拘禁。这种情形在活体器官移植术中表现得更为明显。

毫无疑问，"结扎"和"活体器官移植"的性质又略有不同。我们知道，医学或医疗技术所尊奉的责任目标是通过治疗疾病促进人的生命健康和幸福。

在"结扎"的例子中，医疗技术用于非医疗目的，但在某种程度上（尽管是以非常野蛮的方式）多少能够促进人的生命健康需求和幸福需

---

① ［德］汉斯·约纳斯：《技术、医学与伦理学——责任原理的实践》，张荣译，上海译文出版 2008 年版，第 118 页。

求。然而"永久性结扎"造成的伤害,无论如何是与医学目的背道而驰的。在"活体器官移植"的例子中,医疗技术则面临更复杂的伦理决断情境或难题。它直接引发了人们对医学是以人为目的还是以人为手段的哲学思考。想一想,医生面临濒死病人而只有通过当其需要危及他人的健康或福利而促进某一部分人的生命健康和幸福时,情况会怎么样呢?

与"疾病构型"相匹配的是"医疗技术的建构",两者的关系就如同一个硬币的两面。在医学空间中,如果缺少了与"疾病构型"相匹配的"医疗技术的建构",疾病就不可能为人们真正认知,并成为医学处理的对象。同样,"医疗技术的建构"如果不是针对特定的"疾病构型"(如结扎手术或堕胎的例子中所呈现的)就会面临伦理决断时的正当性质疑与合法性危机。医疗技术的建构空间,既因"疾病构型"所引发,进入了一种人与技术的具身关系的维度,又在某种程度上与疾病的构型在空间上并不完全重叠,那越出重叠的部分涉及一种更大范畴的技术伦理形态。

由此,"责任的分布"得以凸显,它随着疾病以及人们处理疾病的技术样式的关联方式而变化,成为生命政治学和卫生经济学重点关注的对象。技术时代的责任伦理不再单纯地涉及医者之技艺的恰当运用。这一行为诉求当然非常重要。但是,对于一种动员起来的技术普遍性而言,与之相关的"责任的分布"总是面临更为严峻的归责困境,尤其是当一种技术形态在事关死生事项时更是如此。

在"责任的分布"中,人们至少能辨识两种类型的责任。其一是"消极形态"的责任,它使人们"免于"某种不利处境——如与死亡问题有关的技术伦理形态需要面对的情形;其二是"积极形态"的责任,它使人们"获得"某种收益或福宁——如与健康问题有关的技术伦理形态需要面对的情形。

二 身体之后的"目视":以"责任"为中心的伦理

在医疗技术的常规伦理形态中,一种基本的伦理构型关涉到与生命价值紧密相关的伦理责任的诠释和理解。首先,技术的具身关系改变了社会不平等的性质,医疗不平等不再像以往那样建立在显著的社会不平等的基础之上,受制于明显的阶级压迫、奴役和剥削,而是隐性地、受到身体性暗示与影响。其次,身体以在场的形式为人们所认知,在医疗技术的常规伦理形态中被理解或被认知，经历了从传统"保存的身体观"到现代"保护的身体观"的发展。由此，"责任的分布"的空间构型在三种不同形态的常规技术的伦理形态的展现中获得了初步的界定。

（一）与"生"的问题有关的责任类型

当"身体"不需要通过现代医疗技术进行特别保护时，传统生育观或生育伦理采取了一种"保存的身体观"。这里不拟展开讨论传统孝道对身体之保存进行某种文化设计之旨趣——它是通过"孝亲"或"孝养"的原则使老龄生命保存得以可能，而是重点关注在常规医疗技术实践中"保存的身体观"是如何发展到"保护的身体观"的。

与"生"的问题直接相关的是自然生殖。这是地球生命进化通过几百万年的进化形成的最优生殖方式。人之"生"的自然形态是通过"适龄男女性交—受精—输卵管受精—植入子宫—分娩"这样一个自然生殖过程完成的。生殖是物种生命的自然延续过程。人类的身体存在作为一种"生之形态"是通过自然生殖代代繁衍而得以世代存留的。与这种"保存的身体观"不同，生育技术重点开掘的是针对"保存面临困难"或者"无法保存"的情况，即说，通过自然生育将我们的基因或生物性状保存下来面临困难或者无法完成，这时就需要辅助生育技术进行"保护"。生育技术作为现代医疗技术类型，原本是医治不孕症的一种技术类型，它要解决的是那些不能自然生殖的夫妇的生育问题。然而，随着生殖科技的进步，出现了诸如人工授精、体外受精胚胎植入术、代孕之类的生殖技术，由此引发了广泛的关于生殖干预的伦理道德问题的争论。从医疗技术的常规伦理形态看，如下"问题域"凸显了生育技术带来的一种伦理型的责任空间的重要性。

"不育"是否是一种"疾病"？人们通常将"不育"视为一种"疾病"，称之为"不育症"。"不育症"是一种非常普遍的"疾病"。可是，对于主动选择"不育"或者没有生育意愿的夫妇来说，"不育"就不是一种病。医学界对不育症的临床症状有不同的规定，通常认为有生育意愿的夫妻如果过正常夫妻生活一年仍然没有怀孕，他们就是不育症患者。世卫组织建议诊断期限设定为两年比较合适。这就是说，从临床医学的视角看，"不育症"进入"疾病构型"并得到医学界的公认是早晚的事情，其前提是，它对医疗技术的建构提出相应要求并在医疗技术实践中找到对症治疗的方法。在这一论题域中，围绕生育技术与不育症的讨论，产生了诸多关于"权利—责任"的问题，其中最重要的问题就是生育权及其与之相关的生育责任问题。

生育技术是否会鼓励优生学及优生运动？生育技术或生殖干预技术总是会让人们将它与优生学或优生运动相联系。例如，19世纪美国的优生运动推动了一场关于生育权问题和生育责任问题的讨论。人们面临如下问题：是否应立法让那些惯犯、疯子或弱智的人节育，以保证人口质量？这场优生运动引发了许多生育权方面的诉讼，最后达成了一项基本共识，即认定生育是人类应当受到保护的基本权利，保护每个人的平等的生育权是一个健全社会应负的责任。它产生了另一个附带性的权利诉求，即人们是否有选择不生育的权利？这在避孕和堕胎合法化后（大约是在20世纪70年代初），不生育的权利被建立起来了。这是尊重自主原则所派生的权利。

生育技术是否属于最基本的医疗保健？有学者谈到这一问题时指出，在一个公平的并且倡导爱心的社会中，生育权应用于医疗时，必须限制在一个基准水平上。个体并无权利享用所有一切他想获得的医疗。从这个原则出发，一种责任伦理不会也不主张将辅助生育技术与天花或小儿麻痹症疫苗注射放在同等地位考虑。因为，生育并不构成人的基本需要，生育权也仅是个人的一种消极权利，而辅助生育绝非是一种积极或基础的权利。因此，"试管婴儿不是社会必须对每一对不育夫妇提供的医疗服务，它只是那些渴望为人父母的不育者可以考虑的选择。社会应该要满足每个人最必要和基本的健康需要，但这不包括使用生育技术的权利"[①]。

生育技术会不会打开"人类孵化场"的潘多拉之盒？自从1978年第一例试管婴儿在苏格兰诞生，人们便提出了生育技术会导致"人类孵化场"出现的担忧。而今天，辅助生育技术已经成为一种常规医疗技术，有0.2%的美国婴儿和近1%的英国婴儿是经由体外受精出生的。随着不断增多的辅助生育技术的突破，体外受精、代孕等产生了许多奇特的伦理问题：比如冷冻胚胎的归属问题，以出租子宫为业的代孕问题，通过植入

---

① [加]许志伟：《生命伦理：对当代生命科技的道德评估》，朱晓红编，中国社会科学出版社2006年版，第133页。

无缺陷胚胎订制完美婴儿的问题。

以上列举的问题只是与"生"的问题有关的医疗技术的常规伦理形态中极小的一部分。当然,这些讨论绕不开传统意义上的生育责任的问题。不论是基督教生命伦理还是儒家生命伦理,各自都有一个不可忽视的强调人的生育责任的传统。于是,这里产生了两个问题:其一,在生育技术背景下,如何平衡"权利—责任"关系?当人们从个体意义上强调生育权的时候,也需要考虑从总体意义上兼顾生育责任;其二,在选择通过生育技术为人父母时,人们需要弄清楚,如何平衡"生—育"的责任?究竟承担了或者选择了什么样的责任?应该指出,这里需要辨识的责任是与选择相关联的,由于生育技术提供了更多更好的选择,会激发一种选择上的两难:"要一个完美的孩子"或者"不要孩子"。这个"两难"问题之所以会被激发出来,是因为在责任感普遍失落的时代,人们往往在意比较容易的"生"的责任,而忽略了更为重要而艰巨的"育"的责任。

与"生"的问题有关的责任类型必须得到拓展,才能适应生育技术进入常规医疗技术的伦理形态的发展趋势。"生"一个孩子不像拥有一件物品那么简单。生育行为的责任类型不是单纯的个人的责任。父母与子女在生理上的联系不是我们做父母的可以拥有控制子女一切权利的理由。子女不是父母的成就,更不是可以随心所欲设计或抛弃的财产。从根本上,生育行为的责任类型是个人与整体建立关联的一种方式,它属于一种普遍性的伦理责任。这种伦理责任要求父母必须将孩子看作一个自由独立的存在。从这个意义上,生育责任是一种与人之再生产相关联的自由生命本质或类本质的责任,是一种"人类责任"。一切有关生育权的界定都必须在这样一种责任类型的背景下得到探究。

(二)与"死"的问题有关的责任类型

马克思的女婿拉法格在1911年11月25日度过了他的70岁生日。这一天,拉法格和妻子劳拉(马克思的第三个女儿)一起在巴黎访友,看过一场电影后,回到家中。当晚夫妻二人双双注射氢氰酸毒剂,在卧室平静地离世。拉法格在遗书中写道:"我的身体和精神都还健康,但我不愿忍受无情的垂暮之年接连夺去我生活的乐趣,削弱我的体力和智力,耗尽我的精力,摧残我的意志,使我成为自己和别人的累赘。在这样的时刻到来之前，我先行结束自己的生命。很多年来我就决定不逾 70 岁，我确定了自己离开人世的期限，并准备了把我的决定付诸实行的办法：皮下注射氢氰酸。我怀着无限的欢乐死去，深信我为之奋斗了 45 年的事业会取得胜利。共产党万岁！"①

一百多年前拉法格的"死亡决定"可能会被一些人解读为革命者无畏于死亡的勇敢。然而，他的遗嘱中写下的一句话——"我怀着无限的欢乐死去"，却提出了一个今天仍然让人们争议不断的问题："人们有权决定死亡吗？"这个问题关乎死亡权利的讨论。与拉法格的例子不同，在那些罹患绝症或遭遇极度痛苦的患者那里，"生命是否还有意义"以及"个人是否有权选择终止生命"之类的问题，变得异常突出。随着现代医疗技术的进步，对死亡权的反思以及要求保持死亡之尊严的生命伦理诉求，使与"死"的问题有关的责任类型进入人们的视野。

1973 年美国得克萨斯州发生一起丙烷气体爆炸，案发现场一位名叫德科斯（Dax Cowart）的年轻人的身体被炸得面目全非，其父当场死亡。在后来的救治中，无法忍受极度痛苦的德科斯多次请求安乐死。但医生根本无视他的请求，选择了尊重其母亲（一位虔诚的基督徒）的意愿。在接受了一系列炼狱般的治疗后，德科斯出院了，他双目失明，全身毁容，手指也只能部分活动。虽然，德科斯的结局不算太悲惨，他后来成了一名律师，组建了自己的家庭，但回首往事时，德科斯仍然心有余悸："如果明天发生了同样的事情，知道自己还会这样，我还是不愿意经历为了活着而遭受的痛苦和折磨。我愿意完全依靠自己而不是他人来做选择。"

死亡权的讨论展开了与"死"的问题有关的常规医疗技术的伦理形态中的责任类型问题。权利总是相对于责任而言，因此，如果承认"死亡权"是存在的，那么，生命伦理学就必须思考现代医疗技术带来的包括死亡标准、安乐死、生命维持技术等方面的责任类型。

死亡标准带来的伦理困扰。如前所述，与"死"的问题直接相关的是死亡标准问题。传统的死亡标准是由心脏呼吸概念来加以定义的，即心肺完全停止是人的生命体征之死亡。在法学上，这个标准被概括为三征候

---

① 杨叔子：《令人忧虑的科学暗影》，广东省地图出版社 1999 年版，第 84 页。

说（心跳停止、呼吸停止、瞳孔放大）。然而，心肺机的发明使心肺死不一定立即带来其他器官功能的全面丧失。由于在法律上确定人是否死亡是判定杀人罪和毁坏尸体罪的主要依据，因此死亡标准直接与责任问题的界划密切相关。这里带来的最大的伦理困惑是一种消极形态的责任类型。

消极形态的责任类型遭遇加缪式的"哲学悖论"：我们如何面对死亡？我们如何面对"致死的疾病"？这一点上，与死亡有关的医疗技术形态构成了人们重审医学责任的契机。抛开大规模流行病或传染病导致的死亡问题及与之相关的医疗技术的伦理形态不论，在常规医疗技术形态中通过高新技术延缓死亡（甚至战胜死亡）带来了异常复杂的"死亡权利"论题。不论延缓死亡的技术如何发展，不论这类技术如何高明，死亡总是会发生。而在这种技术所展现的伦理形态中，临终苦痛的增加与个人自主权的被剥夺是无可回避的。于是，医疗技术的建构不只是与技术能力有关，它还与我们处理"权利关系"的伦理有关。在与"死亡"有关的医疗技术中，必然产生关于责任的道德争议。在申言生命权是人的基本人权时，更需要问一问，人是否拥有不可剥夺的"死亡的权利"？在这个问题上，保留有尊严的死亡遭遇尖锐的归责困境——当患者及其代理拒绝医生认为是有意义的治疗而选择放弃治疗，或者医者不提供或中止患者（或其代理）认为是有意义的医疗时，归责难题就会发生。今天，在世界范围内，安乐死引发的道德争议和责任难题，可以说是家喻户晓。死亡预嘱，被动安乐死，主动安乐死，协助安乐死等，与"医生绝对不能杀人"的职责命令相违背。这使得某种常规形态的与死亡有关的医疗技术实践面临责任伦理难题。其中两种消极责任之间的冲突无可避免：其一是免于人为安排的死亡；其二是免于没有尊严的死亡。

（三）与"生命质量"有关的责任类型

与"死亡"问题不同，健康与生命质量关涉到人们要积极争取的责任。"积极形态"的责任类型产生了一种与"目视"有关的医疗生活史的理解问题：我们如何看待生命健康问题？我们以何种政治经济形态处理与生命健康有关的"权利—责任"关系问题？这问题涉及一种医疗生活之重构的论题。福柯在《临床医学的诞生》中，把医学史归诸对空间、语言和死亡诸论题的拓展。这是关于"目视（regard）"的论述①，是从厚实的历史话语中观察医学史状况。医学史从早期编年史，启蒙时期的进步史，到 20 世纪引入技术史、科学史和社会史，再到当今方兴未艾的生命史学之重构，见证了"目视"的意义。现代思想通过把死亡纳入医学，并体现在每个人的活生生的身体中，诞生了被规定为关于人的科学的医学。② 人体解剖学或病理解剖学构成了实证医学产生和被接受的历史条件，疾病和健康不再是一种形而上学的不可见之物，而是向语言和"目视"的权威开放的对象。在这种可见的开放之域中，人们日益增长的健康需求使得医疗技术在常规形态中成为社会治理的不可分割的组成部分。于是，一种与人口形态相关联的医学责任及其类型，构成了卫生保健的伦理核心。

在常规形态的医疗技术中，医学空间能够穿越和渗透社会空间，成为构造良好生活或健康生活的基础。"疾病构型的空间与病患在肉体中定位的空间，在医疗经验中叠合，只有一段较短的时间，在这个时期，十九世纪的医学同时发生，而且病理解剖学获得特权地位。正是在这个时期，目视享有主宰权力……这'一瞥'不过是在它所揭示真理上的运作，或者说这是在行使它握有全部权利的权力。"③"目视"的真理，展开了分类医学，医疗机构，医学教育体制和保健政策，普遍化的医学意识的觉醒和民众的卫生启蒙，以及不断系统化的从出生登记、接种疫苗、身体体检到死亡证明的生命治理术等，使得渗透到社会空间的医学化权力得以彰显，成为一种可见的真理运作。然而，从这里产生了从个人出发的健康需求与从群体出发的健康需求所定义的责任类型的不同及其相互冲突的难题。

医疗生活史的重构就是通过"目视"之指引，从"个体—总体"的非连续性中透过医学史进入生命政治学。"目视"的实质是机构化或总体化的权力运作，它无所不在地监控、主宰、操纵、纠正、干预个体化的身体，呈现为"针对人口、针对活着的人的生命权力"，其目的是"为了使

---

① ［法］米歇尔·福柯：《临床医学的诞生》，刘北成译，译林出版社 2001 年版，第 1 页。
② 同上书，第 220 页。
③ 同上书，第 1—2 页。

人活"且"活得更好"而日益更好地干预生活、干预生命,以"提高生命的价值""控制事故、偶然、缺陷"。① 在这个领域所展现的多种多样的形态变迁和对峙,由医学化和去医学化的各种势力构型,涉及生命政治学的两大系列:一是"身体系列";二是"人口系列"。医疗生活史重构由此提供了从生命政治学理解生命伦理的进路,即让生命伦理回归医疗生活史。生命伦理学对人本身的关注,不仅要从生物学视角探究与"身体系列"相关的医疗技术的伦理形态,还要从生命政治学视角探究与"人口系列"相关的医疗保健的伦理形态。两者都与医疗生活史的重构密切相关。而相较于技术进入医疗生活史而言,作为人的科学的医疗生活史的重构,则更重要,也更为根本。

三 以"冷冻胚胎"为例进行的分析:它是伦理存在物吗?

现代医疗技术在其常规形态的技术伦理问题域中带来了关于"生命"和"身体"的伦理难题,并进一步引发了一系列社会、道德、法律以及生命政治或卫生经济等方面的问题。对于"生"的选择、"死"的决定、"健康"的意义等生命伦理事项具有最终决定权的权利问题及其相应的责任类型,以及在生命形式的自我技术进程中,有效监管与控制带来的自由与责任问题,等等,都是现代医疗技术必须面对的伦理挑战。我们如何接受科学、医学、宗教、伦理、文化等不同形式的权威对其生命意义的解释?人类生命的生物存在与自由生命本质之间的区别与联系如何影响人的伦理的责任类型?生命伦理学需要反思一种常规形态下现代医疗技术对生命的控制所导致的前沿伦理问题。这些问题构成了独特的问题方式和问题类别,其关联事项之多、问题之烦琐,难以详述。我们以人类胚胎的道德地位问题为例,通过冷冻胚胎的案例,对此做些分析。

冷冻胚胎是辅助生殖技术的重要组成部分。有关冷冻胚胎权利行使的纠纷越来越多。当人们对冷冻胚胎提出法律上的权利主张时,最基本的判断标准是如何体现人格尊严的伦理要求。冷冻胚胎是具有人格尊严的特殊伦理物。处置冷冻胚胎应当遵循维护社会公益、优先保护人格利益、禁止

---

① [法] 米歇尔·福柯:《必须保卫社会》,钱翰译,上海人民出版社1999年版,第233页。

买卖和有限制的试验研究三个伦理原则。①

（一）无锡判例及其引发的生命伦理问题

2012年，一对江苏宜兴的"80后"夫妻在南京鼓楼医院进行体外受精（胚胎移植助孕手术）的过程中，冷冻了4枚受精胚胎。2013年3月，这对夫妻发生车祸不幸双双身亡，他们各自的父母与医院之间就这4枚冷冻胚胎的处置展开了一场在全国范围引发极大反响的诉讼。案件的审理跌宕起伏、峰回路转，最终在2014年9月17日，无锡市中级人民法院作出终审判决，判决这4枚冷冻胚胎归夫妻俩的父母共同处置。该起案件的判决一经公布，立即引起轩然大波，学者们纷纷撰文表达自己的看法。大部分观点认为该判决社会效果良好。也有观点批评该判决说理不充分，虽然赢得了人心，却没有达到一份优秀判决所应当兼有的"信"与"达"。撇开具体的法律技术问题，不得不说该判决确实符合一般社会大众情感的要求与标准。但是为什么这样一份在情感上能够打动人的判决，在道理上却不能令人们形成共识呢？

从技术的视角看，体外授精技术的诞生是人类辅助生殖技术领域一项重大技术突破。这项技术的运用，改变了人类的自然生殖路径，使生育与两性关系的紧密联系被人为地割裂。体外授精技术发展带来了冷冻胚胎技术的成熟和广泛运用。为了提高体外受精的妊娠成功率，一般需要通过超排卵来获得比自然周期更多的卵子，从而获得更多可供移植的胚胎。这一技术应用的结果导致大部分病人在进行手术时都存有可供利用的多个胚胎进行冷冻保存。这对于暂时不想生育但是又担心未来不能生育孩子，以及希望有多次实验机会来实现最终生育的夫妇来说无疑是一个保障。但是，受精胚胎在被冷冻保存期间，可能会出现难以预料的变故。如何处置冷冻胚胎？这问题从较窄意义上构成了实践中不得不面对的"法律—伦理"难题，而从较宽意义上为前沿性高新生命技术（或现代医疗技术）的生命伦理的道德形态学项目提供了具体案例。②

从伦理的视角看，以辅助生殖技术为代表的高新生命技术所引发的实

---

① 以下围绕冷冻胚胎的例子展开的讨论参见方兴、田海平《冷冻胚胎的道德地位及其处置原则》，《伦理学研究》2015年第2期。

② 案件具体事实和判决参照无锡市中级人民法院官网链接：http://wxzy.chinacourt.org/public/detail.php? id = 5773。

践中的道德争议和伦理难题,不是一种纯粹从"技术"到"伦理"的线性掘进或延伸,而是牵连到由多重矛盾冲突所构成的一个复杂的道德形态学区域。

人们一旦进入该论题域,首先碰到的难题是技术的规定与伦理的规定之间的冲突。我们知道,"技术的规定"由是否"能做"来限定,"伦理的规定"由是否"应该做"来限定。譬如以"冷冻胚胎"为例,现代高新生命技术之于冷冻胚胎而言,存在着一种潜能,即技术上能够将其培养成人的可能性。但是,胚胎固然具有能够发展成人的可能性,但是其本身究竟是不是"人"?将其发展成人的决定权,在未移植之前属父母所有,但如父母亡故之后,应当如何处理?何人才有处分权?在这些问题的回答与处理上,技术的规定和伦理的规定往往是冲突的,有时是无法调和的。这时,人们在一种特定的形态学区域中,往往转换出另外一套解题方案,即转而求助于法律的帮助。但是,最后却发现,这里隐含了第二层的冲突关系——法律权利的冲突。

面对这种多重冲突关系,我们应当如何处理?技术规定与伦理规定相互悖反的难题如何治理?伦理规定与法律规定的悖离如何治理?以及技术规定与法律规定相互悖反的难题如何治理?这些都必须通过反思并合理地建构一个伦理原则体系予以解决。

(二)冷冻胚胎是具有人格属性的伦理物

无锡案件所涉及的冷冻胚胎的处置权或继承权问题,并不是今天才出现的"伦理—法律"难题,西方社会早在 20 世纪 80 年代就出现了这些棘手难题。

1981 年 6 月,美国洛杉矶富翁马瑞欧·李欧斯夫妇二人在澳大利亚墨尔本维多利亚女王医学中心不孕诊疗所接受试管婴儿手术,手术当时并未成功,但是留下两枚冷冻胚胎。3 年后,李欧斯夫妇飞机失事遇难,留下两个"孤儿胚胎"及 800 万美元没有任何继承人的遗产。这一事件引发了的一个重大争议是:这两枚冷冻胚胎的法律地位是什么?有无继承权?属谁所有?谁有权决定它们的命运?特别是如果用代孕的方式将这两枚胚胎孕育成人,日后出生的孩子,能否继承基因父母遗留的巨额遗产?在更早的 1980 年,美国还发生过一起著名的"大卫诉大卫"案件。大卫夫妇离婚前用体外受精的方式孕育了 7 个胚胎,在植入妻子体内前,婚姻即告破裂，妻子希望用胚胎生下小孩，而丈夫反对，妻子遂向法院申请要求拥有这些冷冻胚胎的所有权。以上两个案子都引发了旷日持久的诉讼。

现代社会，人们面对纠纷，最有效解决的路径是寻求法律的帮助。但是，与20世纪80年代一样，今天人们面对冷冻胚胎的处置，并没有权威的法典、条规或先例可循。已有的法学专家和伦理学家们对于出现离婚、一方或双方死亡、因各种原因不再进行人工授精等意外情况如何处置冷冻胚胎所提出的见解差异很大，有时甚至根本对立。

美国联合研究生学院的 Robert Baker 教授曾经设计了一个思想实验来描述人们对如何处置冷冻胚胎的观点的差异性。他假设，在一个仓库里，有一只猫、一个婴儿和成千上万准备移植的冷冻胚胎。仓库突然失火，如果只能抢救三者之一，大家基本都会选择抢救婴儿；如果还可以再抢救一个，在猫和胚胎之间，人们的选择就差异很大了。这个思想实验旨在给出处置冷冻胚胎这一伦理难题所涉及的分类对比的形态学分析的参照系。这充分表达了现实中人们对胚胎伦理属性认知的差异性之大。

关于冷冻胚胎的法律属性，传统上有主体说、客体说和中介说三种主要观点。主体说认为，冷冻胚胎具有人的主体地位，应当将胚胎视为人或者至少是有所限定的"人"。客体说认为，冷冻胚胎是一种纯粹的财产，它不属于人的范畴。中介说认为，胚胎既不是主体也不是客体，因其具有成长为新生儿的能力，而处于特殊地位。上述三种学说中，主体说不符合冷冻胚胎的技术特点；客体说忽视了冷冻胚胎的生命价值，而且在遇到诸如这种财产是归夫妻共同所有还是某一方所有，份额如何划分等问题时，就失去了解释的功能；中介说虽然极力避开了主体说和客体说的局限，但是这种模糊的概念仍然无法确定现实中胚胎所内涵的权利义务内容。[①] 因此，审理某一具体案件的法官，只能根据该案件的具体事实和特殊背景，即根据它所嵌入的形态，对这个案件所涉及的具体权利义务进行判决。而就某一个具体案件的判决而言，不论是普罗大众还是专家学者，大家都关注一个焦点，即该判决结果是否符合公平正义的价值观念。虽然说在任何案件中，法官都应当秉持公平正义的裁判理念，但是公平正义的价值观总

---

① 杨立新：《人的冷冻胚胎的法律属性及其继承问题》，《人民司法》2014年第13期，第25—30页。

是相对的，不同地区、不同时间、不同人群的公平正义观念可能都会存在差别。所以，法官应当秉持的是相对本土化的公平正义观念，也就是在当下某一社会环境中与大多数人的权利价值观相一致的公平正义观。在多样化和多元化的社会背景下，法律适用不再是田园诗般的静态逻辑推演，而必须加入多样化的社会价值考量。这实际上引入了一种道德形态学的视角。"法施于人，虽小必慎。"（欧阳修语）将法律效果与社会效果有机结合起来，强调法律适用中的社会价值考量，应当成为当代司法的应有之义和显著标准。

现代高新生命技术所展现的伦理空间，是道德的生命权利构建具有普遍伦理本质的生命权利体系的过程。这一过程的核心是对人格权的尊重与保护。确定冷冻胚胎的伦理属性，不能脱离这个语境。抑或说，当人们面对冷冻胚胎提出各种法律上的权利主张时，一个最基本的判断标准，是如何体现人格尊严这一基本伦理要求。而如何确定冷冻胚胎的伦理属性，是我们确定这一判断标准的前提与核心，是针对冷冻胚胎提出权利主张的伦理正当性基础。

冷冻胚胎的伦理属性问题，是指应否把冷冻胚胎看成是一个享有人的全部权利的"人"，或者仅仅把它看作一个有机培养基中的有机化合物。我们前面提出的所有问题的解决都取决于对这个问题的回答。回看此领域的伦理学史和法学发展史，对于胚胎是否是"人"的回答存在着极端的两极分化。西方医学鼻祖希波克拉里认为受孕七天后即有胎动；18世纪西班牙天主教神学家菲乔欧依据希波克拉里的理论，提出"人"的诞生起点就是受孕那一刻；1986年美国路易斯安那州颁布的《受精卵保护法》规定"胚胎为人"；1990年英国国会通过一部法律，规定受孕后24周，胎儿才是"自然人"。但是，同样是在美国，美国联邦最高法院在罗伊诉韦德一案的判决中，明确反对胎儿拥有独立的法律权利。联邦最高法院认为生命何时开始，科学无法给出确定一致的答案，美国宪法第十四修正案所规定的平等保护正当法律程序的权利只能限定已出生的具有美国国籍的人。世界上大部分的国家法律都规定，没有出生的人，不能被看作"人"。

美国普林斯顿大学的辛格教授在论证堕胎的合法性时，以"意识的发展水平"为依据，将生命分为三类：第一类是无意识的生命，没有感觉与体验能力的生命。这种生命没有价值，也不配享受有关生命的保护权利；第二类是有意识的生命，是能够感知到快乐和痛苦，但还没有自我意识，故还不是"人格人"。尚未拥有个体性地位，同样也不应享有生命的权利；第三类是有自我意识的生命，其生命载体就是"人格人"，是一种有理性和自我意识的存在者。① 按照这个标准，冷冻胚胎并不具备类似理性、自我意识、知觉感觉等价值，不能称之为"人"。美国生育协会伦理学委员会委员、奥斯汀得克萨斯大学法学教授约翰·罗伯森在前文提到的大卫诉大卫一案中出庭作证时也陈述，冷冻胚胎是一群能够发展成为一个甚至更多人的细胞。在植入母体前，是没有被明确地界定为生物的个人。由此，冷冻胚胎不是人，但是因为它是潜在的生命，所以应当得到"特别的尊重"——比其他的人体组织更受尊重。②

胚胎的特殊性源于胚胎所具有的向人的状态持续发展的连续性。每一个受精卵，都具有发展为成人的潜能。每一个胚胎与它要发展成的人不仅具有本体同一性，而且都拥有相同的个体性。胚胎诞生的那一刻，都意味着一个新实体的诞生，而每个实体都是一个原生生命形式，都是一个潜在地拥有自身权利的形成中的人。因此，胚胎具有不可还原的价值，我们不能把胚胎当作单纯的"物"（甚至一个工具）来对待。③ 胚胎是一个与人的存在价值密切连接的特殊的"物"，连接它们的纽带是胚胎中所蕴含的人格尊严。

自从法律实务界出现了关于冷冻胚胎的争论之后，伦理学界对于冷冻胚胎伦理地位的讨论，基本都是围绕人类（human being）和位格人（human personhood）这两个属性展开的。位格人原为基督教用语。"位格"就是一个智慧生命的存在显现，可以被称为"生命中心"。每个人有且仅有一个"位格"。"天使"也是如此。人的位格又称为"人格"。从某种意义上来说，对冷冻胚胎伦理地位的探讨也就是在讨论"具备人格的人（即位格人）从什么时候开始诞生"。英国天主教教团认为，人性在受精时即已开始。法国生命和健康科学鲁尼咨询委员会在一份报告中直接指

---

① ［美］彼得·辛格：《实践伦理学》，刘莘译，东方出版社2005年版，第85页。
② 黄丁全：《医疗法律与生命伦理》，法律出版社2007年版，第436页。
③ 张春美："人类胚胎的道德地位"，《伦理学研究》2007年第5期，第64—67页。

出，胚胎从受精之时就具备了"潜在的人格"。①

人格是人与其他生物相区别的内在规定性，是人之为人的尊严与价值总和，是个人在一定社会中的地位和作用的统一。从个体层面理解，人格是个体的品质，是个体价值的对象化。从社会层面理解，社会成员的人格虽各有千秋，但是每个人的人格都是建立在人性基础之上的，都有着作为人而内在的尊严。我们这个社会中每一个人的人格尊严都应当得到平等的尊重，不容有任何人的亵渎和侵犯，否则社会将不复存在。人类胚胎具有人类延续和生存的目的性，具有人的全部遗传信息，具有将来发育成人的能力，从生存目的论来看，它已经具有人的生命形式和意义。② 从而胚胎也就内含了人之为人的尊严，它是一个人所应当具有的伦理地位和道德权利的最初的源头。

我国民法学家杨立新曾经提出"物格"的法律概念，即按照某种特定的法律标准对"物"进行大尺度上的分类。他认为，"物"的三种基本类型是"伦理物""特定物"和"普通物"。"伦理物"具有最高的法律物格。"伦理物"的概念不应当仅仅是一个法律概念，还应是一个伦理学的概念，其相通之处即在于对潜在生命与人格的保护。人格权是人类社会生命的基石，生命权是人类自然生命的前提。对人类而言，失去了生命和人格的世界，是失去了意义的世界。冷冻胚胎作为一种特殊的物，是承载了人类伦理本质的实体，是一个"伦理物"。当然，这里所说的伦理物概念与法学界所讨论的伦理物概念是有差异的。杨立新教授认为伦理物是一种人格物，其中"人格"是修饰"物"的限定词，"物"则是中心词。但这种与伦理无涉的法律思维，才恰恰导致人们无法确证对这个"物"上所包含的权利进行特殊保护的伦理正当性。就伦理物或者"人格物"而言，"人格"是中心词，"物"是载体。

综上所述，我们认为，对于"冷冻胚胎"而言，不论是将之划归为潜在的"人"还是将之归类为现实的"物"，这个"物"具备了人格的伦理属性，因此需要对它进行特殊的保护。

（三）处置冷冻胚胎应遵循的伦理原则

由于冷冻胚胎的处置问题具有自身的独特性和内在悖论，我们很难依

---

① 黄丁全：《医疗法律与生命伦理》，法律出版社 2007 年版，第 441 页。
② 李才华：《人胚胎的伦理地位》，《科学技术哲学研究》2010 年第 4 期，第 98—101 页。

据某种逻辑一贯的推理得出具有普适性的处置规则。这就要求人们从特定的道德形态学分析入手，综合考虑冷冻胚胎的属性、价值以及社会公益等诸多复杂的条件，特异性地思考处置冷冻胚胎应当遵循的伦理原则。

第一条，首要的伦理原则是，处置冷冻胚胎要以维护社会公益为基准。

冷冻胚胎是人工辅助生殖技术的内容之一，繁衍后代的基本人权应当在婚姻体制的前提下存在。因此，只有合法生育的夫妻才有权利要求冷冻胚胎，也只有合法生育的夫妻才能处置冷冻胚胎，这是冷冻胚胎技术应当遵循的首要伦理原则，也是为了维护社会公益的需要。在夫妻关系存续期间，夫妻双方应当对处置冷冻胚胎的意见表示一致，如果出现意见不一致的情形，不得强制处分。当夫妻关系破裂，即使双方离婚时，也需要夫妻双方对胚胎的处理协商一致。当然，这种协商一致的处置结果也是有限制的，一般情况下不得允许离婚后的胚胎植入，即父母双方无权让子女被强制出生在单亲家庭，这是对子女人格的侵犯，也最终会导致整个社会公益的失衡。因此，包括我国在内的大部分国家的法律，都对离婚夫妻的胚胎植入问题予以从严审查。

第二条，在人格利益与物的利益不一致时，要优先保护人格利益。

虽然冷冻胚胎从本质上来说是物，但它是具有人格属性的特殊伦理物，因此当人格利益的处置与对于物的处置不一致时，应优先考虑保护人格利益。这一原则在夫妻一方死亡或双方死亡的情况下尤为重要。在夫妻一方死亡时，由于冷冻胚胎承载了死亡一方的人格利益，生存一方在处置冷冻胚胎时必须考虑死亡一方可能的意思表示。如果死亡一方生前对冷冻胚胎的处置没有明确意见，生存一方在社会公益允许的范围内可以自主决定；如果死亡一方生前的意见与生存一方的意见不一致的，生存一方不能随意处置。

当夫妻双方死亡时，从物的角度来说，死亡夫妻的法定继承人可以将冷冻胚胎作为遗产予以继承。但是，我国法律规定，死者的法定继续人，第一顺位的是父母、配偶、子女；第二顺位的是祖父母、外祖父母、兄弟姐妹。是不是可以允许所有的继承人都能继承冷冻胚胎这一特殊的"遗产"呢？笔者认为，冷冻胚胎中更多地凝结了直系长辈血亲对血缘传承的人格利益。一般而言，兄弟姐妹或死亡夫妻已经生育的子女在这样的血缘传承关系中的人格利益要弱化很多。因此，应当限定直系长辈血亲（主要指已死亡夫妻的父母）在维护社会公益和尊重已死亡夫妻生前意愿的前提下，可以继承并处置冷冻胚胎。已死亡夫妻的祖父母、外祖父母在特定情况也可以享有这个权利。

第三条，处置冷冻胚胎时，应遵循禁止买卖和有限制的试验研究原则。

虽然冷冻胚胎是物，但是由于其内涵潜在的人性和生命，不能将之用于买卖。这已基本成为公认的伦理标准。但是，能否将冷冻胚胎用于科学试验，是一直存在争议的话题。世界上大部分国家均禁止对胚胎进行试验，其中，德国由于历史原因，对胚胎试验的禁止尤为严格。德国1991年颁布的《胚胎保护法》严格禁止对人工授精产生的胚胎的所有试验研究，包括从胚胎中提取细胞。然而，从医学进步的角度出发，胚胎研究不仅是治疗不孕不育的主要手段，人类还可从中改进遗传性疾病的发现与治疗技术，增强人类生殖质量。因此，似乎不宜对胚胎研究全面禁止。英国1990年通过的《人类生育和胚胎研究法案》，给胚胎研究实行了有限的开放。该法案规定，胚胎研究应当开始于胚胎形成后的前14天内，而且胚胎研究必须基于以下的目的：促进对不育治疗发展，增加先天疾病成因的认识，加强对流产原因的了解，发展更有效的避孕方法以及防止遗传和染色体失常，增强对胚胎植入前的认识。[①] 这些法律条款应当成为胚胎试验研究必须遵循的伦理原则和前提。

回到无锡案件涉及的冷冻胚胎继承权与处置权问题，我们得出结论：冷冻胚胎是具有人格属性的特殊伦理物，实施了冷冻胚胎手术的夫妻因车祸去世，他们的父母有权利继承和有限度地处置冷冻胚胎。无锡法院的判决基本符合这一领域的伦理原则。

无锡案件引起大量争议的一个重要原因在于，我国针对冷冻胚胎的处置并没有相应的法律规定，现有的几部部门规章，主要为了规范开展辅助生殖治疗与研究的医疗和研究机构，无法应对辅助生殖技术所带来的复杂的伦理难题。该个案的道德哲学意义在于，人们必须从生命伦理学诸领域的形态学分析中获取有关难题治理的路径依赖。依照邱仁宗的分类，生命伦理学分为五个领域：理论生命伦理学，临床伦理学，研究伦理学，政策

---

① 黄丁全：《医疗法律与生命伦理》，法律出版社2007年版，第444页。

和法制生命伦理学,文化生命伦理学。

生命伦理学在治理诸如冷冻胚胎带来的伦理挑战或伦理难题时,不能只局限在某个特定领域。在任何一个关涉到具体的生命伦理难题的项目中,上述五个方面往往是结合在一起的,它们构成了一个有机的整体。只有通过一种形态学描述,特别是通过一种道德形态学的开放性透析,才能为这类问题的治理提供一种合理的观察视角和理论观点。无锡案件在某种程度上似乎确证道德形态学方法对于生命伦理学的重要性。[①]

第三节 医疗技术的转化形态与人权伦理

现代医疗技术作为一种技术类型,是通过将越来越先进的技术和设备引入医学而发展起来的。现代医疗技术是指在诊疗、护理、预防、保健、康复等医疗技术实践中,采取现代物理的、化学的、生物的最新科学技术成果,直接应用于人体的医学技术。然而,当新出现的科学技术成果应用于医疗和保健目的时,它需要经过将科学技术的研究成果转化为医疗技术实践的过程。这一过程使任何一种可常规化的医疗技术都必须经过一个"转化"的阶段。处于转化阶段的医疗技术与"转化医学"相对应,构成了医疗技术的转化形态。在现代医疗技术中,包括人工生殖、器官移植、安乐死等技术,都是从转化医学中发展而来。然而,转化医学由于处于受试阶段而面临一系列科学、医学、管理和伦理问题。[②]

毫无疑问,现代医疗技术的转化形态是由转化医学催生的。"转化医学"一词是一个比较晚出的概念,它在1996年首次被提出,是指通过将科学技术的研究成果做进一步转化,使之成为医疗技术实践中的诊断工

[①] 本节内容参见方兴、田海平《冷冻胚胎的道德地位及其处置原则》,《伦理学研究》2015年第2期。

[②] 例如,一些未经科学训练的人声称找到了运用基因疗法治愈某种癌症的方法,以此蒙骗患者,骗取高额治疗费用。此类事件在国内外时有发生。据《自然》杂志在2014年发表的一位意大利学者的文章称,意大利的一些装扮成为科学家的"骗子"声称掌握了从人骨髓细胞收集干细胞来治疗帕金森病的方法。据他们说,这些干细胞接触维甲酸后就能转变成神经细胞,可用来治疗帕金森病。当然,这些科学骗子用这类捏造的"科学研究"的谎言来欺骗公众,是打着"试验"的名义,来牟取不义之财。类似的干细胞治疗(或纳米技术治疗)的骗局或乱象在我国也曾经出现过,其手法隐蔽,令人防不胜防。

具、药物、干预措施等,以达到改善个人和社群之健康的目的。转化医学的座右铭是"从板凳到临床"。这就是说,转化医学是医学的关键形态。医学只有通过"从板凳到临床"的不懈努力与比较研究才能建立起来,其中大量的人体试验是必须的,也是医学进步的阶梯。药物对机体的治疗作用或异常情况,如果不是建立在预先的试验研究的基础上,便不可能科学地获得,而对于疾病的本质也会陷入不可知的境地。因此,现代医学如果要通过医疗技术介入人之生死、健康与疾病的深处,就必须进行一定范围的试验。新药或者新技术的医学研究需要明确用之于人体的效应,包括新药用于人体的耐药性、有效性和毒负作用等,即是说在动物试验后仍然有必要进行人体试验。

这里产生了对医疗技术的转化形态而言不可避免的伦理研究难题。一方面,医学研究要借助人体试验,否则医学进步绝无可能。转化医学通过人体试验取得了许多惊人成果,研究出了许多疑难病症的治疗方法;另一方面,由于卫生保健中存在的商业化或医疗技术实践中功利主义的盛行,医学研究滥用人体试验的现象增多,人体试验导致违背人道原则或侵犯人权的例子不胜枚举。由于医疗技术要以"人"为试验对象和操作对象,虽然其目的是为了治疗人的身体疾患、改善人的生命质量,但由于相比较于传统医疗而言介入了更多的技术因素,进而使得"人"很容易被当作技术对象化的"物"。这在需要以人体试验为基础或前提的转化形态中表现得更加明显。

医疗技术的转化形态作为一种"技术—伦理"形态,由以下三个问题域构成:一是"从板凳到临床"的伦理目视;二是身体视域的敞开;三是对"人"之为"物"的医学生命伦理诠释。

一 "从板凳到临床"的伦理目视

在前文中,我们谈及转化医学的一个口号,即它要经历"从板凳到临床"的形态转变。"从板凳到临床"这个口号,形象地描绘了现代医疗技术从一种技术形态进入"技术—伦理"形态的过渡性或转化型的基本特征以及内在诉求。它反映了当今医学研究(特别是与生命科学技术紧密相关的生物医学研究)必须向伦理目视或伦理审视开放的必要性和紧迫性。对于现代医疗技术的形态构成来说,冰冷的技术理性要体现人性内涵和人文价值的光芒，彰显人道关怀的温暖，就必须在转化形态中充分贯注伦理要素。它在以下几个方面需要伦理审视的支持。

（一）技术准入的伦理审视。生命科学的最新成果进入医学，并最终被开发为新的技术或药物，具有很大的不确定性。有些是技术本身的不确定性，有些是研究过程中遇到的非技术因素的不确定性。目前，世界各国在研发新的生物医药方面投入了大量的资金和人员，而且这种投入越来越大，但新开发出来的新药或新医疗器械的产出却不见增加，反而急剧地减少了。有研究者指出，投入与产出之间的鸿沟扩大的原因在于：研究开发过程中临床前的阶段，包括基础研究阶段，与临床阶段之间，难以衔接。大量的科研成果，要经过动物实验、试管分析、早期人体实验等阶段，如果这些阶段不能有效地、充分地反映病人的情况以便可靠地预测新的化合物或器械的安全性及有效性，技术或药物就不能用于临床。转化医学的这个特点，要求医药公司、研究机构、医院和政府主管部门等机构下设的伦理委员会，对技术准入进行伦理审视。伦理审视的中心议题，是权衡收益和风险，审核医疗公正的效应，并对获得同意的方法进行审查。实际上，在过去的20年，包括基因疗法、人类基因组研究计划、干细胞研究、克隆技术、纳米技术以及其他技术的快速发展，带来了医学革命化，产生了全新的医疗技术实践领域和治疗疾病的新途径。由此，大量的研究成果将会进入医学，成为转化医学的组成部分。在这一进程中，伦理支持不可或缺，亦必不可少。技术准入的伦理审查不能成为摆设，而要发挥其"守门者"的功能，就需要提升和完善伦理委员会的建制在"技术—医疗—受试者"之间的形态架构上的作用。

（二）跨学科领域、多机构合作和多环节衔接的伦理协调。转化医学以及与之紧密相关的医疗技术的转化形态，涉及的医疗技术实践往往是由多环节系统、多组织机构和多学科领域构成的。"从板凳到临床"的过程，需要良好的伦理协调。就其所涉及的环节系统而言，包括以下环节：A. 以知识形态呈现的最新的科学技术研究成果；B. 将这些成果进行转化的中试阶段的产品（技术或药物）；C. 进入临床前阶段试验（从动物试验到人体试验）的新药或新器械；D. 可以批量化或商品化生产的药品和器械；E. 进入临床的新药和新技术。就其所涉及的多组织机构而言，要经过以下组织程序：A. 科学研究共同体；B. 伦理委员会；C. 政府机构；

D. 医药公司；E. 医院。就其所涉及的研究领域而言，以生物医学为例，包括以下领域：A. 组织工程；B. 基因工程；C. 细胞治疗；D. 再生医学；E. 分子诊断；等等。

（三）跨阶段发展的"技术—伦理"形态的挑战。转化医学作为推动医疗技术进入转化形态的核心构件要素，其基本形态特征是将研究成果转化为新的诊疗技术和新药品。它要经历基础研究、试管研究、动物试验、临床试验、临床应用诸阶段。每一阶段都需要遵循这一阶段所要求的研究伦理，每一阶段都要面对相应的伦理挑战。而且，如何使各个阶段之间的工作有序、有效地过渡，不因一些非科学因素（包括科研诚信、学术道德、受试者的同意、研究开发的投入、道德风险等）的干扰而受阻，或者不因其所受到的各种伦理的、管理的、医学的、科学的困惑而陷入歧途，则是其必须面对的一种"技术—伦理"形态的挑战。

（四）平衡利益相关者的伦理课题。医疗技术实践总是涉及到众多参与者和非参与者的利益。一个医疗技术的转化项目需要考虑项目的"主持者—主办方""监管者—监管方""委托者—委托方""利害无涉之中立者—第三方"，以及医药公司、基础科学家、动物实验专家、临床研究专家、临床医生、患者、受试者、社群等各方利益。它既包括了项目参与者，也包括了非参与者。平衡利益相关者的利益，既包括短期利益，也包括长远利益。

（五）伦理决策的重要性。由转化医学所开启的现代医疗技术的转化形态，既是一种技术形态的架构，也是一种伦理形态的架构。在这个意义上，我们可以将之归类为一种"技术—伦理"的形态架构。由于它在众多领域（尤其是在生物医学领域）带来了医学的革命化，为医学的进步带来希望，为患者带来福音，因此引发世界各国的高度重视。同时，它在技术准入、跨界协调、利益平衡等方面提出一些新的问题和难题，遭遇一些全新的伦理问题和伦理挑战，特别是在动物实验、人体试验等环节不能缺少伦理审视，因此，伦理决策的重要性受到前所未有的重视。

谈到伦理决策的重要性，对于医学技术的转化形态来说，一套健全的伦理决策程序要考虑以下几大因素：一是基础研究（特别是一些具有重大社会经济甚至军事、政治之影响的基础科学）的科研伦理；二是转化试验的受试伦理（在人体受试的环节中可能面临的各种形式的伦理挑战）；三是实施性研究的律则伦理（例如科研诚信、学术规范、科学家的德性等）；四是数据保护及个人信息保护的隐私伦理（在大数据时代个人隐私的保护成为越来越重要且影响深远的课题）；五是公众参与的伦理；六是问题治理的伦理；等等。

（六）伦理委员会的"伦理权威"。现代医疗技术在"从板凳到临床"的转化形态中，伦理审视的实践形式主要通过伦理委员会的建制及其卓有成效的伦理审查进行。然而，伦理委员会的"伦理权威"如何得以确立是问题的关键。在这一点上，伦理委员会的认证是必不可少的一种道德程序。也就是说，伦理委员会需要具有法律和道德双重效力的"权威认证"，才能至少在程序上拥有"伦理权威"。

所谓"认证"，依据 ISO（国际标准化组织）和 IEC（国际电工委）的定义，通常是指由国家认可的认证机构证明一个组织的产品、服务、管理体系符合相关标准、技术规范或其强制性要求的合格评定活动。"认证"需由第三方机构按照一定的标准来判断一个提供产品或服务的机构的表现，以证明它的能力或可信性。伦理委员会的伦理审查能力和质量得到权威机构的认可，对于确立伦理委员会的"伦理权威"是必不可少的。但认证必须以本国法律、条例或规章为根据，不能套用国外机构的认证。

（七）伦理规制是"治理"的关键。在转化医学研究中，管理与治理的目标存在着很大的差异。科技成果转化为医疗技术的成果，往往着眼于"效率"和"需求"。因此，以管理者的眼光对待转化形态的医疗技术，往往是要通过高效管理提升效率、优化秩序并最大限度地降低成本。这当然是需要的，而且是必不可少的。但是，与高效管理不同，"从板凳到临床"的转化，不可缺少对问题的治理，尤其是对可能会产生的各种伦理难题或道德难题的治理。治理关注的是通过规制、政策、程序的制定和实施过程，将生命伦理的价值观赋形于特定形态的医疗技术实践之中。伦理治理一定是多主体、多层次、多中心的规制实践。它不仅仅是在政府层面上的治理，而且包括各种机构、学会、公司、民间和社会组织，因而是"多主体"治理。它不仅关涉到病人的权利还关涉到医生的权利，不仅关涉到这一代人的利益还关涉到子孙后代的利益，不仅涉及短期责任还涉及长期责任，因而是"多层治"治理。此外，伦理治理是"多中心"治理，例如，在干细胞治疗中就不能单归诸于市场、医院、政府、科研机构、伦理委员会等中的某一个"中心",而是"多中心"相互联系的治理。

医疗技术实践离不可转化医学"从板凳到临床"的形态转化,在这一过程中,如果缺少了伦理审视,医学就会将营利作为自己的根本目标,而不是将病人的利益或者为病人解除疾苦作为根本目标。医学一旦以营利为目标,就会使得医疗技术失去人性本质,而成为恶魔的帮凶。这在历史上是有沉痛教训的。臭名昭著的侵华日军731部队在1931—1945年间以战俘为对象进行了大规模的惨无人道的人体试验。哈里斯在《死亡工厂:美国掩盖下的日本细菌战犯罪》一书中,揭露了731部队在哈尔滨进行的鼠疫试验(开发细菌武器)和冻伤试验(开发冻伤疗法)。德国纳粹在集中营进行了残暴的人体试验。从一份当事人的回忆录中人们读到以下文字:

> Josef Mengele博士走进一个关押了两个孩子的木制牢笼。他指着其中一个命令将他带进实验室。作为实验品的孩子被裸体放在实验台上,被堵上嘴,罩上眼睛,助手们在桌边将孩子按住,医师手持解剖刀走近实验台,沿着胫骨在腿上开了一条很长的切口,接着他从骨头上取下碎屑。当他完成这些操作后,孩子的腿骨被包扎起来,并被带回牢笼……整个过程没有使用任何止痛药品。①

即使在"二战"结束后,一些机构或组织仍然进行类似的人体实验。例如,一份文献披露:1953年英国国防部下属的波顿当实验室曾对140名试验者进行了沙林神经毒气试验,结果造成一名20岁飞行员龙尼当天死亡。事发后,当局迅速藏匿了所有有关资料。在实验当中,研究人员完全不知道所注射的神经毒气剂量可能会致人死亡。此次试验的唯一目的在于弄清楚到底多大剂量的神经毒气才能将人致残或致死。一直到2000年,英国仍然有100名志愿者在接受此类生化武器的试验。②

人体实验是转化医学的必要构件,是医疗技术进步的必经环节。然而,近百年来以科学的名义实施的违背人道和伦理原则的人体实验又何其

---

① 参见黄丁全《医疗法律与生命伦理》,法律出版社2007年版,第332页。
② 参见《羊城晚报》2000年11月28日"英国军方曾用活人做生化武器试验报道"。

多！人的身体与医学实验之间的矛盾构成了现代医疗技术挥之不去的梦魇。在现实性上，医疗技术由于受到商业化大潮冲激，在转化形态中滋生出来的贪婪，引发了社会各界对伦理审视的坚持和强调。伦理委员会的建构和建制，就是要落实人权的伦理理念以保护受试者的基本权益。但是，在人体试验中，由于试验被打扮成一种"道德形象"而惑人眼目，"人权诉求"与"医学贪婪"也就最容易达成妥协。某些被诊断为绝症的病人视某种试验为唯一救治机会，而一些贫穷的志愿者希望更有效的治疗奇迹，加上优厚的治疗费用减免，这就使得一些"白鼠式"的新药试验总是能够轻而易举地找到志愿者。试验研究的确是学术自由的一部分，但只有加入人文关怀，充分考量人性的弱点，医学进步与人道伦理之间的关系才不致失衡。

二　身体视域的敞开与医疗技术的转化形态

现代医疗技术的转化形态在人体试验的环节上前所未有地敞开了身体伦理的维度。

我们知道，不同文化传统，不同时代，人们对身体的性质和功能的认识是不同的。一个古老的关于身体的伦理理念，建立在身心二元论基础上，基本价值图式是抬高灵魂，贬低身体。生命伦理学对身体问题的关注，是随着与身体有关的生命科学技术或生物医学技术的发展而变得日益突出的。在转化形态的医疗技术实践中，人体试验的道德特殊性直接催生了伦理学的身体转向。

所有的医学受试者都知道，新的医疗技术或新药进入医疗的关键是由身体维度所凸显的人权伦理问题。人权与身体的关系，使得"人体"或"身体"不再仅仅限于单纯的物质性现身，它还涉及物质性现身背后的社会性的要素或精神性的要素。只有当身体占据了特定的空间和地点，并且通过特定的时间关联着运动时，身体对于我们自己和他人才是有意义的。身体视域的敞开，在人体受试者的意义上，成为可以被建构、被干预、被效仿之物。身体可以适时地进行调整，以满足各种需求。

在现代医疗技术的框架下，身体从一种生物学的事实变成了生物医学意义的"工程"或"设计"的对象。伦理与身体在此一维度的相遇，在"转化医学"及其以之为基础的现代医疗技术的转化形态中，凸显了身体伦理的重要性。

在转化形态中，新技术在医学中的转化遭遇到的第一个伦理难题是"身体"的脆弱性问题。毫无疑问，身体是人赖以生存的不可替代的物质性存在，但是，在"转化医学"所展现的转化形态的医疗技术的座架统治中，身体，作为人的类生命本质的一种物质载体，却绽露其肉体躯壳的脆弱性。它只是被当成一种试验物，一种试验品，与实验室中进行科学实验或生物医学实验的物体，例如"小白鼠"，并无实质性区别。那么，人的身体，可以像一件物品，一架机器一样，被任意处置、支配或干预吗？在传统的身心二元论者看来，我们的身体只是灵魂的一个临时的住所，身体的意义并不是最为优先的，身体的脆弱性映现了人的脆弱。因此，现世形态的生活是一个过渡，它本身是没有价值的，只是作为通往灵魂得救的桥梁而言，它具有意义。然而，这种观点，在今天发生了倒转。身体的脆弱性恰恰是人性及人之尊严的确证。人的身体是一切存在的界限和意向的载体。由于身体的道德重要性，以及身体的脆弱性，照料身体才是一项比照料灵魂更为根本的伦理性的事业。为了更好地照料身体，就必须在转化医学的模式下促进医学之进步，就要有从动物实验到人体受试的身体伦理，以便于将更多的科学技术转化进现代医疗技术实践之中。

关于"什么是实际的身体"之类的问题，绝对不是物质性存在这么简单。在身体的伦理中，存在着诸空间的叠加，即物理空间、疾病的空间、医疗的空间，向社会空间、经济空间的延展。比如说，某一种新的生物医学技术之所以受到高度重视，并排除各种干扰被很快地开发出来，除了它能够改善或治疗某种疾病外，它还能带来重大的政治或经济效益。这就是说，身体与身体的关联，将使我们面临一种身体学意义上的政治经济学问题。人类的身体不仅仅是存在于空间中的单一存在物，它还是与他人的身体相关联的一种精神性的、社会性的总体。从这个意义上，我们不能将人的身体只是作为可以随意处置的物、器官、机器或自然存在物来看待，技术可以通过它的具身方式成为人的自身的组成部分，不仅技术如此，整个大自然，在其作为人的无机的身体的意义上，亦复如此。这是身体的社会性，身体不仅仅是血肉之躯，或由器官组合的空间，而是包容社会关系总和的一种身体的场域，或者知觉的场域。从这个意义上，人的身体虽然脆弱，但它自有无上的尊贵和尊严。

人的身体与伦理的相遇，在生命伦理论题中，绽放出一种精神性的或社会性的空间。它表明，身体不是一成不变的僵死之物，不是器官的某种组合，而是一个不断生成和不断展开的形态过程。身体使面孔成为可以辨识的展现，使血脉成为可以感知的体征，使拥抱和微笑变得鲜活。而在现代医疗技术的转化形态中，在身体成为医学实验的受试体时，身体也使医学空间得到了前所未有的拓展。"人体试验"（Human experimentation，Human experiment）一词内含身体的两重化，即：身体既归属于"我"，同时它又出离了"我"而成为一种医学目的的展示。这种既"属于我"又"不属于我"的双重性，使得受试者面临身体认同的质疑。人体试验作为以开发、改善医疗技术及增进医学新知，而对人体进行医疗技术、药品或医疗器材试验研究的行为，由于使身体居于这种二重性之下，带来了"身体"与"自我"的某种分离。其结果是：（1）将身体置于危险的境地；（2）使身体面临多出的复杂性的侵扰；（3）使身体进入鲜少有人进入的非正常状态；（4）使身体的整体性发生偏移；（5）身体成为认知型试验的工具；（6）面临不可预期的后果。

我们需要立足于身体的真实感受和真切的生命体验，来看待人体试验在现代医疗技术的转化形态中所打开的身体伦理的维度。就其为了治病疗伤的医学目的而言，人体试验的目的永远关乎人类的福祉。任何一种新药、新设备和新程序都需要进入临床前的试验，才能成为可靠的新产品。只有经过足够多的动物药理学、毒理学、安全性等药物开发的关键阶段，一种新药才能最后在临床中推广。因此，在人体试验中，不能仅仅把身体当作与其他普通物品一样加以对待。在人体试验中，身体之参与是最富有医学人道主义精神的行为，因此，人体受试的机制必须体现身体伦理的"人道"原则：把人当人看。从这种身体伦理中，可以开出对"人"之为"物"的一种生命伦理诠释。

三 "人"之为"物"的要求：把"人"当"人"看

生物医学实验在受试者研究方面遇到的伦理挑战，迫使人们一再地回归并认真地反思《纽伦堡法典》和《赫尔辛基宣言》的人权伦理意蕴。由于自《纽伦堡法典》以来生物医学领域的国际伦理准则的拟定与人体受试者研究的人权伦理探索紧密相关，回到"人的概念"与面向"概念中的人"分别代表了理想主义与现实主义的人权伦理探索。《纽伦堡法典》的启示凝结为"人就是人"的精神守望。《赫尔辛基宣言》展现出开放的人权伦理探索,代表了将伦理理想主义与道德现实主义结合起来的尝试。

当今一些深层伦理学家,例如,深层生态学或生物中心主义伦理学的倡导者,在伦理话语类型上,正在以一种前所未有的民主理念扩展伦理的边界。然而,当那些思想前卫的非人类中心论的伦理学家,要求人类以更为人道或更符合人性的方式对待动物个体或生物生命存在的时候,这种伦理扩展主义策略也同时激起了一种"伦理还原主义"的道德主张之反动。它凸显了当今伦理学理论和实践的一种更为执着、更为深远的人的要求,即任何扩展伦理的意图,皆必须还原为一种必须接受的基本道德要求:不论在何种境遇下,人必须首先把人当人看,然后才有可能把"动物"当人看。这是身体伦理的"人道"理念或人道原则的基本诉求。

我们看到,这种人的要求,一直是自《纽伦堡法典》(1947年)颁行以来,生命伦理学围绕人体试验的身体伦理问题展开的道德论辩所围绕的核心。

在人体受试者医学研究中,随着当代生物医学的进步,各种各样花样翻新的涉及人体试验的生物医学研究总是与医学进步或医疗科技的进步相伴而生,而人体作为供医学试验的对象是否隐匿着关涉人权问题的道德风险?在何种意义上以及在何种程度上,人体可以且应当被用于医学试验?以及,人体受试者研究如何才能避免"对人的非人道对待"?我们以何种道德议程才能避免在人体试验的医学研究中将人等同于动物、试验品、机器、器官或无主体的存在?在这一点上,如果伦理学坚持一种质疑甚至取消人体试验之道德合法性的立场,无疑会使伦理成为阻碍生物科学或生命科学进步的干扰因素。但是,如果没有这种质疑、担忧和伦理的限制,生物科学或生命科学的进步是否会有误入歧途的危险?如果按照"科学研究无禁区"的逻辑,当今生物医学在人体受试者研究的支持下(特别是在克隆技术研究中)是否会突破"第六日"的古老禁令,或者走向人类社会进步的反面,例如会导致某种反人类或非人道的重大伦理灾难?

在人体试验问题上的各种道德主张,从最激烈的反对到最激进的辩护，最后必然归结为对人之为人的人道本质和人权理念的理解。由此，我们认为，值得我们深究的是：人的要求，作为一种最低限度的道德要求，一直以来，且理所当然地，是众所周知的"道德知识"，它似乎并不曾（或不易）遇到太多的质疑和反对，但作为一种必须的"道德行动"却一再地遇到源自个人的、社会的、文化的乃至生物学的关于"人的概念"的各种歧见和纷争。这种莫衷一是的道德纷争往往侵蚀了道德的机体，乃至毁败了人的"道德行动"。从这一意义上，与动物权利或动物解放理论所主张的"对伦理扩展"的美好想法不同，一种着眼于"道德行动"的人权伦理，自《纽伦堡法典》以来，始终坚持着人的自身界限，并要求重新检视人类的基本道德主张所赖以出发的"人的概念"。这是一种"对伦理的还原"，它显示为对人必须接受的义务的一种反复权衡和不断回归。该义务的要求是："把人当人看"——这是贯穿于从《纽伦堡法典》到《赫尔辛基宣言》的国际人权伦理探索中值得一再反思的积极进取的价值旨趣之所在。

我们也注意到，现当代伦理学的各种创新性理论探索，并不能以一种令人信服的理论样式阐释"人的概念"。如果提及百余年来人遭受的那些触目惊心的伦理灾难，我们就会理解："伦理的还原"，仍然是一个尚未完成、尚待完成的进程，且将是一种真实地面对紧迫而现实的伦理难题的全球人权伦理的永远追求。当人们面对20世纪以来那些重大灾难的遗迹，例如，奥斯维辛集中营遗址、南京大屠杀纪念馆、日本法西斯731部队旧址，……人们似乎很容易由这种道德要求的强制性，从个人的内在根源或者个人精神上的共同感受中，获得这种义务发出的命令：如果我们尚且做不到"把人当人看"，我们又如何能够真正地以人的方式平等地对待非人类的生命存在或者生物存在呢？当"战争的血腥""资本的贪婪""现代医疗技术的促逼"，包括各种以现代卫生保健的名义实施的人体增强技术工程，把人的概念颠倒成为概念中的人，人似乎总是在对立的两极之间、在"敌—我"之间、在"日耳曼人—犹太人"之间、在"福宁—灾难"之间……总之在人为设定的概念区分中，来厘定"人"与"非人"的界线。

在这一点上，历史不能忘记，在"二战"期间，伴随战争的血腥，一批德国和日本的科学家和医生，以从事科学研究为名，实施了臭名昭著的惨无人道的人体试验。① 以史为鉴，当代生物医学的进步以及生物医学实验在受试者研究方面（尤其是在人体试验或动物实验方面）遇到的伦理挑战，迫使人们一再地回归并认真地反思《纽伦堡法典》和《赫尔辛基宣言》的人权伦理意蕴。

四　人权伦理诉求：回归"人的概念"与保障人的生命权

追溯起来看，当代生命伦理学的兴起以及长足进展，在有关人体试验的国际伦理原则或规范方面，是与"人的概念"的重新反省与诠释以及在此基础上对现代人权伦理的探索同步发展的。

众所周知，针对纳粹在人体试验中犯下的反人类罪行的深刻反省以及对其惨痛的历史教训的深刻总结而制订的《纽伦堡法典》，主要目的是为了防范或杜绝人体试验对人权的侵害而制订的针对人体试验的伦理原则，这部法典第一次系统地以国际准则的形式表述和申言了医学人体试验或医学受试者研究的基本原则，其中主要的是四项原则，即自主原则（得到受试者的自愿同意是绝对必须的）、行善原则（实验应产生对社会有益的富有成效的结果）、不伤害原则（实验进行必须力求避免所有不必要的肉体和精神的痛苦与伤害，实验的危险性不能超过实验所解决问题的人道主义意义）和公平原则（受试者较脆弱，应该给予比普通人群更多的保护），成为第一部国际性生命伦理学的"法典"。

在我看来，这些原则（自主、行善、不伤害、公平）在《纽伦堡法典》中虽然主要是一些针对人体试验的职业操守、科研规范或行为准则，但由于其根本旨趣或精神实质是对人之尊严的坚守和标举，对人之生命价值的保护和肯定，对人之自主权利的尊重和维护，以及对社会之公平正义等基本价值观的强调和坚持，因而在更广泛和更深层的意义上，代表了现代人权伦理的基本要求：通过回归"人的概念"来为人类的行为确立普遍立法准则。

我们强调的是，这里所说的"普遍立法准则"不是某种一般意义上（例如康德意义上）的抽象的道德原则，而是具有全球人权共识的国际性

---

① 陈元芳、邱仁宗：《生物医学研究伦理学》，中国协和医科大学出版社2003年版，第15页。

"法典"。从这一意义上看,《纽伦堡法典》实际上是将一种人权理念或人权原则带进国际医学人体试验领域之滥觞。

如果注意到《纽伦堡法典》的人权背景及其在生命伦理学文献史上里程碑的意义,我们便不能忽视国际生命伦理学与现代人权之间千丝万缕的联系。《世界人权宣言》(1948年)在纽伦堡审判次年签署并颁布,表明了它与《纽伦堡法典》(1947年)面对同样的历史境遇或历史使命,即1945年后的战争反省和法西斯主义对人的生命、人的尊严的肆意践踏与侵犯所激起的现代人权伦理意识的普遍觉醒以及现代人权政治的勃兴。这一历史境遇或者历史背景,有学者称之为"人权的第三个时代"(即"二战后国际法制化时代"),或者用一句更形象且经常被援引的话说,"人权的政治现今时代开始于1945年"。①

当然这两个文件的侧重点有所不同。《世界人权宣言》全面阐述了现代人权的三个层面(政治与公民权利,社会、经济与文化权利,发展权利与环境权利)的整体内容并强调维护人权的必要性,②《纽伦堡法典》则为管制人体试验中某种侵犯人权(人的生命权)的行为而提出若干伦理原则。前者强调的是对一个完整而全面的现代人权概念的系统阐述,后者则是体现现代人权概念在某一具体领域(人体试验)的应用以及对特定从业人群(科学家和医生)的某种伦理规约。尽管两者有明显的不同,但把人的尊严视为人道的核心,强调人之生命、人之安全的绝对优先的重要性,反对一切针对人之基本自由而进行的奴役、剥夺、残忍和非人道的对待则是共同的。

从这一意义上,《世界人权宣言》中所体现的现代人权诉求,是理解《纽伦堡法典》的生命伦理原则的关键所在。具体说,在《纽伦堡法典》中首次得到表述的生命伦理学原则(即以上所述的四个原则)主要适用范围涉及具体的与受试者生命权(生命健康价值)密切相关的伦理原则。虽然这些原则,现在已经广为生命伦理学界普遍接受,成为生命伦理的四大基本原则:不论是在医学实验、疾病治疗、生物科学研究还是在高新生

---

① 甘绍平:《人权伦理学》,中国发展出版社2009年版,"序言"第3—4页。
② 其中政治与公民权利分为"基本自由权"和政治表达与参与权(《世界人权宣言》第19—21条,即平等地参与政治意志的建构的权利),参见甘绍平著《人权伦理学》,中国发展出版社2009年版,第13页。

命科技领域，举凡涉及人之生死以及人之精神或身体之实验（无论是治疗或增强）等与人的生命权或生命健康权有关的行为或事项，人们都必须认真考虑和遵循这些基本原则。但是，生命伦理学的原则阐释和问题取向，始终是在响应现代人权伦理要求的时代境遇中立足或奠基的，而这一事实表明：如果偏离了现代人权的伦理语境或伦理诉求，生命伦理学的原则阐述和问题取向必然会有违《纽伦堡法典》的精神。

尽管对《纽伦堡法典》的批评从其诞生之日起就不曾间断过（例如生物中心论的环境伦理学家，包括后来的动物保护运动的倡导者就指责《纽伦堡法典》过于专断地区分了人与动物的界线，未能将一种针对人体试验的伦理原则扩展到针对一切动物实验中去），但这种批评的不得要领恰恰显现出生命伦理学在《纽伦堡法典》之后的人权伦理基调：只有从现代人权伦理的基本诉求出发，回归"人的概念"，诉诸人的尊严，才能理解针对人体试验的伦理原则的精神实质。

在20世纪下半叶，许多国家及国际组织在生命科学研究及医学相关领域，从维护人的生命与尊严出发，制订了一系列伦理规范与法律规范的文件，它们基本上都是以《世界人权宣言》之精神为指导，以《纽伦堡法典》为基础，将人权伦理的探索结合到生命伦理的原则诠释和问题治理之中。

比如，1966年的《公民权利和政治权利国际公约》就有专门条款（第七条）明确指出：对任何人，均不得未经其自由同意而施以医药或科学实验。这条针对人体试验的生命伦理原则，将"知情同意权"确立为人体受试者研究必须遵循的基本人权。

不可否认的是，《纽伦堡法典》和《世界人权宣言》似乎并没有平息人们有关人体试验的争论。20世纪60年代围绕这一问题的论战，使得以生物伦理学为"龙头"的生命伦理领域笼罩在疑虑重重的"浓雾"中，而随着生殖干预、遗传学（基因工程）、器官移植、医疗护理以及产前诊断技术等现代医疗技术的迅猛发展，更加剧了这一领域的道德论争与伦理困惑。

生物伦理学领域的困惑与纷争，主要集中在由生物医学领域的进步所激化的"科学无禁区"而"伦理有禁区"之间的尖锐矛盾或冲突。遗传学、脑科学、神经科学和生物科学的"伟大奇迹"，使人们对于生、死的通常定义和血缘的传统标准发生怀疑,从而引发了对于优生学以及"优良人种"的恐惧,进而动摇了人们对于医学职业操守的一贯立场。

世界医学协会(World Medical Association,WMA)以对《纽伦堡法典》的修改和补充为基础颁布的《赫尔辛基宣言》①,旨在制订相对具体的用于指导医生进行有关生物医学研究时优先保护人类受试者权利的伦理指导原则,它以1964年在芬兰赫尔辛基市召开的世界医学大会作为开端,以《赫尔辛基宣言》的形式颁布了7个版本的用以规范涉及人体受试者的医学研究的国际伦理准则,成为各国制订相关伦理准则和管理法规的重要依据。②

近30多年来,一些重要的国际组织和国家,如世界人权大会、联合国世界卫生组织、医学科学国际组委会、欧洲理事会、美国国会等,相继颁布了关涉人体试验的医学研究的生物伦理准则或人权宣言。如1993年世界人权大会通过了《维也纳宣言和行动纲领》,呼吁国际社会就可能会危及人的完整尊严和人权的生物医学、生命科学和信息科学等领域的研究进展进行合作,以确保人权和尊严在这些普遍受关注的领域得到充分的尊重。同一年(1993年)国际医学团体协会和联合国世界卫生组织共同修正公布《人体试验国际伦理纲领》,特别强调人体试验针对以未开发地区居民为受试者的人权保护。1997年,欧洲理事会通过了《人权和生物医学公约》,对处于早期的人的生命予以关注,并制订了保护性条款,明确禁止为研究之目的而制造人的胚胎。联合国教科文组织相继发表《世界人类基因组与人权宣言》(1997)和《世界生物伦理与人权宣言》

---

① 《赫尔辛基宣言》增加了几项《纽伦堡法典》所没有的重点:(1)人体试验区分为治疗目的性和非治疗目的性,二者在有益性原则的判断上有不同标准。前者的预期益处和风险超过既有最佳的治疗法才能实施。后者则要求不得为了科学或社会的利益,牺牲受试者的利益。(2)《宣言》于1975年修正时,倡议设立"独立委员会"以确保诸项原则被确实遵守。从这项原则演化出后来人体试验规范机制中重要的"机构内审查委员会"制度。(3)《宣言》中宣示一项重要的规范策略:未遵守宣言原则的论文应不予发表(基本原则第八点),赋予原来偏重道德宣示的宣言原则强制力,强化其规范效果。

② 《赫尔辛基宣言》第一版于1964年颁布,经过6次修订,共计颁布了7版(1964、1975、1983、1989、1996、2000、2008)。最晚近的修订于2007年启动,是对2000年版和2000年版的两条澄清注释的修订。2008年10月,第59届WMA大会通过了新的修订版。由此,2008年版的《赫尔辛基宣言》正式取代2000年版本。

(2005),对关于人体试验的知情同意权做了更为明确的规定。① 透过以上列举的若干涉及人体受试者研究的国际伦理准则或公约,尤其是《纽伦堡法典》和《赫尔辛基宣言》,我们不难发现:

(一)生物医学的国际伦理探索,虽然是以某一国际组织颁布的"宣言""公约"或"行动纲领"的形式出现,也无疑折射出五花八门的哲学观点,但它们无一例外地贯注了一种"强"的人权理解或人权伦理探索则是共同的。这种"强"的人权理解,不允许对人权的认知"有太多折扣"。② 其基本要求乃是:回归"人的概念",保障人的尊严和生命权益。

(二)由于生物伦理关联着自《纽伦堡法典》以来一直与医学试验相伴的人权伦理探索,回归"人的概念"也就通过伦理的还原复苏了一种绝对的责任观。在迄今颁布的国际伦理准则中,有许多技术研究因为试验手段有违人道而被禁止。例如,允许克隆动物而禁止克隆人——在现有技术条件下,以动物为实验对象不会造成人身伤害,而以人为试验对象则有极大的人身伤害风险。有许多技术研究可能会触及人的尊严和自主权而被禁止。例如,对人类胚胎干细胞的研究项目实施严格的伦理"准入"和伦理审查制度——这显然不是因为研究的目的不道德,而是因为研究过程中必须使用人类胚胎,出于对研究手段的规范,即为了保证对人类胚胎一定程度的尊重,国际社会趋向于采取伦理"准入"和伦理审查制度。这令我想到了法国哲学家吉尔·利波维茨基的评论,他说:"人性受到了来自不断发展的生物医学的威胁,人们需要恢复无条件的命令以便遏制冥顽不化的且无所不能的技术主义、资本主义和个人主义,而且这种意识正在逐渐加强。"③

(三)国际伦理在涉及人体试验的生物医学领域大多采取了一种"强"的人权认知,但是它并不致力于复苏传统的"宗教信仰"或者用"人的概念"重新占据"上帝"的位置;相反,它将"人的概念"理解

---

① 以上内容参见李大平、李朝新"人体试验管制的主要国际规范简介",《中国医院管理》2008 年第 9 期。
② 引自甘绍平《人权伦理学》,中国发展出版社 2009 年版,第 17 页。
③ [法]吉尔·利波维茨基:《责任的落寞:新民主时期的无痛伦理观》,倪复生、方仁杰译,中国人民大学出版社 2007 年版,第 250 页。

为"各种需要的体系",而秉持一种商谈的、实用的道德,以寻求在尊重人的需要和科学研究的需要、个人权利的价值和整体利益的价值之间达成平衡的实践伦理。

(四)以《赫尔辛基宣言》为代表的国际性的生物伦理公约、行动纲领或人权宣言皆旨在表明:生物医学人体试验,由于涉及受试者的生命权、身体自主权、信息隐私权、财产权,受试者家庭、家族、族群成员的信息隐私权以及人性尊严等基本权的保护,同时亦涉及研究者与出资者的研究自由、受试者的自主权、出资者的职业自由等基本权的限制,由于基本权的保护义务及程序保障功能涉及多方主体(研究者、受试者、出资者、研究机构、宗教团体或相关组织、国家或地区以及国际社会等等)及其相关权益,其生物伦理只有作为一种对话的伦理(或者商谈的道德)才能体现以"绝对责任"为旨归的现实主义人权伦理探索的意旨。

五 人体试验的人权伦理:人的概念还是"概念"中的人

毫无疑问,生物医学研究(包括实验室研究、临床研究和规划性研究)引发的种种新问题,在围绕人体试验的国际伦理准则的讨论中激起了广泛的争议,再加上各种媒体或舆论的推波助澜,以至于有人称之为"伦理的复兴"。而主要地借助于生物伦理热点问题讨论的发力,人们惊呼"21世纪有可能就是一个伦理的世纪"。[①]

在广泛而深入的论争中,我们至少看到:尊重个体,发展科学,维护共同体利益,代表了现时代伦理观冲突的不同价值始点;生物伦理并不损害这些价值观,而各种国际生物伦理公约则总是力图使这些不同的目标处于一种尽可能完善的合理样态之中。于是,一种不可避免的伦理策略便由微而显,即人权伦理探索,因为只有人权的理念才有可能是国际上唯一有效地能够达成共识的道德基础。从这一意义上,我们对《纽伦堡法典》和《赫尔辛基宣言》的反思,只有透过其人权伦理之探索的意蕴,才能理解涉及人体试验的国际生物伦理的基本架构。它由两项显著任务构成:其一,反思迄今为止那些具有广泛适应性、合理性和规范意义的国际伦理

---

① [法]吉尔·利波维茨基:《责任的落寞:新民主时期的无痛伦理观》,倪复生、方仁杰译,中国人民大学出版社2007年版,"导言"第1页。

准则在人权伦理探索上的突出贡献和重要意义；其二，关于人权理念的道德解读，它既是"人"之要求（把人当人看）的基本道德准则，又是其最高追求。

（一）人权的道德解读：以人道看待人和人的概念

由于对《纽伦堡法典》的反思，与人权的历史和未来紧密相联，因而是一种切近对人权理念进行道德解读的方式。让-克洛德·吉耶博指证：在《纽伦堡法典》中存在着界定"人的人道性"的五条界线——人不是动物；不是机器；不是一件物品；不是他的器官的集合；人不是无主体的存在。①

（1）"人不是动物"的反思，主要针对随着遗传学、行为科学、生态学的新进展，出现了一种坚持否定人与动物之间存在界线的意识形态话语。因此，坚持人与动物之间的界限，包含三个方面的坚守：在人体试验中，人不能被当作动物一样地对待；在动物试验中，不能混入人体试验的要素，如通过人体干细胞在实验鼠身上长出人耳来；在人体试验中，不能混入动物试验的要素。

（2）"人不是机器"的反思，主要针对随着认知科学、计算机技术和信息技术的革新，出现了一种把人脑的功能贬低为计算机、系统地把人与机器同化的意识形态悖谬。坚持人与机器的原则界线，包含了对人的情感、尊严和自主权利的尊重。这种反思直接指向那种值得破译、质疑、否定和驳斥的唯科学主义的人类受试者研究，例如，现代学习科学在人类受试者研究中就混淆了人与机器的原则界线。

（3）"人不是一件物品"的反思，主要针对关于生命专利权的争论，比如1998年欧洲关于人类基因组的通报同意授予基因组专利权，即基因组的物化专利权，这实际上是把人看作一件物化的"物品"。

（4）"人不是他的器官的集合"的反思，强调人的身份、符号、文化的重要性。

（5）"人不是无主体的存在"之反思，强调人作为自主存在的重要性。"如果没有了主体，那么还谈何人权？如果我们确信人同计算机毫无

---

① ［法］让-克洛德·吉耶博：《人的定义：〈纽伦堡法典〉还剩几何？》，见《第欧根尼》2001。

二致,那么我们明天将怎样解释杀死一个人毕竟还是比关闭一台计算机严重得多?"①

在吉耶博所提供的对《纽伦堡法典》进行反思的有关人的概念或人的定义的"五条界线"中,我们读出了如下类似呓语般地对"人的概念"的回归:"是的,人不是动物;人也不是机器;人更不是一件物品;人不是他的器官的集合;人不是无主体的存在。"那么,人是什么?吉耶博援引普里莫·列维在其经典之作《如果这是一个人》中的一段话说:

> 这不再仅仅涉及死亡问题,而且涉及所有为了证明犹太人、吉卜赛人和斯拉夫人是牲口、渣滓、垃圾的大量侮辱性的和象征性的细节。……想一想令人发指的对尸体的敲骨吸髓,仿佛那是一堆原料,金牙能提供黄金,毛发能用做纺织的纤维,骨灰能当作肥料;再想一想那些被消灭前编进药物试验品行列的男人和妇女们。归根结底,这说明什么?②

一个可能的回答是:当其之时,人成了动物,成了机器,成了一件物品,成了他的器官的集合,成为无主体的存在,……总之,"人"不是人了。

那么,人是什么?显然,这样的反思并不致力于给人下定义,而事实上"人"也是无法被定义的。(因为任何定义的尝试都导致一个某物)《纽伦堡法典》的反思把人们带向失去人权的惨痛经历的历史记忆,而这个历史的幽灵依然会寄身于人体试验的科学研究(或者其他崇高、正义之事业)的无意识冲动之中,它蛰伏着、等待着以科学试验或者其他人类崇高事业的名义"借壳还魂",并构造着某种再次失去人权"珍宝"的恐怖。为此,《纽伦堡法典》的馈遗乃是构成全部生物伦理之灵魂的人之"人道"的概念——对于"人是什么"这一问题的唯一答案就是:"人就是人。"

(二) 由"概念中的人"凸显的人权伦理探索

在各种有关医学试验伦理的国际文件中,《纽伦堡法典》和《赫尔辛基

---

① [法]让-克洛德·吉耶博:《人的定义:〈纽伦堡法典〉还剩几何?》见《第欧根尼》2001。
② 同上。

宣言》占据着举足轻重的重要位置。如果说《纽伦堡法典》提供了理解或反思人之"人道"的"人的概念"的某种契机，那么《赫尔辛基宣言》则提供了由"概念中的人"所凸显的有关人体试验的人权伦理际遇的可能。

《纽伦堡法典》的启示透过生命伦理四原则而凝结为"人就是人"的精神守望，然而它对人的尊严的完整性和人的生命权的神圣性的伦理预设或道德解读必然遇到现代性（包括现代医疗技术）对"人的瓦解"所带来的严峻挑战。从这一意义上，回到"人的概念"以及重申"人就是人"的哲学反思，并不否认现代人权理念的明智的现实主义的道德抉择，即人权必定是"人"之争取，它从来就不是一个现存在场之物，也不是一个被给予的话语符咒，它总是存在于执着于"人就是人"的"为权利而斗争"的中道上。

这令我想起了米歇尔·福柯的名言："人死了"，这是"人"的现代命运。而问题引发深思的维度还在于："人"从来未曾出现过，因为"它一诞生随即便遭遇瓦解"。当然，福柯所说的"人"，是一种启蒙现代性意义上的"大写之人"或"总体之人"。我们可能不会赞同福柯的危言耸听，但不能不思考现代性"瓦解人"的逻辑："人"被各种分门别类的有关人的科学和意识形态话语分解为互不相干的"片面"或"碎片"。于是，现实生活中的男男女女、老老少少，被依据某种知识谱系分类为男人女人、大人小人、中国人外国人、富人穷人、医生病患，等等。这种分类学的运用，将人置于某种"概念框架"之中，成为"概念中的人"。比如，在现代性资本统治的概念逻辑中，人被定义为"理性人"，成为"经济人类型"；在数字化技术座架的概念逻辑中，人被定义为"数字化生存"，成为"马甲人类型"；而在遗传学基因控制的概念逻辑中，人被定义为"基因人"，成为"生物人类型"。现代科学分类方法在将人处理成为"概念中的人"的巨大成功方面，造就了现代性诸种体制的建立，它带来的负效应乃是：人在概念分类中被塞进特定"概念框架"的潜在危险，使得他（或她）们如果没有高标准、规范化、严格化的伦理准则的约束和保护，很容易被当作"动物""机器""物品""器官的集合"和"无主体的存在"。

显然，吉耶博对《纽伦堡法典》的反思指证：《法典》所坚守的人之人道性的"五条界线"，并非穿行"概念中的人"之"迷宫"的阿里阿德涅彩线，而是通过复归"人的概念"展现一种绝对主义的人权伦理尺规。其首条法典即表达了这种绝对伦理的要求:"受试者的自愿同意绝对必要"。

《赫尔辛基宣言》无疑继承了《法典》的这一精神血脉,但它必须面对更严峻的质疑和更现实的考虑中凸显"概念中的人"的人权伦理境遇。[①] 例如,在涉及"同意试验"的条款中,《赫尔辛基宣言》的颁布及其修订体现了一种"介于绝对主义道德与现实主义道德之间"的医学试验伦理的中道原则,它寻求的是在个人利益与集体福祉、试验对象的福利与科学需要、个人的权利与科学的自由等之间达成一种妥协的尝试。这种妥协绝不动摇人道原则,还要设法淡化与人体试验相伴生的非道德化"印象"并让个人在道德上易于接受。"知情同意的规定,对参与试验主体所作的建议进行限制,对可允许的最大风险做出界定,向指定的独立委员会提交实验流程等,所有这些表明,研究的哲学便是实用的人道主义哲学,在这种哲学中,尊重人的刚性原则与科学发展的柔性要求并重,它既反对将人变成纯粹的试验品,也完全不愿意失去这种有助于知识进步和有益于公众健康的必要方式。"[②]

《赫尔辛基宣言》的重大意义不仅在于以更为具体而庄重的国际性文件的形式表达了详尽的关于人体受试者研究的伦理原则,而且还在于它尽量力求周密地考虑生物医学人体受试者研究面临的"概念中的人"的现实伦理境遇:

第一,它将人体受试者研究的伦理原则细化为一系列针对具体情况的行为准则,且寻求着一种涉及人体受试者权利的医学研究在"目的与手段"之间的谨慎平衡,而这一宗旨决定了它所致力于确立的伦理指导原则由于必须保持与涉及人类受试者的医学研究之实际的实践进展相契合而处于不断地更新、修订、补充和完善之中。

---

① 琼纳斯指出,人体试验涉及对人的一种在道德上有问题的利用:"试验受试者被否定了人身赔偿,他只是被为了外在的目的而利用,没有被放在与其他人或与其情形的真正关系中。单纯的'同意'并不能纠正这种物化。只有真正的自愿才能补救受试者被置于的这种'物化'状态。"参见[美]恩格尔哈特《生命伦理学基础》,范瑞平译,北京大学出版社2006年版,第333页。

② [法]吉尔·利波维茨基:《责任的落寞:新民主时期的无痛伦理观》,倪复生等译,中国人民大学出版社2007年版,第254页。

第二，它反映了自《纽伦堡法典》颁行以来，在涉及人体试验的医学研究中充分贯注现代人权理念的伦理意愿：人权伦理的原则诉求在类似于涉及人体试验的医学研究领域，只有被融合进一种医学研究的职业操守的表达形式之中，化为职业人员的行为准则，才可能是一种面向实践总体的有益的智慧探索，否则有可能会沦为空洞的说教；而所有的指导性条款，都旨在建立起尊重人的规范以及自我约束的体系，以便对科学探索的无意识偏失加以约束。

第三，它强调伦理约束或以伦理的方式设置人体试验"禁区"的优先性考虑。例如，它强调研究者在从事有关的研究之前，必须了解相应的伦理、法律和法规，并为研究者与医疗实践者提供明确的伦理指导。① 它确立了独立的"研究伦理委员会"的权威和工作职责。它同时要求"研究成果"发表前的承诺签名程序②，以及对违背伦理原则或不人道的研究进行舆论谴责和遏制的惩罚机制，等等。

《纽伦堡法典》的"删繁就简"与《赫尔辛基宣言》的"不避繁难"相得益彰，构成了经典的涉及人体试验的国际伦理准则的权威文献。前者以 10 条简约的法典确立了"为人权而斗争"的基本伦理路线以及生命伦理的四大原则；后者则在一再的修订和补充中要面对诸如"知情同意权"之类的复杂的人权伦理问题。《纽伦堡法典》的人权背景容易使当今生物医学领域的研究者将它看作主要针对纳粹人体试验进行法律审判的附属文本，并进而将之看作是某种过时之物。然而，它的真实的历史性的意义和永恒的价值乃在于：它以人权的眼光看待"人的概念"，并据此开出相关的伦理原则。同样，《赫尔辛基宣言》针对人体受试者研究的伦理原则的详尽描述展现出一种开放的人权伦理探索，即它透过"概念中的人"凸显了人权的伦理实践，包括其中的困境、矛盾和可能存在的冲突，而对它

---

① 2008 年修订的《赫尔辛基宣言》第 10 条指出："医生既应当考虑自己国家关于涉及人类受试者研究的伦理、法律与管理规范和标准，也应当考虑相应的国际规范和标准。任何国家性的或国际性的伦理、法律或管理规定，都不得削弱或取消本宣言提出的对人类受试者的任何保护。"第 9 条指出："医学研究必须遵守的伦理标准是，促进对人类受试者的尊重并保护他们的健康和权利。有些研究人群尤其脆弱，需要特别的保护。这些脆弱人群包括那些自己不能做出同意或不同意的人群，以及那些容易受到胁迫或受到不正当影响的人群。"

② 许多生物研究机构要求研究者签名声明遵守《赫尔辛基宣言》。

的一再修订亦表明，关涉人体试验的人权的伦理探索将是一个"在路上的"伦理商谈，且是一个"不断展开的""中道"的道德准则。

第四节 医疗技术的增强形态与身体伦理

人是社会性的动物。在其现实性上，人的类生活或类本质是由"社会关系的总和"构成的。着眼于人的社会属性，生命伦理学的目的不仅要对医学进行道德和伦理的事后规制，还要将伦理和道德的思考与原则先行融入医学或医疗技术实践之中。在这一点上，我们需要前瞻性地思考现代医疗技术的第三种形态，即增强形态。

毫无疑问，现代医疗技术是从医疗功能的角度促进病人的身体健康，缓解心理压力。它所预设的"善"以解决临床医疗中的治疗性难题为基本目的。比如说，辅助生殖技术是以治疗不育症为目的的，器官移植技术是通过手术方式用健康的器官代替病人衰竭的器官。然而，在现代医疗技术的拓展善的目的诉求中，会出现逾越医疗目的的情况，于是出现了不以治疗疾病为目的，而以增强人体为目的的现代医疗技术。这类技术，我们称之为人体增强技术。

应该看到，增强人类一直是前技术时代和技术时代的哲学和现代性谋划的梦想。我们今天的时代，可以称之为一个"后技术时代"，它使得人类增强的技术展现（特别是 NBIC 的汇聚）有如"脱缰之马"。在这一论题域中，生命伦理学领域中的"技术激进主义/技术保守主义"之争表明，人类增强技术在其前沿性技术展现中使今日之人面临"技术之后—伦理之前"的困境。生命伦理的反思在关乎人性的改良、医学功能的转移、技术的逾越性、公正的有限性四大生命伦理挑战时，呈现出"未决事项"的特征。寻求一种"允许的伦理"而不是一种"禁止的伦理"，是人类增强技术面对生命伦理难题时的解决之道。

用科学技术对自然进行改良，通常被看作受到现代文明赞美的一种理性的或理性化力量的集中体现。它既表现在对人身外自然的控制和改善，也表现在对人自身自然的控制和改善。从这方面看，现代文明助长了一种日益增长起来的技术乐观主义的非慎思倾向，即认为技术进步能够解决它带来的任何问题。然而，从另一个方面看，当今飞速发展的技术展现，又以一种悖论形式激发人们伦理地"重思"自然：一旦以控制和改善外部自然为目标的科学技术，将方向调转头来朝向控制和改善人自身自然的目标掘进时，"控制者""改良者"就转变成了被控制和被改良的对象。这种技术展现形式，在不断叠加和放大中，最终会导致技术脱出人的控制而成为控制人的超级力量。① 现代人不得不面对"技术之后"的问题。我们已经置身于技术之后——面对后技术时代的来临，必须先行深入到伦理之前的深层忧思。②

一 "人类增强"释义：哲学、现代性和技术之后

什么是"人类增强技术（英译为 Human Body Enhancement Technology)"？按照通行理解，它是指用技术克服人身体的局限，以"增强人的认知、情态、体能并延长人的寿命，使得人比目前更健康和幸福"③。据 2006 年 8 月世界生命伦理学大会卫星会议的研讨主题和相关讨论，"增强"（Enhancement）以及"增强技术"并不特指某种新出现的或者区别于已有的新型技术门类。它实质上是对一种技术功能的描述性定义。④ 一般而言，举凡一切能够改良或增强人类身体能力的技术，包括那些使人跑得更快、跳得更高、长得更健康、头脑更聪明、记忆力更好、更年轻漂亮的技术，以及那些使我们的孩子更健康、优秀、美丽的技术，总之，使目前我们这一代人以及我们的后代在认知方面、情态方面和体能方面变得更完美的技术，都可以统称为"人类增强技术"。

历史地看，"人类增强技术"的含义要联系"人类增强"的三种历史境遇进行阐释，即它的抽象的哲学意义、较宽的现代性意义和较窄的技术展现的意义。

第一，前技术时代人类增强的哲学意义。人类增强实践古已有之，它

---

① 田海平：《生命伦理如何为后人类时代的道德辩护》，《社会科学战线》2011 年第 4 期。
② 这一段文字以及本章的整个第四节的内容是请东南大学哲学与科学系岳瑨教授支持完成的。原文题目及发表信息参见岳瑨《技术之后与伦理之前——人类增强技术面临的伦理困境及其出路》，载《伦理学研究》2016 年第 2 期，第 62—68 页。
③ 邱仁宗：《人类增强的哲学和伦理学问题》，《哲学动态》2008 年第 2 期。
④ 邱仁宗：《人类能力的增强——第 8 届世界生命伦理学大会学术内容介绍之三》，《医学与哲学》2007 年第 5 期。

是人"追求完美""崇尚优秀和卓越"的一种德性实践活动和技术实践活动,是两者的一致。古希腊哲学家亚里士多德谈到"技术"(技艺)和"品德"(品质)的一致性时,写道:"如果没有与制作相关的合乎逻各斯的品质,就没有技艺;如果没有技艺,也就没有这种品质。所以,技艺和与真实的制作相关的合乎逻各斯的品质是一回事。"① 人们制作遮风避雨的房屋,也制作强身健体的食物、医术和体育竞技,等等。"人类增强"一开始就表现为人要突破自然(包括外部的和内部的)加之于人身体的限制,因而是人之自然本性和超自然本性的二重性的映射。这就是亚氏所说的人之"合乎逻各斯的品质",它建立在传统德性论的目的论推论基础上。传统意义上的人体增强往往诉诸于与某种超自然力量的连接,诉诸宗教、艺术、形而上学等"像神"或"通神"的高超技艺(如庄子笔下"解牛的庖丁"),但并没有找到将这种超越力量在现实中"具身化"的技术形式。前技术时代的"人类增强"更多是一种技艺性(Arts)的哲学性质的"增强",它通过"为存在者提供根据"的形而上学使身体获得超验性根基,因而敞开了前技术时代"人类增强"境遇中的哲学维度。

第二,技术时代人类增强的现代性意义。"技术时代"是对现代技术"以多种多样的制作和塑造方式来加工世界"的"前景"的镜像描述。古典时代与"智慧""慎思"同质的技艺活动被视为一个古旧时代的"背影"。在技术时代,现代技术的操作性、模式化、定制化的装置取得了决定性的支配权和广泛的胜利。人通过这种方式被缚系于"技术座架"上,被塑造和被确立在世界中。② 技术时代人的超越性(Transcendental)不再遵循技艺的"自然法则",而是遵循技术的"使然法则"③,即不是通过"遵循自然"而是通过创造各种"控制自然"的技术神话而获得对人的周围世界和人自身(包括认知、情态和身体)的改良和增强。这和古典时代通过对自然之

---

① [古希腊]亚里士多德:《尼各马可伦理学》,廖申白译,商务印书馆2011年版,第187页,边码1140a6-10。
② [德]海德格尔:《面向思的事情》,陈小文、孙周兴译,商务印书馆2011年版,第69页。
③ 参见田海平《从"控制自然"到"遵循自然"》,《天津社会科学》2008年第5期。笔者这里对现代技术所遵循的"使然法则"与传统技艺所遵循的"自然法则"的概括,是从以上引用文献中阐述的"遵循自然"与"控制自然"的思路中衍生出来的对"技艺"和"技术"的实践法则的概括。

"所与"保持敬畏而试图以"世界之附魅"获得"人类增强"殊为不同。"对世界的祛魅"是流行于技术时代的现代性的新"福音",它宣告了"支配对敬畏的绝对胜利"①。从现代技术的本质看,它从怀疑"自然的赠礼(the given by the nature)"进入,扩展为一种技术展现或技术的世界构造,逻辑上它以"对具体存在者领域的开拓"为根据和尺度。② 现代技术的本质据此可概括为对一切可能的"存在者领域"进行开拓的"无限性"或"不受限制"的特性,它由此赋予"人类增强"以现代性意义——"人类增强技术"就是在现代性意义上对技术可能性的一种现实展现。

第三,后技术时代人类增强的技术展现形式。"后技术时代"是对现代技术确立人之主体地位的"反转模式"的镜像描述。它是技术前行的逻辑自行其是地将技术目标扔在了身后,即适用于"人之主体"目标的现代技术在其"开疆辟土"的开掘中不仅逾越了自然之限制而且逾越了人之限制,反过来成为主宰、支配和塑造人的技术展现形式。这种"把技术目标扔在身后"的技术展现形式是现代技术的"升级"和"反转":"升级"是指技术晋级到对人自身进行塑造和增强的存在领域;"反转"是指作为"工具性存在"的技术反过来成为定制、改装、修饰、增强人类的"目的性存在",人类反而成了技术权力意志实现自身目标的手段,于是出现了"手段—目的"链的"反转模式"。现代技术的"升级"与"反转"最典型地体现在纳米技术、生物医学技术、电子技术、认知技术的汇聚所展现的人类增强的技术范式变革——这些技术不再是孤立的单一的技术形式,而是以相互融合和汇聚的形式,试图把人类这个物种从其生物限制中解放出来,简称"NBIC 汇聚技术"③。NBIC 汇聚模式被简洁地概括为:"如果认知科学家能够想到,纳米科学界就能建造,生物科学界

---

① [美]迈克尔·桑德尔:《反对完美:科技与人性的正义之战》,黄慧慧译,中信出版社 2013 年版,第 97 页。
② [德]海德格尔:《面向思的事情》,陈小文、孙周兴译,商务印书馆 2011 年版,第 69 页。
③ 2001 年 12 月,美国有多个机构(DOC, NSF, NSTC – NSEC)发起并有科学家、政府官员、产业界技术领袖参加,举开一个圆桌会议,会上首次提出了"汇聚技术"的概念,即 NBIC 汇聚技术。NBIC 是纳米技术(Nanotechnology)、生物医学技术(Biotechnology)、信息技术(Information technology)、认知科学(Cognitive Science)的缩写。邱仁宗在 2008 年 3 月曾经在北京分别以"NBIC 四大技术的汇聚与人性:Enhancement 的伦理反思"和"人类能力的增强与 NBIC 的汇聚:哲学、伦理问题"为题,在国内率先展开关于人类增强技术问题的哲学和伦理学的反思。

就能运用，信息科学界就能监控。"① "汇聚技术"作为后技术时代的"新宠"，将使人类进入技术之"后"的时代——它预示技术汇聚的趋势将有可能进入一个"奇点"②，在这个"奇点"上技术汇聚大规模地爆发，产生出一种不可阻挡地增强人类的可能性。这是"人类增强技术"的主要的展现形式。

二 技术之后：人类增强技术引发"支持—反对"的两难

"人类增强"的技术展现（特别是NBIC的汇聚）有如"脱缰之马"，其发展乍现"奇点"来临前的曙光。未来充满了玄机。回首文明史，增强或改良人类一直是传统哲学和各种现代性谋划的梦想。然而，一旦它以技术展现的形式呈现，它所带来的不安是如此强烈，以至成为社会各界广泛关注的焦点。

按照通常的理解，人类增强技术一般分为6种类型：（1）利用药物进行增强；（2）利用手术（特别是美容术）进行增强；（3）利用植入前遗传诊断进行增强；（4）利用基因技术进行增强；（5）利用控制论方法进行增强；（6）利用纳米技术进行增强。这些人类增强的类型随着NBIC汇聚技术的蓬勃发展，出现了技术"升级"和"反转"的趋势，使人类社会进入一个后技术时代。比如，生物制药公司利用生物医学技术正在制造提升人的记忆力、增强人的情态、调动人的注意力等方面的药物。有报道称，一些制药公司已经将新开发的增强记忆力药片投放市场，这些药片目前主要用于治疗老年痴呆症等疾病，但可能在未来几年内直接销售给健康人群，帮助人们在工作或考试中取得成功。③ 一些认知神经科学家借助fMRI扫描、脑电图耳机、电子技术等汇聚技术开发出了一种让士兵具备心灵感应能力的头盔。"基因编辑技术"给人们提供了定制婴儿的可能

---

① M. C. Roco, W. S. Bainbridge (eds), Executive Summary: Converging Technologies for Improving Human Performance, Kluwer Academic Publishers, 2003, p. 13

② 关于技术发展在不远的将来可能达到一个"奇点（singularity）"的说法，主要指汇聚技术向人脑和人工智能体的融合的方向之发展，即"人—机"融合，它可能会产生超级智能机器，使世界在一夜之间发生变化。最著名的用来解释"奇点"的例子是"池塘中的百合花"的例子。百合花长满池塘一半需要13天的时间，而到达奇点后，长满另一半池塘则只需要半天时间。

③ 参见网页：http://www.most.gov.cn/gnwkjdt/200902/t20090202_67032.htm，2009-02-04

性，使人们可以根据自己的偏好选择想要的孩子。而 2016 年中国"春晚"上演的智能机器人伴舞节目则标志着机器人时代的来临。通过在人体中植入芯片增强人用思想或意念控制人工智能物成为可能。① 再生医学也将大大延长人的预期寿命。老龄科学家声称人能活 150 岁，甚至 1000 岁。② 21 世纪初（2001 年）科学家、哲学家和未来学家关于 NBIC 汇聚技术增强人类的预言③，在今天成为现实，且获得了快速迅猛的发展态势。与 NBIC 汇聚技术代表的人类增强技术的超乎想象的发展相对应，知识界的态度分成两大对立阵营："技术激进主义"和"技术保守主义"。

"技术激进主义者"相信技术进步，认同技术乐观主义，他们是"人类增强技术"的坚定的支持者。技术激进主义是一种为人类增强技术的道德前景和文明指引所吸引，并从自由主义和平等主义立场对之进行辩护的主张。其辩护理由大致有三条：（1）基于个人权利的辩护。权利论者认为，每一个人类个体都拥有超越单纯健康诉求而寻求增强自己的权利，拥有"自由生育的权利"和"利用新兴技术改善或增强人类的权利"。为了保障个人"增强"的正当权利，通过民主管理确保技术安全、普遍可及和分配公正乃是关键所在。④ （2）基于环境保护和环境治理的辩护。环境主义者从 NBIC 汇聚技术的人类增强中看到对环境保护的收益，特别是纳米技术、基因工程直接有益于人类环境，而信息技术（特别是大数据技术）和认知技术对增强人类环境治理能力亦展现了广阔的应用前景。（3）基于进化论的辩护。这种辩护出自一种"后人类主义"观点。它认为，汇聚技术提供了改造、编辑和重塑人类基因和认知的可能，人类将进化到"后人类"阶段，在智能、体能、寿命等各方面远远超越目前之人。"超人类主义"（transhumanism）是通往后人类的一种技术乐观主义观点。超人类主义者的基本原则是相信"我们有一天会利用生物技术使我们自

---

① 例如，2004 年，美国食品和药品监管局（FDA）批准用于人体植入 VeriChip 的 RFID 标签的应用。芯片的植入可以让医护人员及时获取病人的医疗记录，还可以用于身份识别。

② 英国剑桥的科学家德·格雷（de Grey）通过延长小鼠的寿命的实验试图证明，人能活 150 岁，甚至于 1000 岁。如果再生医学能够得到顺利发展，大大延长人的寿命是可以实现的。

③ 这里说的预言，是指前文提到的 2001 年 12 月在美国的多个机构（DOC，NSF，NSTC - NSEC）发起的圆桌会议上，首次提出了"NBIC 汇聚技术"概念。

④ 持"权利论"的代表性学者有德沃金（Ronald Dworkin）、哈里斯（John Harris）、辛格（Peter Singer）。

身变得更强大、更聪明、不那么倾向暴力而且长生不老"①。

与技术激进主义或进步主义对技术应用前景的乐观信念不同,"技术保守主义者"更为重视对技术后果的评估,他们表现出对人类增强技术的忧思和反对。如果说 NBIC 汇聚技术增强人类的功能展现了用"人为进化"代替"自然进化"的未来,那么它并不是一个光明前景,相反,它将揭示一个令人无比惊惧的未来:人类的全部努力难道就是为了被得到增强的"后人类"所取代?技术保守主义是对技术增强人类、寻求完美性可能引发不可预测之后果的某种深度不安的反映。其反对的理由大致有四条:(1)宗教性反对。这是一条最保守的反对。保守的天主教和新教人士持这一反对立场,理由是人不可以"充当上帝",而基因工程或其他用来增强人类或实现人类非自然长寿的技术努力都是试图篡夺只有"上帝"才有的权力。(2)深层生态学的反对。这条是从深层生态主义的价值理念出发,认为人类应该接受自然的赠礼,接受我们的某些"不完美性"。大自然使我们已经足够优良,我们无须增强或改造自己。那些增强人类的技术,在增强的同时也会给地球生命(包括人类生命)带来重大灾难。例如,基因工程会产生基因武器引发灭绝物种的白色瘟疫,纳米技术可为恐怖主义者所利用,纳米植物则会淘汰自然界原有植物而破坏所有生物赖以生存的生物圈,至于让人活得更长的再生医学将会让地球变得严重超载。(3)人性的反对。这种主张认为,如果技术的发展改写了"人"的定义,那么"人权"也就无从谈起。不论我们怎样理解人性,不可否认人性有其自然物质基础,这就是人的基因。基因工程对人的自然遗传因子进行编辑或复制(克隆),这种技术的任性必然导致人性尊严的丧失。(4)后果论的反对。后果主义者对人类增强技术的担忧集中在五个论题上,分别是:健康与安全问题;竞争活动中的公平问题;资源的分配正义问题;集体行为中的自由选择问题;人的完整性以及人的尊严问题。②

"技术激进主义/技术保守主义"这个"对子"的持续发酵,将我们

---

① 参见胡明艳、曹南燕《人类进化的新阶段——浅述关于 NBIC 会聚技术增强人类的争论》,《自然辩证法研究》2009 年第 6 期。

② 参见田海平《人为何要"以福论德"而不"以德论福"》,《学术研究》2014 年第 12 期。

卷入一种两难困境：我们到底是"赞成"，或是"反对"？从"NBIC 汇聚"的趋势看，这些可用于增强人类的"神奇"技术似乎并不理会人们的态度，无论赞成还是反对，它都按照自身逻辑在一个高速运转的世俗化、市场化、全球化的现代世界运行。支持的理由和反对的论据虽然形成了一道"拉锯式"的思想张力，技术本身却依然故我地大踏步前行。在如此格局下，我们看待"人类增强"的视点，实际上已然落到了"技术之后"。这意味着，我们面向问题本身的抉择，应该是穿越"技术激进主义/技术保守主义"之赞成或反对的迷雾，认真检视以 NBIC 汇聚技术为代表的"人类增强技术"所带来的生命伦理挑战。

三 伦理之前：让人类增强面对生命伦理的原则质询

人类增强技术引发的"技术激进主义/技术保守主义"之争，是后技术时代公共道德领域中各种两难困境的表征。它从一个侧面（从道德争论总是推进规范性之构成的意义上）表明，以 NBIC 汇聚技术为代表的科技的迅猛发展，亟须建构一套与之相适切的规范性原则来指引。这一诉求或多或少地将人类增强技术带到了"伦理"之前。比彻姆和邱卓思在《生命医学伦理原则》一书中对著名的"生物医学伦理学四原则方法"进行了论证。"这四套原则是：（1）尊重自主原则（尊重自主者之决策能力的规范）；（2）不伤害原则（避免产生伤害的规范）；（3）有利原则（一组提供福利以及权衡福利和风险、成本的规范）；（4）公正原则（一组公平分配福利、风险和成本的规范）。"[①] 由于四原则来源于"公共道德和医学传统中深思熟虑的判断"[②]，在专门针对"增强"问题的适切且公认的道德原则尚付之阙如的情况下，让人类增强技术面对生物医学伦理原则的质询不失为一个权宜之策。

第一，面对"人类—后人类"在确认"个人自主"时指涉人性意蕴的不同，如何论证"尊重自主原则"？

人类增强技术面临的第一个生命伦理质询，是来自"尊重自主原则"

---

① [美] 比彻姆、邱卓思：《生命医学伦理原则》，李伦译，北京大学出版社 2014 年版，第 13 页。

② 同上书，第 23 页。

的质询。尊重一个自主者必须以确认"个人自主"为前提，它是对个人决定权和自主行动能力的确认。"人为什么如此值得尊重？"当我们以敬畏之心看待"自然所与"时，我们可以跟随康德或密尔对此给出积极义务或消极义务基础上的回答。① 然而，当"支配对敬畏的绝对胜利"将人带向一个"后人类主义时代"或"后人类时代"时②，无论是康德式的回答还是密尔式的回答都会引发质疑。目前许多国际性文件的奠基性思想无一不是来自对"人"或"人类"（Human）的理解。如果 NBIC 汇聚技术在增强人类的进程中超越了目前之人的类型，会发生什么呢？我们如何解读那些曾经创造或改变人类历史的国际性文件（如《纽伦堡法典》《赫尔辛基宣言》）？我们如何确定"人格"尊严和个人自主的标准？当人可以如同"机器"或"物品"一样由技术对之进行操作以增强功能或改变性状时，是否需要重新定义人格？这会造成怎样的影响？今日之人在后人类时代会被视为非人吗？"主人—奴隶""白人—黑人""劣质人种—优质人种"之间的区隔或歧视会以另一幅面孔（以"人类—后人类"的形式）重现吗？这些问题，在宽广的意义上，提出了重新理解人以及人的自主权利的问题。技术的发展给人类提供了似乎多出的一项选择：人可以选择不接受自然赠予的不完美的人性，而按照后人类主义者的推荐选择用技术增强的方式再造完美的人性。生命伦理学能够提供该事项上的"尊重自主原则"的道德论证吗？

第二，面对"治疗—增强"界划不明、难以区分技术的治疗功能和增强功能的情况下，如何遵行"不伤害原则"？

人类增强技术如何在治疗的参照系中定义增强？这使得它面对来自"不伤害原则"的质询。我们当然可以从最宽泛意义上定义"人类增强"。例如有人认为，"任何能够提高我们身体素质、充实我们思想和提升能力的活动方式"——包括阅读书籍、食补、进行体育锻炼——都可以称为人类增强③。但是，这个定义只适合于前技术时代。在后技术时代，"增

---

① ［美］比彻姆、邱卓思：《生命医学伦理原则》，李伦译，北京大学出版社 2014 年版，第 65 页。
② 田海平：《生命伦理如何为后人类时代的道德辩护》，《社会科学战线》2011 年第 4 期。
③ Atrick Lin, Fritz Allhoff: "Untangling the debate: The ethics of human enhancement", *Nanoethics*, 2008（2）: 252.

强"的含义要与"治疗"做出严格的功能区分。人类增强技术之所以引发伦理道德争议，是因为它越过了人类健康的范围，即它预设的技术目标不是医学意义上的"健康"目标而是非医学意义上的"增强"目标，或者主要是指功能的"增强"。一般说来，人们对以"医学治疗"为目标的现代医疗技术不会持辩护或反对的态度，但对于"人类增强技术"则不然。"医疗技术"是为了治疗疾病。增强技术则是为了提高人类某项性状和功能或者通过技术干预增加新性状和功能。这里面临的挑战在于，在很多情况下，上述两者是同一种技术运用于不同的"目的"。我们如何对之进行甄别？例如：为阿尔茨海默病患（老年痴呆病）带来福音的生物医药也可用于增强健康人的记忆力、思维力和行动力，增强人脑的功能的"脑—机"接口技术（即把人脑与"计算机大脑"连接的技术）也可以治疗残障病患，纳米机器人无疑同样具备医疗用途和增强用途，而基因治疗技术一旦用于"非医学目的"（增强人类的性状和能力）就可能是基因增强技术。生命伦理学在面对医疗技术和增强技术在功能上界划不明和相互越界时，如何给出具体的指导？在此，"人类增强"面临的挑战在于：人类增强技术大都由医疗技术转换而来，它需要确保某项"非医学目的"的转换符合生命伦理学的"不伤害原则"。

第三，面对"能做—应做"决策模式中充斥着的受益与风险的不确定性，如何合理运用"有利原则"？

有利原则分为"积极有利原则"和"效用原则"。[①] 例如，在建构某项增强技术的"能做—应做"的决策模式时，"积极有利原则"着眼于计算"技术能做"所带来的福利，并以之为基础得出"应做"还是"不应做"的伦理决策指导。"效用原则"要求权衡利害，计算总效用，并据此得出从"能做"到"应做/不应做"的决策推论。应该看到，"有利原则"在一些受益与风险相对确定的项目上，如生物美容、性别重塑、隆胸等[②]，其运用并没有问题。但对于以 NBIC 汇聚技术为代表的一些人类增强项目而言，由于受益与风险的不确定性，而且评估或计算的时间跨度

---

① ［美］比彻姆、邱卓思：《生命医学伦理原则》，李伦译，北京大学出版社2014年版，第165页。

② 这些项目到底属于增强技术还是属于医疗技术还存在着争议，从"纠正缺陷"的意义上看，应该属于医疗技术的范畴，但从增强性状或改变性状的意义上又可归类为增强技术。

很长，这就使得"能做—应做"的决策推理模式被两个极端所取代，即"政府禁止"和"市场调节"。前者认为，如果不能预估受益和风险，即使满足技术能做的条件，也应该禁止。比如，基因工程催生"寻找长寿基因"的人类增强项目，一旦所谓的"长寿基因"被找到，"巨大的社会需求和巨额资本的卷入会使得基因增强技术迅猛在全球扩散"①。这派主张认为，对于迄今无法预知其潜在风险的增强项目（如基因编辑技术），政府应予以禁止。后一种主张则走向另一端，不赞同"一禁了之"，认为与其让政府决定人类增强项目的合法性，不如让市场进行调节。某项具有广阔应用前景的人类增强技术一旦成熟，巨大的社会需求是无可阻挡的。事实上，无论是由政府设置禁令还是由市场进行调节都是问题的表面。问题的深层是：人类增强项目（以 NBIC 汇聚技术为代表）在基因、神经、纳米、细胞层面展开，这使得它的受益和风险无法按常规估算和权衡，然而它又必须接受生命伦理学的质询。理由是，按照生命伦理学的"有利原则"，在进入"能做—应做"的决策分析时，任何一项人类增强项目都必须找到界定福利并权衡利益、风险和成本的方法，否则它无法获得公共道德和生物医学伦理的支持。

第四，面对"未被增强的人—被增强的人"在竞争和分配上的机会不平等，如何体现"公正原则"？

在人类增强的前景问题上，超人类主义者主张通过增强使人类过渡到"后人类"。——这只是一个技术乌托邦的翻版。然而，通过 NBIC 汇聚技术在个体层次上进行人类增强则正在成为现实。然而，任何形式的"增强"只有在稀缺时才有价值，且它的主体目标是要获取特定形态的竞争优势。这使得"增强"在前提上设定了需求与供给的不平衡配置，而在结果上造成了"得到增强者"与"未得以增强者"之间的不平等竞争。增强者在诸如考试、体育竞技、工作面试等竞争性活动中势必获得更大的竞争优势，这会损害或破坏机会平等原则。资源配置对那些可转化为"人类增强技术"的医疗技术项目（通常都是一些高成本高收益的项目）的偏倚出自资本逐利的本性，它会带来不公正的问题。比如，在认知的药

---

① 张新庆：《人类基因增强的概念和伦理、管理问题》，《医学与社会》2003 年第 3 期，第 33—36 页。

物增强问题上会出现如下情景：

（1）假设服用认知增强剂会提升学生考试成绩，那么，它的直接后果是破坏公平考试制度；

（2）一旦有人使用认知增强剂获得考试优胜，会给未使用药物的人带来压力，在不利的处境中形成需求趋势；

（3）制药公司会不断地推出新一代的认知增强剂（效果更好、更安全可靠、价格更昂贵）；

（4）市场会将更多、更优质的资源配置到只为少数人享用的认知增强剂的开发项目上来；

（5）由此导致更大范围的社会不公正问题，例如在社会心态上鼓励依靠药物而不是依靠努力获得成功，而对药物的依赖可能带来不可预知的副作用。

生命伦理学必须考虑两个问题：对什么人应该进行增强？以及在何种前提条件下可以进行增强？这两个问题以"增强"的比较标准为前提——它"必须以健康人的正常生理心理功能和智力水平为比较标准"[①]——直接指向生命伦理学的"公正原则"。人类增强面临的挑战在于：有必要对人类增强技术设置技术应用的对象和有限条件，以使之符合"公正原则"的要求。

四 "允许的伦理"：在生命伦理质询中面向未来

人类增强的技术形态在"NBIC 汇聚"的大趋势中徐徐地却是坚决而迅猛地展开。有学者惊呼，"人类处在对自身做根本改造的边缘"[②]。乐观主义者或技术激进主义者在欢呼一个后人类时代的来临，而悲观主义者或技术保守主义者则从中看到人类进入一个深邃的不可测状态。争论的喧嚣过后，我们蓦然回首：今日之人已不再仅仅是"技术控制者"，而仿佛是

---

① 冯烨、王国豫：《人类利用药物增强的伦理考量》，《自然辩证法研究》2011 年第 3 期，第 82—88 页。

② 张祥龙：《复见天地心——儒家再临的蕴意与道路》，东方出版社 2014 年版，第 193 页。

置身在了"技术之后",反而为技术所支配。一方面,人类更像是被潮流推着走,身不由己,却又一往无前地追逐着技术梦想和技术前行的步伐(从控制自然到增强人类),又如同走进了一条"技术先行—人类在后"的技术进步主义的文明"轨道";另一方面,那些质疑或反对人类增强的理由(宗教的、深层生态学的、人性的、后果论的,等等),从更宽的现代性意义上和更抽象的哲学意义上,又无一不是支持人类增强的理由(从承认"人的脆弱性"的意义上看),这使得质疑或反对的声音仿佛只能是在"技术之后"的较窄空间里回响,无法扩展为更为宽广的关于技术本质的追问或更抽象的哲学论辩。于是,从 NBIC 汇聚技术展现的人类增强图景中,必然凸显如下疑问:现时代文明遭遇后技术时代或后人类主义的巨大困惑和严峻挑战——在"技术之后",我们如何才能找到自己的方向?如何才能避免"技术之后"的文明迷失?出路在哪里?

问题把我们带到了"伦理之前"。后技术时代在改造或增强人类的方向上展现了无限丰富的可能性,释放出难以描绘的想象力,也带来了前所未有的生命伦理挑战。一味地反对或禁止不是直面问题的解决之道。NBIC 汇聚的潮流不可阻挡,在展现增强人类的范围和深度上,每一种新技术(纳米技术、生物技术、信息技术、认知科学)从一开始就内含价值诉求和伦理方式的突破。我们不能沿袭以往的道德原则和伦理反思,不能用既有的一套道德体系为新出现的"未决事项"设置禁区,否则就会封闭技术的发展。我们必须革新伦理观,让伦理成为技术形态必不可少的构成要件,成为"技术具身"的"允许形式",成为技术进步的伴随力量。

不难看到,人类增强技术在其前沿性技术展现形式(NBIC 汇聚技术)中使我们面临"技术之后—伦理之前"的困境。生命伦理的反思需要应对各种"未决事项"的挑战。这带来了重新思考增强人类的项目(包括政治的、宗教的、文化的、技术的)所引发的更广泛、更抽象的哲学和人性问题的讨论。"人类增强技术"只不过是它的一个技术展现的"版本"而已。

不论从何种意义上看,寻求一种"允许的伦理"而不是一种"禁止的伦理",是人类增强技术面对生命伦理难题时的解决之道。"允许的伦理"以接受生命伦理质询为前提,将后技术时代的"技术展现"置于

"伦理之前"。它让生命伦理的质询直接指向后技术时代的技术展现形式，以符合安全、有利、无害、尊重人和公平正义为基本原则。质询的直接效用，瞄准"允许"的实践目标，以"做得好"为目标。当然，质询的间接形式，指向更宽的或更抽象的人类生存。一方面，它在面对现代技术"非反思"或"非审慎"的倾向时，凸显生命伦理反思的必要性，以促进人类普遍福祉；另一方面，它要求回到人类原初本原的生命领会，以邻近那些古老的具有广阔智慧的生命哲学意义上的伦理质询，从根源上推进生命伦理观的革新。从更宽的现代性意义和更抽象的哲学意义上面对人类增强问题是生命伦理质询的题中应有之义。它瞄准的目标是整全的人类生存，以"活得好"为目标。

人类增强技术在关乎人性的改良、医学功能的转移、技术的逾越性、公正的有限性四大生命伦理挑战时，呈现出"未决事项"的特征。任何一个"人类增强项目"不论在技术上还是在伦理上都会遭遇与"四原则"相关联的"未决事项"的影响。因此，在现实性的维度上，"允许"的伦理需要利用"四原则"的伦理质询来揭示人类增强技术实现伦理革新的方向。

（1）关于"人类"的质询：面对"人类—后人类"的两歧，我们要探索"尊重自主原则"的实现方式。

（2）关于"增强"的质询：面对"治疗—增强"的不确定性，我们要寻找定义"增强"的多种形式以排除有害增强，进而使我们选择的增强项目符合"不伤害原则"。

（3）关于"技术"的质询：面对"能做—应做"的逻辑断裂，我们要创新评估技术进步的收益和风险的方法，使我们的决策遵行"有利原则"。

（4）关于"人类增强技术"的总体质询：面对"未被增强者—被增强者"的不平等状况，我们要构建符合公平正义理念的制度，坚守"公正原则"的制度化效用。

尽管人类今天对"人类增强"或"人类增强技术"还没有一个公认的定义，但它呈现的历史境遇中抽象的哲学意义、较宽的现代性意义与较窄的技术展现形式的意义（特别是 NBIC 汇聚技术的展现形式）之间的分野则是一种日益明晰的释义。同样明晰的是，人类增强技术面临的生命伦理难题直接是由后技术时代的技术展现形式所引发，特别是由 NBIC 汇聚技术所激起。它预示在"已被增强的人"和"未被增强的人"之间可能引发人类状况、在人类增强问题上陷入的混乱以及带来的各种紧迫的生命伦理难题。技术之"后"的生命伦理难题的挑战，亟须从更宽的视角和更抽象的问题层次反省"增强"的现代性本质及其哲学根源，以便将人们探询的目光重新投向伦理之"前"的存在者领域。

第五节 伦理形态：责任、人权与身体

现代医疗技术可以看作一总称。举凡一切进入现代医疗技术实践领域的现代技术，不论是常规的，还是转化之中，也不论是以医疗目的为技术展现之目标，还是以非医疗目的（例如以人体增强）为技术展现之目标的，我们皆以"现代医疗技术"一名作为其统称。

由此现代医疗技术在技术形态上，可区分为常规医疗技术、转化医疗技术和人体增强技术三种形态。这三种形态分别对应着常规的、转化的、增强的三种伦理形态。它们在医学类型上的表现形式分别是：循证医学、转化医学和人体增强医学。与这三种医学形态相对应的伦理形态的关键词分别是：责任、人权与身体。

也就是说，现代医疗技术的三种伦理形态，在伦理类型学上各自有不同的重点和突出的特点。常规形态的医疗技术需要突出强调责任伦理的重要性，转化形态的医疗技术需要突出强调人权伦理的重要性，增强形态的医疗技术需要突出强调身体伦理的重要性。

现代医疗技术在其常规形态中是以符合责任伦理的不断拓展的要求为其基本价值诉求的。我们看到，正如汉斯·尤纳斯所说，责任伦理是技术时代的一种主导型的伦理范式。它能够更科学地审视现代医疗技术在其日常医疗技术实践活动中面临的各种伦理境遇和伦理困难，观照各种伦理难题的成因及其解决之道。随着生命科学的进步和生物医学的蓬勃发展，越来越多的高新生命技术进入常规医疗技术的"清单"之中，这使得从"循证医学"到今天日益引人瞩目的"精准医学"对于责任伦理的呼吁及

其实现方式不仅有迹可循，而且产生了一种前瞻性的文明指引。技术水平的总体提升极大地推动了人们在常规形态下对于重构现代医疗技术的伦理向度，无论是"生"的责任类型，"死"的责任类型，还是"生命质量"的责任类型，总是随着新的常规形态的医疗技术的进步而得到不断地丰富、发展和更新。这是一个道德形态的展开过程。责任伦理对于现代医疗技术的意义，当然远不止于此。在其提供一种"远距离"伦理以抗击日益滋长起来的医学领域的功利主义的短视而言，责任伦理有着自身固有的优势。比如说，在大数据技术的平台上（这里是说当大数据技术被纳入常规医疗技术的范畴）常规医疗技术可以为人们建立一种"从摇篮到坟墓"的精准医疗卫生服务范式，此即是一种"责任伦理"的具体呈现。

医学的未来有赖于人们将更多的最新的科学技术成果引入医疗领域，从而丰富发展人们的医疗技术实践，以便更深入地认知、介入、治疗和增强我们的身体健康。不论是以治疗疾病为目的，还是提供良好的卫生保健，或是提供一种增强人体的可能性，它都会涉及科学技术向医疗卫生和保健领域的转化。在这一进程中，人体试验的伦理问题变得异常尖锐和突出。健康和疾病是一个对子，似乎疾病总是与生命的暗晦相牵连。为了人类的健康，就需要有人成为医学人体受试者。于是，转化医学在此一维度使身体与伦理在人权的保障问题上相关联。传统的身心二元论把活着的身体与机器等同，隐蔽着对身体的某种程度的"陌化"乃至"敌视"，从而使人之为物的基本人权受到某种形式的侵害。与此不同，关注身体的生命伦理，强调进入生命医学实践的身体，尤其是特别重视对人体试验中的受试者身体给予特别的道德重要性。这是转化形态的医疗技术回避不了的基本的人权伦理诉求。

应该看到，常规的、转化的医疗技术形态，都是以医学目的为其旨归的，而一旦技术逾越了医疗目的，人就会在延长寿命，延缓衰老，拓宽人类的智力、体力方面打破了医学的限制，于是，在人体增强技术的技术类型中就会遇到医学技术实践的限度问题。人体增强技术的运用不能归结为常规技术的一般应用，当人类为了追求超越目前之人而运用这一类技术时，人和人性最终将会变成何种形态？这是一个无论如何说不清楚的问题。我们在此一维度面临身体的本质和人性本质的根本性的困惑。

身体伦理学的凸显与增强形态的医疗技术实践中隐蔽的"后人类主

义"（Posthumanism）的趋向密切相关。它最终改变了人类身体的自然形态，使人类身体进入到一种后人类的智能设计的技术谋划。这种人类史的重构最为典型地表现在 NBIC 会聚技术的蓬勃发展所带来的尖锐的伦理挑战中。

后人类是增强形态的医疗技术的一种可以预期的道德前景。与之相关的是后人类主义理念的凸显。后人类主义是伴随着 NBIC 会聚（即纳米技术、生物技术、信息技术、认知科学的会聚）为基础的一种理性哲学和价值观的结合。这是一种充满危险或歧途的超人类主义观念，其核心是相信人类"会利用生物技术使自己变得更强大、更聪明，不那么倾向暴力而且长生不老"。桑德尔将之概括为"支配对敬畏的绝对胜利"。一旦新技术在纳米、基因、电子、神经层面实现大规模会聚，且进入对人类遗传物质、身体性状、情态乃至精神进行改造或增强，人类就有可能从自然进化阶段跃升到人为进化阶段，历史将进入进化史上的"奇点"：一个后人类时代将会来临，它的典型形态特征是"身体"成为"伦理普遍性"的标记。后人类主义者认为：技术文明使人类遭遇自己的"后人类同伴"，这是一个不可阻挡的趋势；积极之应对，不应是一味地反对或竞相表达某种忧虑，而是顺应文明发展之趋势，立足于技术时代的文明进程，理性、前瞻地在哲学和价值观方面预为筹划。

后人类主义者认为，用新技术强化人体、提升性情、延长寿命，可能使人成为"超人"。然而，仅靠技术增强人类并不必然带来福音；如果缺乏与之相匹配的社会建构形式和生命道德观念，希望就会化为泡影。因此，有学者提出并论证了后人类社会建构的三条原则：（1）永恒发展；（2）个人自主；（3）开放社会。毫无疑问，后人类主义者透过 NBIC 会聚技术带来的健康革命，预见到技术与文明的形态关联及蕴含的从社会建构到人性改良的后人类道德前景。当然，它有明显的技术乌托邦色彩，涉及对人的定义、健康之本质、技术之功能、公正之条件等论题的重新诠释。

在这个意义上，人类增强技术的伦理形态在一种后人类主义的价值哲学的意义上实质上提出了需要认真对待的针对生命伦理学四原则（尊重自主、不伤害、有利、公正）的全面挑战。

后人类主义使生命伦理学遭遇人性挑战。后人类主义认为技术支配或改良"人"的趋势是不可阻挡的，它使"尊重自主原则"落入"特修斯之船"的困境。"特修斯之船"是说,一艘海上航行数百年的船,其航行持续的秘诀是:只要有一块木板腐烂就会被换掉。那么,当所有船板都被换掉后,这艘船是否还是原来的那艘?将这个思想实验运用于人类增强技术的讨论,就会使后人类处于特修斯之船的困境中:当"人"像物品一样被技术操纵以增强功能或改变性状时,是否需要重新定义"人"的概念?生命伦理学面临在新的技术文明语境下(后人类时代)如何论证或理解"尊重自主原则"的困难。

后人类主义使生命伦理学遭遇健康需求和健康标准的发展性难题的困扰,生命伦理学的"不伤害原则"面临丧失标准的困难。"永恒发展"设定了人的发展性需求的正当性,当增强目标被设定为健康需求时,作为治疗目标的健康就会被遮盖。为阿尔茨海默病患带来福音的生物医药可用于增强健康人的记忆、思维和行动能力。而当这种增强被广泛使用时,这种药物所激发的增强性的健康需求就会居于首要地位,健康标准甚至会被改写。生命伦理学面临如何排除有害增强以确保某个增强项目符合"不伤害原则"的挑战。

技术由治疗到增强的功能逾越,使"有利原则"遭遇难以平衡"收益—风险"的难题。按照生命伦理学"有利原则",在进入"能做—应做"的决策分析时,任何项目都必须找到界定有利并权衡利益、风险和成本的方法,否则它无法获得公共道德和生物医学伦理的支持。对NBIC会聚技术来说,由于受益与风险的计算受制于技术不确定性和评估时间跨度长等因素的影响而难于进行,这就使得其"能做—应做"的决策程序陷入困境。

后人类主义预设让增强的人口获得更多机会,这种社会建构的开放性原则有悖于生命伦理学的公正原则。"后人类"社会建构的动机,源自人类增强技术创造的竞争优势,它会加大而不是减少社会不公正。生命伦理学要考虑对什么人应该进行增强,以及在何种条件下可以进行增强。这里面临的挑战在于:必须对人类增强技术的研发和应用设置必要的限制,以使之符合公正原则的要求。

第三章　大数据时代的健康革命与伦理挑战

第一节　常规医疗技术遭遇"大数据时代"

"大数据"（英文为 Big data，亦有 Megadata 的表述）一词首次见1998年《科学》杂志刊发的《大数据处理程序》（*A Handler for Big Data*）一文。十年后（2008年）《自然》杂志做了一个"大数据"的专刊，一时之间，"大数据"迅速流行起来，成为时下炙手可热的跨学科、跨领域的跨界"新宠"。从大数据的最为明显的特点看，大数据又被称为巨量数据、海量数据、大资料，等；它是随着信息技术、互联网技术、计算技术等科技的飞速发展，出现了对人类行动和自然事件进行实时记录的技术形态后，所形成的一种数据存储、交换、分布、获取、利用（包括数据挖掘）的新型的数据形式。从大数据的运用方式看，大数据是由互联网或移动互联网平台支持的数据存储、获取、交换和分析的数据技术。而从大数据的来源看，大数据主要来自科学仪器、传感设备、互联网交易、电子邮件、社交网络平台、音视频软件、点击流量等，是无数多样的数据源生成的大规模、多元化、复杂的、长期的分布式的数据集。

大数据浪潮可以说是"扑面而来"，带来了前所未有的挑战和机遇，也带来了新的伦理道德的理论课题。英国学者舍恩伯格等提出大数据及思维方式的变革的重点是"从因果关系到相关关系"。这是大数据推动人类道德进步的伦理特质。这个观点引发了国内学者从哲学价值论（黄欣荣）、认识论（吕乃基）、社会学（罗玮）、心理学（喻丰）、历史学（刘红）、政治学（孟天广）等异常广阔的人文社会科学领域关注大数据带来的生活、工作和思维之大变革的关注。①

随着大数据浪潮的汹涌而至，大数据的广阔应用前景和战略意义，吸引了从医疗、卫生保健、政治、经济、教育、社会、文化、军事领域的战略家、行业领袖到自然科学、社会科学、人文科学诸领域的知识分子的广泛关注。几乎是在一时之间，从国家首脑、银行职员、农庄的经营者到茶社的品茗客，只要有"智能手机"和移动网络覆盖的地方，人们都置身于或开始关注和讨论大数据带来的挑战和机遇。

大数据信息方式在改变人类理解和构造社会的方法的同时，也改变了人们理解生命、增进健康、变革医疗卫生和保健，以至于权衡利害、筹划良好生活、构建公序良俗的伦理方式。数据挖掘对医疗保健领域的深远之影响，不仅体现在它日益成为医疗企业竞争力的来源和国家健康计划的重要组成部分，它在驱动人们在各个领域应对复杂性、洞察形势、创制益品、提供人性化的规制程序和服务以及做出合理决策等方面也展现出无与伦比的优势并开拓出意想不到的可能性。

面对汹涌的数据驱动型社会的来临，特别是面对大数据在展现人类道德进步时隐蔽着的"不明所以"的计算幽灵，我们绝不能以一种浅薄的技术乐观主义信念随着机器一起舞蹈，或者把自己也转化成为由数据驱动的跳舞的机器，而是要在大数据带来的人类价值图式、知识体系和生活方式的相互激荡、相互关联、相互融汇的历史大视野上，思考"应该做什么"以及"应该如何做"的根源性问题，面对我们应该成为什么样的"人"的问题。即是说，要透过大数据这种新的物质形式或文明形式，通

---

① 近年来，我国对大数据和"互联网＋"高度重视，党的十八届五中全会提出了"创新、协调、绿色、开放、共享"五大发展理念，习近平在讲话中突出强调在"十三五"期间，要大力实施网络强国战略、国家大数据战略、"互联网＋"行动计划，从国家发展战略的高度和"四个全面"总体布局，提出了应对"大数据时代"的重大发展理念和行动计划，是"发展积极向上的网络文化，拓展网络经济空间，促进互联网和社会经济融合发展"的重大战略举措。习近平总书记在2015年12月16日召开的第二届世界互联网大会开幕式上发表了题为"互联共通，共享共治——共建网络空间命运共同体"的重要讲话，进一步强调互联网大数据对人类文明进步，国家和全球治理体系和治理能力的重要性。他呼吁国际社会在相互尊重、相互信任的基础上，加强对话与合作，推动全球互联网治理体系变革。本课题是在学习十八届五中全会精神以及习近平总书记重要讲话的基础上，从全球互联网治理应遵循的四项原则（尊重网络主权、维护和平安全、促进开放合作、构建良好秩序）出发，探讨互联网条件下大数据伦理内含的集体主义原则及其推动公民道德建设的路径依赖和实践方式。

过回应伦理方式上的两个"明所以",(不仅在"应该做什么"的实质伦理问题上要"明所以",而且在"应该如何做"的程序伦理问题上要"明所以")切近大数据时代"不明所以"的人类道德进步,进而探究常规医疗技术在遭遇大数据时代的维度所展现的健康革命。

随着时代的发展,人们耳熟能详的常规医疗技术并不是一成不变的,而是不断地得以丰富和发展的。以往被视为转化形态的技术类型,一旦经过试验成功,就会成为常规技术形态中的一员。这一过程必然使得常规医疗技术遵循着一种理性累积而不断地推动着医学的进步,并在量变的基础上引发质变,带来了实质性的跃升和变革,进而带来医疗健康领域的革命。对于常规医疗技术的形态而言,它带来实质性改变的技术类型主要有两大类:一类是"数字化技术";另一类是"基因技术"。前一类技术进入常规医疗技术的效应,可以称之为是"个体化医疗"(Personalized Medicine)的出现。后一类技术进入常规医疗技术的效应,可以称之为是"精准医疗"(Precision Medicine)的出现。从"技术形态"发展演进的轨迹看,由于愈来愈多的高新技术融入医疗,医疗技术实践将会实现某种形式的"超级融合"过程。今天世界各国政府、研究机构、科学家、技术专家、医生和企业家,开始高度重视医疗技术实践领域中出现的这种超级融合趋势。特别是由数字化医疗和精准医疗所开启的一种"创造性改变"(Creative Destruction)正在重构常规医疗技术的基本形态。这引发了世界各国政府的高度重视。"数字化"对当今世界的影响,通过移动互联网,智能手机,云计算,3D打印,基因测序,无线传感器,超级计算机,人工智能物,正在对我们生活和工作带来颠覆性的改变。医疗技术领域的数字化虽然相对于其他领域而言,显得迟缓而滞后,但是,一种融合的趋势则正在常规医疗技术领域徐徐展开。"基因检测"则使许多疾病的预防和治疗不再是"盲人摸象",它将更为精准地定位疾病空间和医疗资源的有效配置。两者虽然各有侧重,但也有交叉重叠之处。它们将共同开启一个"健康革命时代"的降临,同时也将使得医疗技术实践和医疗保健领域遭遇大数据带来的愈来愈尖锐的伦理挑战。

一 重塑医疗技术的常规形态:个体医学与精准医学

回溯历史,现代医疗技术的开放性特征,赋予了其常规形态因时而变的特性。以往属于转化形态甚或增强形态的医疗技术,在经过大范围的成功的人体试验和临床应用后，可能就构成了常规形态中医疗技术的组成要素。在这个意义上，常规化是理解医学进步的一个重要视角。由于现代医疗技术的形态演进总是关联着各种伟大的创新，新形态的技术之融入引发医学革命或健康革命就成为现代医疗技术的题中应有之义。

（1）数字化技术的潮流使医学愈来愈呈现出一种个体化的发展趋势。个体化医学将成为常规医疗技术发展的方向。

数字化机器或设备开始渗透到我们的日常生活，根本性的变革由于信息方式或交往方式的改变而不断地涌现。而健康领域中的变革一直到今天却并未受到实质性影响，这令人颇感费解。对此稍作思考，就会发现，医疗行业（尤其是常规医疗技术）的实践样式，似乎对数字化革命大潮本能地持一种抵触或排拒的态度，人们似乎并没有准备去接纳数字化对医疗形态的改变。这是为什么呢？一种可能的理解是因为利用数字化为医疗服务还需要填平很多鸿沟。而消费者或病人的价值鸿沟乃是问题的关键。因为，将数字化革命引入医疗，光有医院或医生的"一头热"是远远不够的，它需要所有人的参与。

> 数字时代最伟大的、未曾预料到的成就之一就是人们通过共同目的而汇聚起来。1965年，闻名遐迩的摩尔定律就指出数字设备的性能每24个月就提升一倍，以后又将这一时间调整为18个月。1973年移动电话发明时，无人预料到2012年其在全球的数量会突破60亿部。1975年崭露头角的个人计算机；2008年使用数量就突破10亿台。2004年创立的社交网站Facebook；2012年注册用户就超过10亿人，每天新增超过200亿条内容和2亿张照片，站内存储的照片超过900亿张。借助Facebook，你可以一键将自己的信息分享给世界上75种不同的语言环境、直达全球98%的网民。当下，对许多人来说，手机比食物、居所和水更重要，成为他们最重要的生活必需品。70%的人在入睡时床边会放着手机，这个比例对年龄小于30岁的"数码一代"则上升到90%。2011年，名为沃森的IBM计算机在电视游戏中击败了人类的冠军。[①]

---

① 摘自中化医学会继续教育部主任游苏军为《颠覆医疗：大数据时代的个人健康革命》一书写的推荐序一。见该书 XIX – XX。

数字化重塑现代医疗的进程是一个有待展开但却不可阻挡的进程。

"互联网+"不仅使数字化医疗成为可能,它同时也使移动医疗成为可能。移动医疗(Mobile Health)将改变现代有医疗技术的实践平台。研究者们注意到,医疗行业虽然拥有先进而强大的影像设备、机器人外科手术系统、电子监控设备,等等,高度发达的常规化医疗技术,是最为倚靠先进技术的行业之一。但是,在数字化或利用信息技术提供医疗卫生服务时,却大大地落后于其他行业。而一旦公众和医疗行业接受数字化医疗带来的改变,将会出现怎样的情境呢?《移动医疗——医疗实践的变革和机遇》一书的作者 Colin Konschak,Dave Levin,William H. Morris 曾列举了移动医疗可以大大降低费用的一些案例:

● 对心脏病患者出院后实施远程疾病管理监控,患者再入院率从全国平均的 47% 降至 6%。

● 对高危孕妇实施远程胎心率监控管理,可明显减少孕妇住院和门诊的概率。

● 使用远程医疗对 3230 位患有糖尿病、慢性阻塞性肺疾病或心脏病的患者进行远程监控管理后,急诊住院率下降了 18%,死亡率下降了 44%;住院时间明显缩短,医疗费用也没有上升。

● 使用移动医疗为早期诊断和已经治疗过的过敏性皮炎患者提供后续护理,数据表明治疗效果与常规治疗相近,但患者的医疗费用却大大地降低了。研究人员估算,在使用移动医疗的第一年,患者人均节省的费用均为 943 美元,包括直接费用和间接费用。[①]

从数字化医疗,到移动医疗,再到智慧医院,现代医疗技术越来越依赖于具体的数据采集和判断。而数据挖掘技术,将完全改变常规医疗技术的模糊或不确定的诊疗方式,引发个人健康领域的变革,从而使个体医疗或个体医学成为医疗技术实践的变革之前沿。

(2)基因技术在医疗技术实践中的普遍应用带来了革命性的变革,

---

① Colin Konschak,Dave Levin,William H. Morris:《移动医疗——医疗实践的变革和机遇》,时占祥、马长生译,科学出版社 2014 年版,第 2 页。

它使常规医疗技术对疾病的诊断和治疗更精准,从而使精准医学也成为常规医疗技术发展的方向。

我们知道,目前的医疗或医学仍然离智慧医院的诉求和标准太远,许多常规性医疗检测仍然停留在上个世纪,本来可以非常精准地进行,但是情况往往相反,仍然以一种非常不精准的检测在延续。在当今的医疗诊疗体系中,可以说,绝大多数的筛查试验、检查、门诊和治疗都在错误的个体身上过度使用。这使得过度医疗之"恶",不仅造成了有限医疗资源的巨大浪费,而且使医院的形象和医生的美德遭受到严重的质疑。在一个信息愈来愈开放透明的时代,医学仍然希望通过保有其神秘的力量而拥有权力,这必然使得医学空间亟须通过数字化医疗或医疗大数据予以纠正。

2011年美国国立医学研究院率先提出精准医学(Precision Medicine)的理念,可谓是得时代风气之先而摸准了医疗技术实践领域亟待一场全面的数字化革命之洗礼。美国在2015年启动了"精准医疗计划"。在2016年向美国国立卫生研究院(NIH)、食品药品管理局(FDA)和国家健康信息技术协调办公室投入2.15亿美元,旨在通过创新研究、研发技术和制订合适的政策使得病人、研究者和医务人员及其机构一起合作研发个体化的医疗,使医学进入一个新的时代。我国在全国健康和卫生大会(2016年)之后,也计划于2017年启动"精准医疗计划"。这项计划的主要任务涵盖了以下诸选项:(1)生命组学技术研发;(2)大规模人群的队列研究;(2)精准医学大数据的资源整合、存储、利用与共享平台建设;(3)疾病防、诊、治方案的精准化研究,等。启动这一计划的目的是形成重大疾病的精准预防、诊断、治疗方案和临床决策系统,为显著提升人口健康水平、减少无效医疗和过度医疗、避免有害医疗、遏制医疗费用支出快速增长提供科技支撑。①

这些动向表明,常规形态的医疗技术正在经历并且需要实现一种"形态改变",即从一种"非精准的医疗"向"精准的医疗"的形态转变。

以往的常规医疗技术是建立在"疾病空间"的"常人模式"基础上的。那些进入常规形态的大多数的医疗,通常是为"平均水平"的病人

---

① 相关内容参见邱仁宗、翟晓梅"精准医学时代或面临的五大伦理挑战",《健康报》2016年12月23日。

设计的。它排除了疾病因人而异的指数特征，是用一把尺子去测量所有的各种不同的病人，因而是一种不精准（或者不够精准）的诊断和治疗。

医学的发展必须改变这种现状。它必须充分考虑个体差异性、个体体质对特定药物或治疗的适应性以及复杂的社会经济或心理—生理背景等因素。不能把对一部分患者有效的治疗（仅凭小比率的人体试验）设想为对另一部分患者也是有效的。而实际情况表明，有些治疗对一部分患者有效，但对另一部分患者可能并不是那么有效的。如果大量的医疗资源或医疗服务在一种"平均病人"的模式下被用于并不需要这类治疗或服务的病人身上，就会造成资源的严重浪费，同时可能会使得真正需要它的病人得不到有效的预防和治疗。我国著名生命伦理学家邱仁宗、翟晓梅在《健康报》上发文谈到精准医疗面临的五大伦理挑战。他们列举了一组数据用以阐明精准医疗的目的。据美国的一项统计数据，"在美国的常规医疗技术实践中，常见疾病处方药的疗效仅为50%—60%，癌症治疗的疗效仅为20%；而造成的不良反应造成每年约77万病人的损伤甚至死亡，可使一家医院就浪费560万美元的资源。"[①] 精准医疗的目的，就是通过基因技术的常规化应用，致力于改变这种状况，使常规形态的医疗技术实践更精准，进而探索疾病的预防和治疗的新路子。也就是说，医生要充分考虑"病人在遗传、环境和生活方式方面的个体差异"，这样在进行诊疗时，才能够更好地认知和理解病患的健康、疾病或机体状态方面的复杂机制，以便更好地做出预测，确定何种治疗方法是最为有效的。[②] 比如说，目前通过对一些癌症患者进行分子检测，就能够减少药物的不良作用，从而提高病人的生存率。

精准医学与"个体化医疗"（personalized medicine）有侧重点上的不同。二者当然有着密切的关联，有很多重合的地方。但"个体化医疗"侧重的是有"个体针对性"地提供诊疗或医疗卫生服务，而精准医疗则更多地强调根据病人的基因、环境和生活方式等因素来确定精准的有效治疗方法。精准医疗得到的助力主要来自基因组测序以及DNA、RNA和蛋白质分析技术的进展。当这些技术被成功地转化为常规形态的医疗技术，

---

① 邱仁宗、翟晓梅："精准医学时代或面临的五大伦理挑战"，《健康报》2016年12月23日。
② 同上。

且成为常规医疗技术中不可或缺的构件时，精准地界定疾病空间和医疗空间的对接和重叠，就是一件可以期待，且值得期待的事情。

21世纪的头一个十年，人类基因组测序工作的完成，使得绝大部分的癌症、心脏病、糖尿病、免疫功能紊乱，以及各种神经系统疾病等超过100种的常见疾病的潜在致病机理，显露无遗。如能妥为预防，则一场改善人类总体健康状况的健康革命及其精准医疗模式就是指日可待的。从目前看，基因筛查技术可以部分地辨识上述常见疾病的基因特性并为早期预防提供了可能。然而，如果没有足够的数字化基础，没有建立在对由数字化带来的海量数据的挖掘，则上述可能性就会化为乌有。

当今医学领域存在着众多的壁垒。这使得数字化人体或大数据技术很难进入医疗技术实践。而一种无能为力则在现有的医学模式中扩散：这就是，人们面对汹涌而至的海量数据往往不知所措，医疗领域的情形尤其如此。这样的感受绝非个例。"医学中不为人知的秘密在于任何时候医生都是根据可怜的、不完整的资料作出决定，医学程序的不当使用甚至滥用是一颗难以砸开的坚果。"[①] 药品的滥用以及无效的过度治疗，泛滥成灾。不仅中国医疗行业如此，这种情况全世界都一样。统计数据表明，美国成年人中每天服用1种以上药物的人口数占总人口的48%（接近半数）。仅2010年的一年的调查数据显示，美国制药业年均要花费140亿美元对医生开具的处方施加影响。医疗技术实践领域对数字化、信息技术、移动通信技术的排斥，源自利益的驱使。

"精准医疗"之所以受到"医学之茧"的困扰而很难成为常规形态医疗技术的一种展现方式——进而，"个体医疗"之所以无法摆脱总体化的"平均病人"模式的控制而揭开一场真正意义上的个人健康革命，究其根本，在于医学（包括医疗技术实践）仍然是由"医生目视"的权威所主宰而使得"看病"成了一种可以为医生或医院的"任性"开放许可的医疗技术实践。这使得医学保守主义者倾向拒绝新的信息技术革命，尤其是拒绝能够将病人或消费者完整地融入医疗进程的"数字化人体"。一方面，医疗保健的成本在不断地攀升，而过度医疗或无效的筛查又严重地浪

---

① 摘自中化医学会继续教育部主任游苏军为《颠覆医疗：大数据时代的个人健康革命》一书写的推荐序一。见该书 XXIV。

费了大量的本已稀缺的资源,且这一进程似乎有增无减;另一方面,新时代的曙光已经破晓,由于基因技术、信息技术、互联网技术、大数据技术和微型传感技术的创造性突破,人类首次有了"数字化人体"的能力。精准医疗和个体医疗将随着大数据时代的来临而塑造医疗技术的一种新型模式或一种新的常规形态。

二 大数据时代:健康革命与伦理的突破

今天智能手机正在改变人们的生活。地球上绝大多数成年人几乎都拥有一部手机。每台手机都有摄像头。仅这些手机所产生的短信、照片、视频、音频等数据就如同一个信息的海洋一样。深不可测的超级计算能力和超级存储能力的被开发,云计算、海量存储、数据挖掘以及万物互联的网络化世界,将人类带向了一个新时代。我们称之为"大数据时代"。医学的进步以及医疗领域的变革,不可能避开大数据时代的潮流。

2004年扎克伯格创立脸书时,谁能想到这个社交网站注册的用户在2012年就已经突破了12亿。它每年发布的信息量超过了15000亿条,用户累计每月浏览的网页超过了1030亿个网页,平均每人花费375分钟。这意味着,在互联网或移动互联网条件下,有超过40%的人处于一种"超链接"的状态下,平均使用7种不同的设备和9款不同的应用。2016年的上半年,扎克伯尔对媒体宣布将投资医疗领域,他提出的口号是:"终结疾病"。这是一个雄心勃勃的计划,却是一个值得预期的前景。因为在数字化人体和大数据的技术平台上,终结疾病已经不再是一种梦想,而是一个正在展现的文明进程。

从这里,我们看到了一种可能,即将数字化世界和医学革命进行融合的可能。当解析和定义DNA分子的技术与数字化人体的技术相结合(或融合),数字革命和医学世界的平行关系会被打破。埃里克·托普写道:"数字化人体的有力工具已经开始浮现,基础已经开始构建,一个前所未有的机会被创造出来,这将不可避免地永远改变医疗健康行业"。[①] 埃里克·托普称之为"医学的重大转折",即由大数据医疗带来一种超级融

---

① [美]埃里克·托普:《颠覆医疗:大数据时代的个人健康革命》,张南等译,电子工业出版社2014年版,第5页。

合。在数字化人体的基础上,医疗技术将融合六大科技进步,从而彻底改变现有的医疗技术的常规形态。这六大科技进步分别是:移动通信、个人计算机、互联网、数码设备、基因测序、社交网络。

数字化在这些技术进步中以一种无所不在的渗透能力定义"个体",从而重构一个独一无二的医学时代。这是一个承认个体优先性的时代,而为了承诺个体的优先性,就必须打破一种统计学意义上对"平均水平"的病人模式或医疗模式的预置。实现这个目标的方式,除了技术进步的推动力之外,每一个个体的参与至关重要。也就是说,通过每一个人体对自身医疗信息的发掘,使人类总体或人口意义上的医疗大数据"水涨船高",进而使得精准医疗与大数据挖掘相互融合。

大数据的洪流势不可当。截至 2011 年末,据美国相关机构保守的估计,大约有 3000—10000 人接受了完整的 DNA 测序。而随着成本的飞速降低,特别是测序效率的提高和测序技术的完善,愿意授受测序的人群就好像最早使用智能手机的人群一样,会迅速地普及到各个阶层的每一个个体。它使疾病的预防类似于较早期的接种疫苗一样。卫生保健专家甚至可以在基因层面在一个人的婴幼儿时期就开始为单个人类个体建立完整的电子健康档案。科学家预测,未来会有大比率的人群佩戴生物传感器以持续地监测个体的生理数据。在线诊断与即时诊疗系统,包括智慧医院,将积累海量医疗数据。医疗大数据将呈现井喷之势。如果将这一数据洪流与智能能源网、智慧城市所产生的数据量算在内,无线传感器带来的社会变化,将构成一个"传感器的海洋",它描绘一幅数据驱动的世界图画:任何人,任何物,一切的机器、设备,都被还原为一种互联互通的数据;在这个背景下,数字人的时代粉墨登场,医疗保健的数字化趋势,势不可挡。

什么是"数字化人体"?这是我们今天理解精准医疗或个体化医疗的一个关键性的概念。也是医学变革(在一种常规形态中的医疗技术)的最具拓展空间和未来前景的发展方向。前面提到的埃里克·托普是这个理念的重要倡导者。他早在 2006 年就投身于基因测序及个性化用药的加州克里普斯科学研究院,2009 年与人合作创办了西部移动医疗研究院,在 2012 年出版的《医疗的创造性颠覆:数字革命如何创造美好的保健》(*The Creative Destruction of Medicine*:*How the Digital Revolution Will Create*

Better Health Care）一书中，对"数字化人体"的理念进行了描述：

> 数字化人体，是确定个体基因组中的所有字母（生命代码）。全基因组测序中，存在 60 亿个字母。数字化人体，是拥有远程持续监控每次心跳、每时每刻的血压读数、呼吸频率与深度、体温、血氧浓度、血糖、脑电波、活动、心情等所有生命和生活指征的能力。数字化人体，是对身体任何部位进行成像处理，进行三维重建，并最终实现打印器官的能力。或是利用小型手持高分辨成像设备，在任何地方——比如在摩托车事故现场或拨打紧急求救电话的某人家中快速获取关键信息。数字化人体，是将无线生物传感器、基因组测序或成像设备中收集的个体信息，与传统医学数据相结合，并不断更新的过程。①

"数字化人体"的理念的真正实现，并不那么容易。作为"数字化人体"的第一步，电子病历和医疗信息系统（HIT）以及个人健康档案（PHR）的建构与完善，就面临传统常规医学模式的巨大阻滞。即使 HIT、PHR 前进的一小步，仍然需要假以时日。例如，西欧和北美的一些发达国家和地区，医院或医生接受医疗信息系统也是非常晚近的事情。我国医疗信息系统的建设也只是刚刚起步，离全面开放共享的医疗大数据平台的指标还相距太远。但是，不可否认，有些国家和地区，例如丹麦，HIT 已经成为综合医院基础设施的一部分——在那里，HIT 可以将每一个公民，和医生、诊所医院紧密地联系起来。即使在印度，阿波罗连锁医院在采用和规范流程使用进一步的电子病历方面也居于前列。HIT 系统是医疗大数据一个不可缺少的组成部分，是数字化人体的一个基础性平台。它的真正的价值在于，公众越是参与度高，则公众的参与就越能丰富并实质性地改善医疗大数据的品质，进而使得医疗大数据与精准医疗模式形成一种相得益彰的互动关联。一旦大多数大型电子病历的企业在一种开放联动中制作出一种开放共享的互联网医疗大数据的平台，那么数据壁垒就会被打破，

---

① ［美］埃里克·托普：《颠覆医疗：大数据时代的个人健康革命》，张南等译，电子工业出版社 2014 年版，《简介》，XXXVI。

而真正意义上的健康革命就会降临。在这个意义上，HIT 的价值不在于其作为存储医疗档案的功能，而在于它形成的大数据平台思维以及大数据平台功能，可以帮助改进人们在做出医疗决定时提供明确可靠的医学向导或循证依据，甚至可以第一时间做出正确的诊断以降低医疗支出，达到改进医疗水平和质量、减少医疗过失的目的。

任何一种涉及医疗和保健领域的变革都充满了阻碍和挑战。"数字化人体"的每一个步骤或每一种突破，都会引发某种程度的全局性健康革命。无论是从理念到现实，人们都会遭遇"大数据时代"的观念冲击和创造性颠覆所带来的问题和挑战。我国学者邱仁宗、翟晓梅在《精准医学时代或面临的五大伦理挑战》一文中，从生命伦理学视角，谈到了五大伦理挑战：

● 如何权衡"风险—受益"？从参与者个人层面看，受检者和样本数据捐赠者，要权衡信息泄露的风险（如基因歧视）和疾病预防的收益。从社会层面看，要考虑"成本—有效性"评价，特别是对数字化人体或精准医学的投入与对初级医疗的投入二者之间何者有更佳的"受益—有效"比？

● 如何确保有效的知情同意？由于存在无法避免的"技术黑箱"，需要对参与者价值观的充分尊重，存在家庭成员的反对，加上商业利益的纠葛等，使得有效的知情同意面临困难。例如，遗传学家和医生提供的遗传咨询是指令性的，还是非指令性的？在一些特殊情况下测序提供方处于两难困境之中，如发现亲子不符，结果是否应该告知受检者？

● 如何确保独立、持续的伦理审查？在精准医学或个体化医学研究中，伦理审查委员会要深入到研究空间，审查研究的效度。

● 隐私保护与数据共享之间如何平衡？参与者隐私的保护是研究得以展开的前提。保护个人隐私与充分利用数据库，如何达到最佳的平衡？由于精确医学依赖大数据技术，要整合不同单位存储、不同来源的数据，建立共享的制度，它使每个人从医学进步中获益，又需要每个人为医学进步贡献一份力量。因此，在隐私保护与数据共享之间的保持平衡，就是一个十分重要的伦理课题。

● 如何确保研究成果的公平可及？在这一点上，伦理需要考虑：由谁控制精准医学研究成果的可及性？如何防止以基因为基础的歧视？精准医学的成果如何在公众之间公平分配？个人是否可自由地使用未经管理部门审批的检测？针对参与精准医学计划的企业，以及提供医疗性基因检测的机构，如何建立准入、管理和监督机制？等等。①

大数据时代的健康革命，在技术形态上的一个重要的表征，将取决于数字化人体与精准医学模式的建立，而"无线传感器"与"基因组学"的结合可视为其"先锋"。它将大大地减少一些致死疾病（如心脏病）的危害。与此同时，我们也将面临大数据时代将这种健康革命引入现有医疗技术实践可能遭遇的种种伦理难题或伦理挑战。在考虑上述五大伦理挑战时，我们认为隐私伦理问题、数据安全的伦理问题和技术使用过程中由技术具身带来的各种伦理问题，是大数据时代健康革命必须面对的重大伦理问题。②

居于最优先地位的伦理挑战是隐私伦理问题。正如邱仁宗、翟晓梅所说，这个问题将是精准医疗或移动医疗与保健所要面临的最大的伦理挑战。实际上，随着常规医疗技术向数字化人体和基因组学的超级融合平台的转移，所有的医疗应用软件以及医疗服务机构在和医生之间进行交流的时候，都必须遵从保护个人隐私的规范性约束。在这一点上，美国联邦健康保险流通与责任法案（简称 HIPAA）的目的就是保护患者的个人隐私。法案希望将隐私权的保护纳入所有应用技术之中。然而，有鉴于这个领域总是有着太多的复杂情况或未定因素，单纯地通过法律规范寻求对隐私权的保护是远远不够的，这就需要制订相应的道德原则或伦理规范来约束人们的行为。

其次是数据安全带来的伦理挑战。大数据时代提供了数据共享的可

---

① 上述五大挑战转述自邱仁宗、翟晓梅"精准医学时代或面临的五大伦理挑战"，《健康报》2016 年 12 月 23 日。

② 以英国学者舍恩伯格《大数据时代：生活、工作与思维的大变革》为代表，从思维方式、工作方式和生活方式的变革视角分析了大数据时代的来临。舍恩伯格等提出大数据及思维方式的变革的重点是"从因果关系到相关关系"。这是大数据推动人类道德进步的伦理特质。

能，但也使人们遭遇数据安全的伦理困扰。"数字化人体"或移动医疗除了遭遇网络黑客的袭击、数据盗用的风险和数据丢失等安全问题外，还面临医疗大数据或精准医学模式自身带来的安全问题。比如说，医疗设备或监控器本身的数据失窃的问题。例如，可植入性除颤器，胰岛素泵，传感器，通过无线方式发送的磁共振和CT扫描指令，等等，如果被黑客攻击，就会导致不可估量的损失。我们如何在伦理意义上评估其"收益—风险"呢？

再次是技术具身带来的伦理挑战。大数据技术、基因技术、互联网技术在医疗技术中的应用，可以看作一种改变医疗技术形态的技术具身活动。技术形态总是在不断地完善和发展之中。然而，如何衡量技术能做与技术应做的关系，仍然是一个颇具挑战性的伦理问题。例如，对于移动通信或无线医疗来说，它带来的便利是不容置疑的。但是，如果出现了如下情形：比如说，医生在线处理几百里外的一起心脏病人的紧急救援，而此时移动通信恰好出现了掉线，它导致的后果可能是非常严重的。为了避免这种情况的发生，就需要在技术上完善移动数据线路，谁为此负责呢？当然技术具身的伦理挑战还包括对垃圾数据的过滤，对技术相关性的评估，以及技术的公平可及，等等。

大数据时代的来临①，是不可阻挡的数字化浪潮的体现。常规医疗技术遭遇大数据时代，意味着什么？在这一点上，我们赞同埃里克·托普的一个说法，即它将开启了一个重要的时代转型：一个"精准医学时代"的形态转型，或者说，一个"个体化医学时代"的形态转型。互联网、移动互联网、物联网、云计算、各种个人智能终端，带来了前所未有的挑战和机遇。我们的时代，数据挖掘在社会生活的各个领域可谓是方兴未艾，是这些领域中最令人期待又最为复杂的领域，是医疗和教育领域。就"疾病空间—医学空间—社会空间"的相互重叠的视阈而言，大数据技术既是各种类型的企业（包括医药公司）竞争力的来源，也是国家竞争力的重要组成部分，更是医疗技术实践变革的重要契机。大数据技术在这些

---

① 舍恩伯格等在《大数据时代：生活、工作与思维的大变革》一书开篇写道："大数据开启了一次重大的时代转型。"见［英］维克托·迈尔-舍恩伯格、肯尼思·库克耶：《大数据时代：生活、工作与思维的大变革》，盛杨燕、周涛译，浙江人民出版社2013年版，第1页。

领域中，在应对复杂性、洞察形势、做出合理决策等方面，全方位地展现了无与伦比的优势，开拓出令人意想不到的可能性。然而，大数据，尤其医疗大数据，在给我们带来福音的同时，也带来了一些不可避免的重大的伦理难题和伦理挑战：它在信息安全、身份盗用、数字鸿沟、数据污染、隐私侵害和新的垄断等方面，也带来了一些新的令人困扰的伦理课题和道德难题。与大数据同行，一种与医疗技术形态相伴而生的健康革命，不得不进入一种伦理之突破的论题域。

三 医疗大数据：技术的文明指引与医学道德的发展

一般说来，大数据技术进入医学，且成为一种常规形态的医疗技术实践，还是一个尚待展开的进程。对于精准医学而言，大数据技术作为一种平台型技术，其重要性显著地居于基因筛查技术之先。因为，后者（基因筛查）只有通过前者（大数据技术）才能发挥其"个体化医疗"的精准模式的效力。

什么是大数据？通常所谓"大数据"，是基于大规模生产、分享和应用数据的互联网平台，特别是基于移动互联网、云计算等网络平台，发掘数据价值的一种新形态的数据挖掘技术。从大数据技术的特点看，大数据推动健康革命及道德本身的发展是一个不容置疑的事实。与大数据技术（数据挖掘技术）开创的技术的文明指引功能密切相关的。这是一个正在发生的通过技术形态的文明指引将道德因素融入物质文明体系的道德发展进程。

医疗大数据开创了将数字化世界渗入医疗的超级融合进程。它在数字化人体的基础上解开疾病的根源，从而使得对个体特征和个人生命性状的绝对尊重的诊断和治疗成为可能。[①] 一直到今天，医学界在医疗数据的占有或健康及医疗信息的来源方面，享有特权。但是，互联网和大数据则使公众与医学工作者之间的知识差距在迅速地变小。"……随着越来越多的人对自己的 DNA 数据更加重视，有能力实时在手机上观测主要的生理指

---

① 美国学者埃里克·托普所说的"超级融合"是"数字化世界渗入医学之茧"的过程。见［美］埃里克·托普《颠覆医疗：大数据时代的个人健康革命》，张南等译，电子工业出版社 2014 年版，第 279—281 页。

标，知识平等一定会更快成为现实。我们身边的工具中，每一样的叠加与组合能够生成更大的能量和灵活性。将这些工具和能力加以综合，我们就能为每一个人获取关于他/她的解剖学、生理和生物数据，这在以前是不可能实现的。当我们将所有这些能力聚集在一起时，就创造了一个虚拟人，虽然不是真实的人，但却复制了真实个体的许多重要特征。"①

如同教育大数据打开了一扇伴随大数据而学习或更好地利用大数据来适应学习的自我矫正的教育之门一样，医疗大数据提供了利用针对个体的DNA测序和基因分析而把握个体健康特质的"条形码"。有了大规模的在线医院、移动医院和数字化人体的信息系统，数据流的垂直整合可能不复存在，一个全新的数据收集平台系统可能随之显现，这给医学开辟了一个巨大的创新空间。它甚至正在改变医院的结构和形态，赋予它以一种全新的道德内涵、文明内涵和尊重个体的内涵。"利用数字医学工具的非凡融合，我们现在有了'个体组'。我们即将迈过这个门槛，确定宇宙中的每一个人都是与众不同的。"② 比如说，糖尿病或炎症性肠病，每位患者个体的分子基础各不相同。个体化医学时代，最终消除"隐源性"和"原发性"这样的表达，全面认识到每个人都是与众不同的个体，要凭借对个体特征的绝对尊重，来进行诊断和治疗。③ 在个体科学的意义上重新界定医学，它将推动医学变得更具道德智慧，更符合人性本质，更能体现人的全面而自由的发展的诉求。这是一种形态的改变。

几乎所有用于数字化人体的工具，都与网络有关，无论是移动传感器网络、万维网、基因调控网、神经网络，还是社交网络。网络中的节点，因网络的特质不同而有所不同，在社交网络中，节点是人，而在细胞中，节点是基因组。但各类网络中，驱动节点和中枢的关联概念是共用的。无论是对人类基因进行排序，不是对无线生物传感器收集到的数据进行处理，都需要在并行平台上进行大规模平行计算。巨大的数据量，以及将数据转化为信息的可能性，依赖于多核处理能

---

① [美]埃里克·托普：《颠覆医疗：大数据时代的个人健康革命》，张南等译，电子工业出版社2014年版，第279—280页。

② 同上书，第281页。

③ 同上。

力，并越来越依赖于云计算的应用。①

如果用"n"代表某个项目的人数，"n"为"1"时是最小的人类样本，是这一个"个体"，那么在大数据时代的社会生产和生活中，除了医疗和卫生保健外，无论中介机构、金融、电信、交通，还是政治、经济、法律，等等，包括教育在内的一切人类活动领域中的最小行动者，一定是"这一个"处于互联网或移动互联网终端上的个体。②无数个体的网域实践（生产、生活和交往）产生了海量数据之汇聚。以至于历史学家说，"低头一族创造历史"。我们设想当"n"以万计，千万计，甚至以亿计时，大规模行动者提供的数据之"大"，当然会令个体仿佛处于数据世界的汪洋大海之中。人们会感到无所适从，似乎被"海浪"一层一层地推着走，甚至于迷失了方向。然而，幸运的是，新的超级计算或云计算的出现，为人们提供了数据之海的"航海图"，进而提供了规范个体行动者行动的总体参照系或大方向。这就是在各个层次上由大数据技术开拓的数据挖掘的"文明指引"。

一旦作为大方向的"文明指引"通过云计算被揭示出来，且用于指导个体行动者的行动，道德价值和社会法则就会"具形化"或"具体化"于大数据技术展现的物质形式和文明形态之中。从这一意义上看，如果说数据挖掘技术带来了数据驱动型社会的降临（这一点是毋庸置疑的事实），那么它的驱动力结构体现的文明指引功能，就必然展现为一个"道德形态过程"，并进而改变了常规医疗技术实践的形态学特征③。

在大数据驱动下，数据挖掘技术产生的"文明指引"范导着个体行为和社会法则趋向医学道德的合理化目标。这一理念对于维基医学项目和FACEBOOK的医学项目来说，至关重要。从个体收集到的数据的大批汇总，创建了一种良性反馈的圈层。大数据技术或移动医疗，推动人们建立一种更加重视患者的医疗服务体系。（1）患者通过医疗大数据拥有更大

---

① ［美］埃里克·托普：《颠覆医疗：大数据时代的个人健康革命》，张南等译，电子工业出版社 2014 年版，第 281—282 页。

② 同上书，第 282—284 页。

③ 关于"道德形态过程"的有关论述，参见田海平"中国生命伦理学认知旨趣的拓展"，《中国高校社会科学》2015 年第 5 期。

的控制权和信息反馈能力,这使得公众更好地、更为便捷地管理他们自身的健康。例如通过触屏就能看出自己的血糖情况并获得健康指导。(2)患者与私人医生之间保持一种持续性的高频联系。(3)医疗实践不是在官员指导下而是在医生指导下进行。(4)确立个体化的医疗服务模式。(5)更好地使医疗效果、服务质量与安全性达到统一和协调。(6)药店会依据大数据提供的相关度分析确定药店的地址并安排药品的位置,以更好地服务于消费者。医药公司会通过数据挖掘的方法确定特定顾客的需求意向,从而将相关医疗新产品的信息进行配送。假冒伪劣商品会在第一时间被识别出来并被下架。药品或器械生产企业会更加重视它的上下游供应商和经销商的信誉和企业社会责任对于合作关系的重要性。医学院会根据有效学习的总体分布针对个体学生提供"一对一"的指导。公益慈善机构会成为高效化雪中送炭的有组织的慈善责任主体。医疗中介机构会更加重视声誉和信任。个人信用体系或个人医疗信息系统会更加完善。违法行为或不道德行为会受到更为严格有效的预防或监控。公共产品、服务和制度设计会更多地体现伦理秩序的内在要求和程序伦理的约束。大数据算法通过社会益品的配置使见义勇为者、助人为乐者、诚实守信者、勤奋工作者的行为获得更多的激励。每个社会个体可以通过大数据发现与己相关的外溢性的外部环境,这种正相关将给个人价值实现提供丰裕的机遇和发展的正面引导。社会因此趋向于从更长远的目标和更适度的节奏上进行道德合理化意义上的关联性构建。①

---

① 由大数据驱动所开启的文明指引,将最小行动者与最大数据计算的总体参照之间进行连通,构画了一幅幅新的文明图景。我们生活在这样的文明图景和道德前景的指引之下。除了医疗大数据外,人们通过个人与开放总体性平台的连通。在交通领域,"滴滴打车"解决了出行问题。在金融领域,"支付宝"解决了安全支付问题;"众筹"解决了融资问题。在消费领域,"淘宝""京东"解决了购物问题。各种类型的"互联网+"面向教育、培训、金融、医疗、社交、社区管理、旅游、城乡规划、政务平台和政府管理等广阔的实践领域,扩展了或正在扩展着数据挖掘或数据驱动的文明指引功能,将个人快速便捷地融合到一个共享的总体性数据平台或互联网平台上。个人不再是孤立无援的个体,他或她时刻与他人或环境可以结成一种休戚与共的关联整体。这使得大数据技术与以往一切技术都有着本质性的区别。它不再是作为一种无批判的技术背景如汽车、飞机、空调、冰箱等隐蔽地支配着人的生活,而是作为一种融合文明指引功能的道德前景(如MOOCs、好医生在线、智能交通、"云"中旅游以及火热的网络众筹及"P2P"平台等)将价值反馈或价值批判的正面能量即时汇聚,纳入相关关系的计算之中,使社会更加富于活力,更加自由开放,更加兼顾公平与效率,从而在某种程度上引领并推动人类道德的发展。

第二节　医学道德形态的重构：以患者为中心

从技术现象学视角看，大数据技术推动医学道德形态重构，充分体现在它使得"以患者为中心"（而不是"以医者为中心"）的伦理理念得到了切实的确立。①

在个体化医学或精准医学模式中，患者的地位迎来了最大程度的改变。由于数字化人体构成了医学的基础，因此人们充分地意识到获得所有权的重要性，以及对时机和数据的获取的重要性。对于医学来说，通过电子设备的应用，尤其是生物传感器的使用，人们与新药建立起关系。情况可能倒置过来了：不是我们去试验新药，而是新药在了解我们；不是我们需要医生，而是医生需要我们。这种情况表明，医者不再是医学的中心，患者取代传统上由医者所占据的中心位置。医疗人员凭什么希望病人在不方便的时间看医生，而不是相反呢？

当人们运用电子邮件、在线预约门诊和医疗信息系统订制某项医疗卫生服务时，或者通过手机查看胸透检查结果（包括影像资料）时，一种潜在的变化其实隐隐展开："掌控自己的医疗过程和医疗保健"成为变化的核心，也是一种新形态的医学道德重构的关键。大数据时代，人们根据自己的情况对医疗服务提出要求。有观察指出："整个医疗领域正在发生的变革与20世纪80年代发生在产科病房的变革如出一辙，那时，女性成了消费者而不仅仅是患者，她们要求生产'经验'。医院满足了她们的要求，增加了舒适的生产套间设施，提供阵痛和分娩课程，提倡母乳喂养，并允许产妇的爱人和其他家属进入产房陪同等。"② 而今天，医院还必须向孕妇提供如下医疗服务，使她们能够：网上挂号、远程参观产科楼层、

---

① "以患者为中心"的理念是著名的梅奥诊所率先确立的一种医疗模式。但是，在传统医疗技术条件下，这一医疗模式的实现受到太多因素的影响。而在大数据条件下，尤其是在数据化人体、基因组学、生物传感设备的创造性融合的医疗模式下，"以患者为中心"的医疗模式则获得了广泛的医疗技术实践的支持。参见［美］利奥纳多 L. 贝端，肯特 D. 塞尔曼《向世界最好的医院学管理》，张国萍译，机械工业出版社2014年版。

② Colin Konschak, Dave Levin, William H. Morris：《移动医疗——医疗实践的变革和机遇》，时占祥、马长生译，科学出版社2014年版，第70页。

在智能手机上跟踪孕程和阵痛等等。

大数据技术对医学道德形态的重构,是通过数据挖掘技术推进一种实质性的"以患者为中心"的医疗改革。一般说来,这是一种能够最大限度地汇聚主观性因素的规范化程序和计算方法。它在驱动人们处理复杂事件、捕捉在线数据、研发更佳产品和服务,以及作出更佳决策的能力方面,带来了巨大的进步。① 人们设想通过健康信息技术及其数据平台来运营一个"医疗之家"(PCMH)。在"医疗之家",每个人都有一个电子健康档案(EHR),它具有可访问性,可供交流、跟踪转诊和疗效情况,并通过它安排预约、管理处方、药品补充等事务。这种数据平台的运营会随着它的规模的扩大和效率的提高而引发一场革命性的重构。

这里隐蔽的逻辑是将"技术之是"与"技术之应该"连通起来,使伦理思考方式不再仅仅是技术展现的伴随现象,或者不再仅仅定位为对"技术之是"进行批判的"伦理之应该"。它成为与技术展现相契合的文明进程,是技术"道德化"或物质形式"道德化"的形态表征。因此,在个体化医疗或移动医疗条件下,一种做(Doing)的伦理和技术的做(Doing)之间的内在契合,在大数据环境下,成为连通"是"与"应该"的桥梁。大数据条件下医疗技术实践至少内含如下五种医学道德形态的发展旨趣。②

一 通过"个体化医学"改善总体的人类健康

医疗保健的"工具箱"为什么对网络化和数字化的平台技术似乎天然地持排拒态度呢?这一点值得我们深思。

医疗保健手段的被动性,总是引发慢性疾病的泛滥。一些充血性心力衰竭、高血压和糖尿病,由于缺乏有效治疗和预防,往往在造成非常严峻的后果时才会为人们所重视。一些慢性疾病由于不能及时地获得适当的医疗预防和治疗,一旦发现病情严重需要就医时,往往造成不可逆的后果,

---

① Rayport Jeffrey. What big data needs: A code of ethical practices, MIT Technology Review, http://www.technologyreview.com/news/424104/what-big-data-needs-a-code-of-ethical-practices/ [2011]

② 这部分内容参考了岳瑨《大数据技术的道德意义与伦理挑战》,《马克思主义与现实》2016年第5期,第91—96页。

有些疾病是在已经对人体的重要器官造成无法挽回的损伤的情况下才被人们所发现。而有些疾病（如心肌梗死）在送往医院途中就耗去了宝贵的抢救黄金时间。如果通过基因筛查和健康信息系统，早发现早预防，或者早发现早治疗，上述严重的情况就是可以避免的。数字化人体和基因组学的重要意义就在于此。它通过大数据技术和基因筛查技术的融合运用，带来医学重心的转移或变化。不论我们称之为移动医疗，个体化医学，还是精准医学，它提供给人们的医学道德诫命就是：

（1）"预防"比"治疗"更重要；
（2）医学只有遵循个体化科学才能带来整体人类健康状况的实质性改善。

从这个意义上看，医疗大数据通过对个体化医学或精准医学的资源性优化和利用，提供了医学增进整体人类健康幸福的技术路线。

> 据2006年《内科学年鉴》记载，来自洛杉矶的研究者对257项案例的研究发现，电子化病历至少能避免10万或22.5万甚至更多例医疗中导致的死亡。医疗信息系统显示可用来帮助改进对治疗指南的依从、降低医疗过失的发生，改善对类似流感疫苗的防范性督查。[①]

在这一点上，比较权威的数字来自美国兰德公司（RABD Corportion）。兰德公司的研究者设想，如果有90%的医生和医院采用HIT系统，可以节省770亿美元。

> 2012年10月2日《内科医学年鉴》上的一篇论文曾经记录了一项名为"OpenNotes"（它是一项"准临床试验研究"）的研究结果。这一研究项目所涉及的对象，包括了美国马萨诸塞州、宾夕法尼亚州和华盛顿州的105家初级医疗护理机构和看完病后在线查询医生记录的

---

① 资料来源：[美]埃里克·托普《颠覆医疗：大数据时代的个人健康革命》，张南等译，电子工业出版社2014年版，第179页。

13564名患者。一年后的跟踪调查结果显示：77%—87%的患者表示开放医生的治疗记录使他们感到对自己疾病治疗更有把握；约26%—36%的患者担心自己的隐私被泄露；20%—42%的患者与他人分享他们的诊疗记录；60%—78%的服药患者提高了服药的依从性。[①]

医患之间的交流和沟通既可以通过使用类似OpenNotes的软件平台使医生的治疗记录向患者开放，也可以通过PHR系统使每个人都能够参与到医学的创造性进步之中。智慧医院作为未来医院模式或精准医学的一种可能的载体，通过"数字化人体"这一根纽带以及由各种数据源的汇聚所形成的大数据平台将医院、患者和医生紧密地联系在一起。基于医院的个人健康档案与基于网络的PHR，将与智能手机融合。在大数据时代，手机将成为生命线，它使边远地区的人们获得他们所需要的医疗服务，并通过与将数据反馈可以为社区创造一个数字化的网络系统。

通过大数据，以患者为中心的医疗可以不受时空的限制。在健康培训、在线诊断、预防和灾疫应对等领域一展所长。

总起来看，人类利用数据改善生产、交往和生活方式的历史是一部文明的进步史，也是增进社会总净值的道德发展史。大数据技术对常规医疗技术的道德形态之重构典型地体现了这一发展的趋势。大数据的规模性（Vlume）、多样性（Variety）、高速性（Velocity）和价值性（Value）的四"V"特点[②]，使得它能够最大限度地推进或面向整体的人类健康幸福。

大数据使"样本即总体"成为可能。以PHR（Personal Health Record）系统为例，每一个个体从摇篮到坟墓，都有一个PHR档案，以记录其重要卫生事件、计算健康风险指标。这些数据以一种汇聚的形式集中存储、组织、管理、共享和跟踪，就形成了作为人口总样本的医疗大数据的组成部分。这种新的数据获取、分析、处理、共享和应用的平台型技术范式和数据资源，最大限度地降低了信息搜索成本，提升了医疗技术实践

[①] 资料来源：Colin Konschak, Dave Levin, William H. Morris：《移动医疗——医疗实践的变革和机遇》，时占祥、马长生译，科学出版社2014年版，第78页。

[②] 见H. Barwick, The "four VS" of Big Data, Implementing Information Infrastructure Symposium, http://www.computerworld.com.au/article/396198/iiis_four_vs_big_data/

活动中资源匹配的效率，扩展了整体福利或公共利益的外部性①。同时，它也为医疗卫生和保健系统的组织内部的信息管理、激励约束机制、治理环境的改善提供了极大的便利，并起到了积极的推动作用。贾斯汀·肯（Justin Keen）通过对英国卫生保健领域大数据应用前景的分析指出，卫生服务领域已经具备了大量、完整的信息，这些信息向第三方开放会带来巨大收益②。腾讯公司利用大数据分析并指引人们进行公益慈善或公共保健行为的意愿和行为习性，通过点亮 QQ 爱心 Logo，它使 30%—40% 的人会继续坚持他们对需要帮助的病人和穷人的慈善行为。③

大数据面向整体或全样本的数据挖掘或计算方法，在精准医学或个体化医学中有着广阔的应用前景。它最终会克服医疗技术实践中面临的功利主义难题（即为了绝大多数人的利益或为了公共利益可以牺牲个别人或少数人的利益），在医疗资源配置上彰显医疗公正，进而使医学建立在"以患者为中心"的基础上。

二 推进社会优先构建"公共善"并疏解医患紧张

大数据技术对医疗技术实践在伦理形态上带来的改变，沿着两个方向展开：一方面，医学将愈来愈成为个体化的科学；另一方面，"公共健康"将愈来愈成为医学道德形态的核心。两个方面并不矛盾，而是相辅相成。

我们知道，生命伦理学在 20 世纪六七十年代拓展传统医学伦理学的关注焦点是由技术、医学和生物学应用于生命时所提出的问题的伦理维度。因此在常规医疗技术形态方面，生命伦理学重点研究的是如下五个方面的内容：

---

① "外部性"是经济学中的一个重要概念。大数据使网络外部性与社会总净值直接关联。连接到网络大数据的价值取决于已经连接的其他人的数量。在经济行为中，每个用户从使用某产品中得到的效用，与用户的总数量有关。用的人越多，每个人的效用就越高。因此，在大数据条件下每个使用者的价值被网络平台中其他人的数量所影响。用户数量的增长，带来用户总所得效用的平方级增长。这是大数据扩展公共利益的独有方式。

② Keen, Justin et al. "Big Data + Politics = Open Data. The Case of Health Care Data in England", Policy& Internet. Vol. 5, No. 2, 2013, pp. 228—243.

③ 赵艳秋：《腾讯的大数据哲学》，《IT 经理世界·CEOCIO》第 394 期，2014 年 8 月 20 日。

(1) 重要的和急剧的技术变革造成了重新检讨已经确定的社会和法律实践的压力（例如，器官移植的出现有助于人们对侧重于脑死亡的定义发生兴趣）；

(2) 不断增长的保健费用促发了有关资源分配的问题；

(3) 提供保健的境遇显然是多元化的（例如，医生、护士和其他保健专业人员不再能够假定他们与其病人持有相同的道德观）；

(4) 自我决定权得到广泛认可；

(5) 后现代性既是社会学的又是认识论的状况。①

生命伦理学对公共健康问题却少有涉及。Nancy Kass 指认：生命医学伦理学通常给予个人自主以很高的优先性，而"这种优先性并不适合于公共健康实践"。② Daniel Callahan 和 Bruce Jennings 等人也指出，"在早期的生命伦理学中，个人的善，特别是他或她的自主，而非人口的健康是主导性的论题"③。学者们的这些论述，揭示了生命伦理学中的一个重要的断裂，即强调"个体化"的生命伦理与关注"总体化"的人口与社会的公共健康之间存在无法让渡或不可通约的断裂。

现代医疗技术一直是在"个体化"的维度推进医学进步和健康革命。因而，在与"生的问题"、与"生命质量提升的问题"、与"死的问题"有关的常规形态的技术类型中，它特别强调个人权利和个人自主的重要性。特别是在医学科学的"研究"中，无论"研究"对于公共善多么重要，如果没有得到被试者的"知情同意"，"研究"就不能进行。因此，自我决定的观念或"尊重自主性原则"（Principle Of Respect For Autonomy），才构成了著名的生命伦理学"四原则"之一。（有论者强调它是"四原则"中的居于首位的原则）然而，这里应该强调指出，真正意义上的"自我决定"（即人对自己的行为，包括对自己的身体器官、生死等拥

---

① [美] 恩格尔哈特：《生命伦理学的基础》，范瑞平译，湖南科学技术出版社1996年版，第23页。

② Nancy E. Kass. "An Ethics Framework for Public Health". *American Journal of Public Health*, 2001 (91): 1777.

③ Daniel Callahan and Bruce Jennings. "Ethics and Public Health: Forging a Strong Relationship", *American Journal of Public Health*, 2002 (92): 169.

有支配和决定的权利）如果没有基于"数字化人体＋基因测序"的个体化医学的支持，它还只能是一种抽象的"权利原则"。例如，像安吉丽娜这样的明星，在做出切除"乳腺"的预防性医疗抉择时，需要依据对基因筛查技术和个人健康信息的比较全面而准确的把握。

考虑到"个人自主"原则绝非无原则地鼓励"任性"，更绝非用来标榜"人权理想"的程序性专断或暴力，而是建立在保护"自我决定权"基础上的"个人健康革命"，那么，"个体化医学"就必须建立在将个体联结起来的数字化平台基础上。因此，对医疗消费者个人来说，为公共卫生保健和公共健康服务构建一种医疗大数据平台，使人们有能力管理自己的健康，才是"个体化医学"或"精准医学"真正得以实现的前提。大数据条件下的移动医疗能让医疗消费者和医疗服务机构（包括医院）之间即时建立深度的、丰富的、有意义的链接。它提供了解决"个人权利—公共善"之间紧张关系的进路。

毫无疑问，公共健康之诉求旨在保护和促进公众的健康。它必要时需要对个人权利进行限制。比如，在强制性免疫和隔离中，或者疫情报告需要披露个人隐私时，情况就是如此。公共健康实践的核心价值，要求个人权利服从于公共善。这使得传统形态的生命伦理学由于强调个人权利，而不大关注公共健康问题。

医疗健康领域日益凸显的公共性道德难题，包括疾病的预防、保健的公平分配、医疗资源及其服务的平等可及，等；需要一种能够平衡"个人权利"和"公共利益"的伦理治理模式。在这方面，大数据展现了广阔的应用前景。

大数据可以帮助人们准确地评估当前我国医学道德现状。例如，大数据技术可以通过挖掘当前中国老龄人口中享有医疗保险和养老保险的人口比例以及传统家庭养老模式在独生子女时代面临的社会压力方面的数据，来分析"老人摔倒后为何反诬救助人"的行为相关要素，帮助人们洞察"道德突出问题"的症结所在——不能只是抽象地、孤立地评论当前中国医学道德现状，而应从更大规模、更大范围和更多维的关联性视角分析物质形式、技术范式、公共政策合理性（如社会医疗保险或养老保险政策）和制度安排的正当性对公民健康参与、医学伦理规范及美德行为的影响。

大数据将推进和谐医患关系的构建。对于日益严峻且尖锐的医患紧张关系来说，我们可以借助于大数据平台找到有效的疏解之道。在某种意义上，大数据是世界数据化或人体数字化的必然衍生物。它作为一种数据分析工具以及必需的设备，使人们在更多的领域、更快、更大规模地进行数据处理。它在提高医疗服务水平和效率方面有着巨大的优势，在精准化医疗模式构建方面能够提供最优化的选择和指南，在移动医疗领域独擅胜场，在构建公平正义的医疗制度环境或公共卫生和保健政策方面，能够积聚人心向善的正能量。问题的关键在于，大数据将使我们意识到，和谐医患关系的根本是"信息"二字。

> 水渠让城市的发展成为可能，印刷机推进了启蒙运动，报纸为民族国家的兴起奠定了基础。但这些基础设施侧重于流动——关于水、关于知识。电话和互联网也是如此。相比较而言，数据化代表着人类认识的一个根本性转变。有了大数据的帮助，我们不再将世界看作是一连串我们认为或是自然或是社会现象的事件，我们会意识到本质上世界是由信息构成的。①

大数据技术将我们的世界看作是信息的世界，是数据的海洋。它将一切关系还原为一种"数字化"的关系，而我们将生活在一个计算型的社会中。从这个视角看，医患关系的重构取决于我们遵从的"算法"。医疗行业、医院、医生、病人等多方互动所形成的海量数据构成了"算法系统"于其中航行的母体。医疗大数据提供给个人的健康或诊疗指南，无论对病人还是对医生，都类似于"航海图"。这样一种看待棘手问题的独特视角，为人们提供了一个从未有过的世界观。它使"病人"真正成为医学的中心。

借助大数据技术，个人、社区、城市和国家层面的数据，包括特定群体数据，尤其是大规模时间序列数据的实时获取成为可能。国家从养老保险和医疗保险等公共政策和制度层面可以化解"医患关系""现代医疗技术实践""器官移植""安乐死"等遭遇的生命伦理难题以及急救室遭遇

---

① ［英］维克托·迈尔-舍恩伯格、肯尼思·库克耶：《大数据时代——生活、工作与思维的大变革》，盛杨燕、周涛译，浙江人民出版社 2013 年版，第 125 页。

到的各种医疗道德难题。卫生保健部门可以依据医疗大数据或个人健康信息系统进行稀缺医疗资源的有效配置。城市管理者可以利用人口流动的大数据预防突发事件和公共卫生事件的发生。大数据在提高政策描述和强化政策预测功能方面有助于推进或增进社会对医疗保健领域或疾病的防、诊、治问题上的"公共善"（公共健康）的构建，从而提供一种融合"事实"与"价值"的计算社会科学的资源性支持。这有助于增进社会从制度或公共政策层面对公共健康的构建。

三 在融合的医学中展现开放共享的伦理

大数据时代"伦理"面对的最大难题和挑战，是数据的"互联互通"和"开放共享"。大数据技术应用的前提条件是突破单一数据来源，以应对复杂的公共性课题。事实上，任何一种有效的公共治理和复杂的人类行为预测，都需要平行使用 N 个大型数据库，因而通过大数据技术展现一种开放共享的伦理理念。如大规模疫情应对，反恐合作，紧急救助，全球金融危机分析，国际性的社会运动预测，全局性经济衰退的影响评估，等等，都需要开放共享的大数据平台的支持。

"数据开放"并不等同于数据公开。数据开放是信息层面的开放共享，指将原始数据及其相关元数据以电子格式在互联网上提供（可以是免费或收费）以方便需要它的人下载使用，其实质上是开放所有权。随着大数据时代的降临，世界各国政府认识到数据开放的重要性，相继出台了数据开放的法令。例如，2013年美国总统奥巴马签署行政命令《政府信息的默认形式就是开放并且机器可读》。应该看到，政府机构、商业领域、医疗卫生保健等领域的数据开放，将减少因信息不对称而带来的运行成本的增加。在大数据时代，数据一产生出来就必须是开放的，这样数据才会成为一种开放共享的生产资料，它在全社会的自由流动代表了生产资料的盘活、知识或创新的自由和流动。

莫里斯·科伦（Morris Collen）是医疗信息技术系统的创始人，他在20世纪60年代就是该领域的先驱，他曾经指出："患者和自己的医疗问题共存，常比医生更了解问题的全貌"。医疗大数据是将"患者"作为医疗信息的"点"而联成一片"数据之海"。这意味着，一种开放共享的全国性的医疗信息技术系统是可以通过相关关系的挖掘而预测某些疾病的分布或流行的。例如,人们可以希望它能在早期发现危在眉睫的感冒或其他病原的流行。"像这样通过公共卫生电子化监控将人群转变到临床医学研究的平台,可取代随机取样、自愿报告以及目前政府机构如疾病控制中心(CDC)和食品及药品管理局(FDA)所使用的不完整的方法。"① 数据的开放共享将带来一系列的融合。埃里克·托普描述为:

> 这些融合,很可能是有史以来最伟大的融合,将快速成熟的数字化、非医学领域的移动设备、云计算和社交网络,与蓬勃发展的基因组学、生物传感器和先进成像技术的数字化医学领域合为一体。②

真正的医学进步,来自"融合的医学"所产生的某种生命道德形态学意义上的改变。换句话说,医学或医疗技术可能因为更偏重"预防"而体现了"上医医未病之病"(孙思邈)的理念,从而,使医院和诊所的职能被让渡给特殊的危重患者。

> 许多人类疾病,包括心脏病、癌症和神经退行性疾病,都会在中老年开始发病。这就意味着,我们有 40—50 年的充裕时间来进行疾病预防,这也是相较于其他类型疾病的一大优势。……未来几年,患者前往诊所求医的情况中,50%—70% 将不再必要,取而代之的是远程监控、数字健康档案和虚拟家庭出诊。③

我们应该清醒地看到,医学与数字化、信息化的技术进步之间的完整的融合,面临的挑战和阻滞仍然非常之大。在医疗领域,数字屏障或数据孤岛严重地阻碍了医疗大数据及其平台的构建。自 2012 年世界经济论坛宣布大数据已经成为一种新的经济资产开始,一些组织(如一些移动网络公司和政府机构)纷纷把大数据看作类似于黄金或货币一样的资产。一些国家也将信息安全上升到国家利益的高度。这产生了令伦理学家困扰

---

① [美]埃里克·托普:《颠覆医疗:大数据时代的个人健康革命》,张南等译,电子工业出版社 2014 年版,第 192—193 页。
② 同上书,第 280 页。
③ 同上书,第 287—288 页。

不已的问题。例如，牛津大学的 Lucinano Floridi 教授认为，"人类必须改善现有的社会运营体系，才能充分利用大数据"①。他的意思是说，现有的社会运营体系与大数据所要求的那种开放共享的伦理形态相距甚远，这使得一些机构、企业和政府往往成为大数据的垄断者。医疗大数据也受到了这种"资本化"或"资源化"严重的侵蚀。一方面，政府需要建立合法程序和合理的规制框架，在"应该如何做"的程序伦理方面有积极的作为和正确的导向，通过创建医疗大数据平台，引导数据开放，以平衡信息安全和信息开放之间的张力；另一方面，那些掌握大数据的企业需要建立数据交换体系并让数据交换正常化，在"应该做什么"的实质伦理方面，它们有责任把数据的价值扩展到更广泛的人群。② 如此，一种医疗民主化的进程才是可以预期的。在这个问题上，国家、企业、医院和个人都需要应对大数据开放共享的伦理趋向，前瞻性地看到大数据技术展现的道德前景——大数据的"大道之行"。

四 由专家团队提供个体化医疗服务：以梅奥诊所为例

基于网络平台的医疗技术实践，使得"团队医学"成为未来医疗诊治的基本模式。大数据时代的医疗技术实践，为"团队医学"提供了新的形式，医学不再是个体医生的单打独斗，而是通过基于网域空间"专家团队"的建构为患者提供量身订造的个体化医疗服务。

医学的分类或分类医学的确带来了分科发展或专业化深入的好处，但也造成了专科化或专业化的弊端。在传统诊所里，要实现"诊所一体化"就需要各科之间的团队合作。世界上最好的诊所之一（"梅奥诊所"），在诊所一体化的探索中曾经进行了很好的探索。其中形成了今天被全世界医疗诊所所采用的"多专业合作的医疗服务模式"——"根据患者的情况

---

① Lucinano Floridi 是牛津大学哲学与信息伦理学教授，欧洲信息哲学创始人，也是谷歌全球七个独立顾问之一，他同时也是腾讯互联网与社会研究院的名誉顾问。他在 2014 年参加腾讯互联网和社会研究院高峰论坛期间，谈到了文中提到的问题。这个问题也是信息伦理学的基本问题，即信息的开放共享与所有权的关系问题。参见赵艳秋"腾讯的大数据哲学"，《IT 经理世界》CEOCIO·第 394 期，2014 年 8 月 20 日。

② 参见赵艳秋："腾讯的大数据哲学"，《IT 经理世界·CEOCIO》，第 394 期，2014 年 8 月 20 日。

的不同,外科医生、手术室护士、技术人员、受过专业训练的护士、营养学家、理疗专家、社会工作者等,都有可能加入这个团队。在针对某一位患者进行医疗护理之后,团队成员就会重新组合,接着为其他患者提供诊疗服务。"① 这一模式的核心价值观就是:"患者需求至上。"分类医学的发展产生了"医疗智慧的协同合作和力量联盟"的信念。医学发展成为一门团队合作的科学成为一种必然的趋势。为了患者的利益,医生、专家、实验工作者共同联合协作,互相依赖扶持,解决诊断和医治过程中随时发生的难题,成为一种现代医疗的基本模式。

但是,医学团队的构建是由特定诊疗任务(针对特定病人)进行的。这使得以医院为单位的构建形式往往带来很大的局限。一方面,团队的组建需要信息的充分透明和沟通的顺畅;另一方面,专家团队会存在某方面的短缺和某类专家的缺乏而影响了诊疗。于是,许多病人在转院过程中延误了治疗良机,而更多的病人由于找不到合适的专家团队而出现不能确诊甚至可能造成误诊的情况。在这种情况下,梅奥诊所的"医学团队模式"率先将数据专家(或算法专家)、系统工程师纳入团队,以便于在数字化时代重构"梅奥诊所模式"。

> 我们确定一个医生领袖,让他负起责任并任命核心团队成员。核心团队成员由一名专门负责百天项目的系统工程师、一名行政项目经理和一名数据专家组成。另外,我们还在全诊所范围内组建了一支多功能团队——其成员包括各种疾病专家、护士、技师和药剂师,这支团队制定了一套章程以便衡量其实践结果。接下来会有一段控制期,基本上是针对某一种疾病的为期 100 天的质量提高期。以肺炎为例,首先团队确定出最好的治疗方案,然后部署实施并衡量临床效果。……(这样)我们不仅缩短了住院时间、降低了复发率而且通过给患者提供最佳的治疗方案我们还降低了肺炎的死亡率。②

---

① [美]利奥纳多·L. 贝瑞,肯特·D. 塞尔曼:《向世界最好的医院学管理》,张国萍译,机械工业出版社 2014 年版,第 50 页。

② 同上书,第 218 页。

个体化基因医学和医疗大数据的结合,以及不断发展和成熟的成像技术,带来了医学领域的颠覆性革命。上述"梅奥模式"之所以重要,就在于它在诊所层面对某种疾病的防、诊、治,是以团队形式将实施一项"健康计划"。例如,对于这个诊所的病人来说,不论他或她在地球上哪个地方工作或旅行,只要参加了这项健康计划,诊所就可以通过某种方式(比如嵌入生物传感器或微型计算机芯片)与诊所保持联系。通过这个装置,诊所能了解它的客户的基因图谱并将客户的基因状况与上百万个类似的患者和正常人相比较,从而预防和防止疾病的发生。

> ……梅奥知道我们什么时候会虚弱,什么时候会有危险,什么时候充满活力——这些都是数据库的一部分。
>
> 即使是在健康的时候,我也会定期向梅奥诊所"报到"。如果我体内植入了芯片,那么也许在不知不觉中我们可能就已经到梅奥"报到"了。每周,梅奥都会为我测量血糖,并给我发送信息。她可能告诉我,我的血糖已经从116升至124,并建议我别再吃太多的曲奇饼。这样的信息和建议是我健康计划的一部分——也是我购买的梅奥健康计划的一部分。
>
> 假如现在我在法国旅行,觉得不舒服想和梅奥联系。如果我有一张卡,我就可以将它插入宾馆里的健康自动柜机里,自动柜机识别出我的身份以后——就像巴黎的银行系统识别我的银行卡那样——我就可以告诉梅奥我的症状了:我有些头痛。梅奥就会回复我:"您的基因显示长时间食用意大利面可能导致头痛。如果您想就医的话,根据您的 GPS 信息,3 公里以外有我们的一个成员或一家分院。这是医院的坐标,我们已经通知了对方您可能会来。"[①]

上述的这段描述随着个体化医疗的展现即将来临。它是建立在尊重差异的价值观基础上的一种个体化医疗健康革命。不论在实体医疗的意义上,还是在虚拟医疗的意义上,这种团队化形式的实质是为个体提供优良

---

① [美] 利奥纳多·L. 贝端,肯特·D. 塞尔曼:《向世界最好的医院学管理》,张国萍译,机械工业出版社 2014 年版,第 223 页。

的医疗健康服务。梅奥诊所探索的"梅奥健康计划"是其雏形。它通过将基因组学、通信技术、医疗大数据进行融合，而突出了以"保健"为重心的生命医学伦理的伦理理念。医疗大数据必须体现"尊重个体差异的价值"，它体现了三个基本原则：

第一，所有的公民都需要医疗保险；

第二，人们需要的是综合护理，这实际上对地方性的社区医疗机构或诊所提出了一些基本要求，即它必须具备如下要件：能用电子病历、医疗机构之间医生的紧密合作、以患者为中心的价值观；

第三，用价值标准衡量医疗保健。

大数据将使人们看到，世界远比人们想象的复杂、细致和不确定，而个体历史的保留则使大数据描述和预测在拥有整体视角的同时又能够尊重个体差异，因而找到应对复杂性的最佳方案。在医学生命伦理的技术化实现方面，大数据技术将尊重差异的价值体现在一种"平台型"思维和网络平台的构建之中。从互联网数据平台看，电子商务、搜索引擎、众筹、在线教育等，是将贴近用户、尊重差异的伦理理念技术化的一种大数据平台构建。移动医疗为患者提供在线咨询、预约挂号服务。当个体医疗数据集聚到一定规模，它就会通过数据搜集扩展为"个人化医疗"信息体系，并在两者之间建立良性循环。这使平台构建在医疗大数据的构建中，能够迅速地扩展成为一种伦理构建，体现"得账户者赢"、"得人口者得天下"的道义逻辑。

马云在 2014 年世界互联网大会上坦言，互联网企业必须学会"用道德赚钱"才能生存下来。从这个意义上，互联网融入医学与基因组学融合医学一样，是伦理融入大数据技术和医学技术的表征。它的前提是，通过平台思路，充分体现尊重差异的价值，以构造更包容、更宽广的数据平台，使医学回归生命、回归人道不再是一句口号，而是一种现实的医疗技术的展现形式。

五 医患重构：连通道德知识与道德行为的桥梁

在大数据时代，医疗技术实践在移动医疗、精准医学、个体化医学的范式变革中，不仅带来了医疗卫生和保健领域的健康革命，它还带来了和谐医患关系的重构。

首先，大数据技术赋予"大医精诚"的医学美德以时代性内涵。古之所谓"苍生大医"其要在"精""诚"二字。"精"是指"医术"要"精","诚"是指医德要"诚"。而在大数据技术条件下,"大医精诚"的医学美德更多地不再是指个体医生的医学美德,而是指医学、医院和医疗行业的美德。因此,医学美德是指医疗的优秀与卓越,是"美德医疗"之谓也。建构"大医精诚"的美德医疗,是化解医患冲突或医患紧张关系的根本。

其次,医疗大数据通过"知行合一"的价值图式,使得"医乃仁术"的医德规范获得了现代性诠释。所谓"仁术",用孟子的话说,就是要做到"无伤",即不造成伤害。医学和医疗技术的优秀与卓越在于防止伤害并治病救人,它是"仁术"的体现。在实际的医疗技术实践中,"仁医"的根本就是要将道德与仁心感动体现在"技术"之展现中。大数据技术内蕴"知行合一"的价值图式,它在实践合理性维度,鼓励参与、共享、自律、互助、平等、双赢、诚信、独立等积极的行为规范。随着数据抓取能力的增强和处理复杂网络的分析软件的出现,大数据技术能够直接将知识转化为行动。它在医疗团队构建、医学民主化、精准防诊治、公共卫生和健康服务等社会网络构建方面变得更为细致、更富于行动力和预测力。

再次,数字化人体、基因组学和传感器的组合式创新带来了医疗领域的健康革命,它使"上医"的理想目标获得了现实性展现。"上医"是医学美德的最高追求。唐代药王孙思邈曾经指出:"上医医未病之病;中医医欲病之病;下医医已病之病。"药王所说的"上医"是指在疾病没有露脸时就将其消灭于萌芽状态。其中的机枢在于对"信息"的精准把握。在大数据时代,数字化人体提供了这种可能。这也增大了公民健康参与的外部性,有利于公民预防疾病、提升健康水准。

从大数据技术对相关关系的挖掘看,人们从事一项有益的事业,如救助失学儿童、维权、保护生态环境、从事义工、救助动物、参与或创新一项募捐项目等,都不是从因果关系层面衡量其重要性,而是从相关关系层面界定个人行为与整体命运之间的关系①。以提升贫穷地区的"保健"水

---

① 在这个问题上,陈嘉映的说法是:"生活深处,世界不是分成你和你要选择的东西,你跟你周围的人与事融合为难解难分的命运。"(陈嘉映:《价值的理由》,中信出版社2012年版,第7页)因此,不能因为抗癌新药比护理一只病猫重要,我们就都去从事抗癌新药的研发,而丢下一只病猫无人看管。如果恰好护理这只病猫是你的责任,那么就应该放下哪怕是"拯救世界"的伟大事业,去护理这只病猫。

平为例，大数据并不构造道德知识的制高点以谴责为富不仁的行为，而是通过给出贫困人口的医疗卫生状况、生活图景、分布、现状、需求，特别是通过互助对特定人口或地区的健康状况和平均寿命之改变的历史记录及可视化情景的再现等多样化的数据，为人们进行相关关系的挖掘提供具有重要价值指引的资源。它的优势在于，通过微信、微博，或者脸书、推特等平台，使数据转发、留言或评论形成一种层层放大的具有行动导向的感召力。其卓越的动员能力在于吸引广泛的参与，不仅是该地区人群的参与，而且是全社会的参与。参与者越多，它的价值就愈大，就越是对参与者有利，从而吸引更多的参与者加入。这种大数据行为的"正循环模式"，是基于数据行为的自愿性和可普遍化的独特性对其价值内核和道义描述进行凝练和推广，它会适时地内爆为一种"大道之行"的海量数据汇聚。这会引导政策、资金、医疗志愿者和医疗资源的流向，从而引发对现状的改观。

如果把互联网比作由无数密织的河流所构成的网络，那么数据就是河流中流动的"河水"。它流向何方？在何处汇聚？如何冲破万水千山层层阻隔，汇入大江大海？道不远人。大数据的"大道之行"本质上是人类行为之事实与价值的融贯合一。在数据驱动的深层，道德知识与道德行为得以连通。数据挖掘因此可望破解"有道德知识而无道德行动"的知行难题。这是医疗大数据将彻底改变医患紧张冲突、重构和谐医患关系的学理基础。

总之，大数据技术在医疗卫生和保健领域的应用，不论就其描述性功能而言，还是就其预测性功能而言，它通过"知行合一"或"即知即行"的大数据行为，由"集体"引领，汇聚、改善和提升人们的道德相关行为，从而使得美德医疗成为可能。这是一个"立乎其大"并汇聚成"大"的道德发展过程。

第三节　大数据时代生命医学伦理面临四大挑战

要全面理解医疗大数据可能带来的个人健康革命，我们就需要对大数据的一般特征进行阐述。毫无疑问，大数据技术是"物"的"数据化"与"数据"的"物化"的统一。物的数据化，是指以"量化"为特质的世界描述,是让数据发声以"说明世界"。数据的物化,是指以"创化"为特质的世界预测,是通过挖掘相关关系的好处以"改变世界"[①]。这两个方面相互依存、不可分割,体现了大数据技术在描述和预测中带来价值图式、文明指引和道德前景方面的深层变革并推动道德发展的潜在势能。

与大数据技术蕴含的五种道德旨趣相关,大数据时代生命医学伦理面临的主要伦理问题可归纳为如下四大挑战。

一 如何缩小"数字鸿沟"?

"数字鸿沟"(Digital Divide)指不同社会群体对于信息技术使用的巨大差异。[②] 基于对"使用差异"的不同理解,数字鸿沟分为四种:

(1)可及性差异——不同群体或个人获取技术以及在信息可及方面存在的技术方面的鸿沟。这在精准医学时代或个人医疗时代,大数据医疗资源的平等可及仍然是一种困扰着医疗公正的"医学之茧"。

(2)应用性差异——不同群体或个人通过互联网获取资源方面存在的应用鸿沟。

(3)知识性差异——不同群体或个人通过互联网获取知识方面存在的知识鸿沟;

(4)价值性差异——使用者因自身价值观方面的原因而导致的在运用大数据方面存在的深层次的数字鸿沟。

上述四种鸿沟是数字鸿沟的主要类型,它们在医疗大数据或医疗的数字化人体领域中表现得尤其凸出。

对于贫穷的农村人口来说,由于交通不发达和信息的闭塞,他们经常

---

① 这里所讲的"量化"和"创化"两个概念对应于数据挖掘的两种主要方式(即描述和预测)。描述是用数据化的方式再现世界,并通过挖掘找到相关关系的量化呈现形式。预测则是要创构不同要素之间的关联,以进一步对人们应该做什么或应该怎么做提供指引。这里涉及到因果关系和相关关系的讨论,不是本文的重点。

② Riccardini F. & Fazion M. "Measuring the digital divide." *IAOS Conference on Official Statistics and the New Economy.* August 27 – 29 London, UK.

被排除在大型医疗服务体系之外。"互联网+医疗"可能会改变这一现状。移动医疗系统可以通过手机将医疗服务者与病人联通起来。它带来的改变是惊人的。霍布金斯大学全球移动医疗计划中心主任阿兰·兰·拉布里克博士写道：

> 在过去的 5 年里，全球有数百个试点项目对移动医疗战略进行了试验，以提高社区健康工作人员的工作能力并改善他们所服务的人群所获得的医疗质量……这些系统使人们能够完成原先因后勤保障因素而无法完成的任务——人口统计、怀孕、出生、死亡登记、产前、产后、疫苗接种等上门服务制定日程安排并对延误和未去情况进行说明，提供了至少一份基本的健康记录。这些系统还提供了改进系统效率的方法，包括工作人员管理、监测供应链（其中包括识别假药）、实时监测和报告重大事件和系统性能，这一点十分重要。
>
> 最重要的一点在于，手机最关键的功能是语音通信，而这经常淹没在创新的海洋中。语音通信是移动医疗革命中的核心，它使工作人员能够随时随地在必要时获得同事和上级的指导。①

我们应该看到，在大数据时代，随着移动互联网和云计算的普及，"数字鸿沟"（Divide）及由之导致的公平正义问题不再主要地集中于技术接入或信息接入方面。随着接入问题的逐步解决，可及、应用和知识方面的鸿沟正在缩小，而"价值鸿沟"则变得日益凸显。因此，医疗保健的重点将是带来一场价值观变革。

由于数字鸿沟的概念涉及在信息技术及与其有关的医疗服务、远程诊疗、电子病历、个人健康信息系统及其与之相关的通信、信息可及等方面的失衡关系，它会在全球、各国或各地区贫富之间、男女之间、受教育与未受教育的人群之间导致信息可及、资源应用、知识获取和价值区隔等方面的不平等和不公平。②"鸿沟"只能逐步缩小，但仍将长期存在。而如

---

① 资料来源：Colin Konschak，Dave Levin，William H. Morris：《移动医疗——医疗实践的变革和机遇》，时占祥、马长生译，科学出版社 2014 年版，第 119 页。

② 参见邱仁宗、黄雯、翟晓梅 "大数据技术的伦理问题"，《科学与社会》（S&S）2014 年第 1 期，第 36—48 页。

何缩小"价值鸿沟"的问题①,将会变得越来越突出,也越来越重要。这是大数据技术面临的一个世界性的和人类性的伦理难题。即缩小"数字鸿沟"中的价值鸿沟,让更多的人们认识到医疗大数据需要更多的人的参与并由此改变对移动医疗、数字化人体的排斥,是大数据时代生命医学伦理面临的价值难题。

二 如何防范数据失信或数据失真?

在大数据时代,个人电子病历(EHR)和医疗信息系统(HIT)即便有着很大的便利,但也并非易于为人们所接受。何况,这种新的信息方式,仍然存在着某些方面的甚至是致命的不足。例如,它很容易受到权力或资本的控制而不能为更多的机构或人们互联共享,这就是其致命的弱点。而且,医生之间和医院之间在医疗信息系统设计之初就往往难于达成共识,也难于进行协调改进。这些,都构成了数据难于共享的伦理难题。

除了共享问题外,如何规划并规范个性化的医患交流,亦存在令人棘手的难题。由于医生是通过音频、视频和社交网络与病人进行交流,而不是面对面地交流,就会出现数据失真或失信的情况。由于各种各样的原因,HER 和 HIT 系统建成后的最初阶段,往往差错率会增加。这会激起"医学人的反射性守旧和技术恐惧",使医疗机构充斥某种反对革新的声音。而"在线医疗服务平台"(如网上预约系统、电子病历系统、个体健康信息系统等)一旦丧失活力,就会使医疗大数据平台的构建面临各种瓶颈问题的阻滞。

医疗大数据如何防范数据失信或数据失真?由于大数据使"量化世界"成为可能,自然、社会、人类的一切状态和行为都可转化为数据而被记录、存储和传播,因而形成了与实体化的物理足迹相对应的"幽灵化"的数据足迹。它带来的潜在伦理风险是"无法摆脱的过去"及"被缚的未来"对人之生存的压迫。如果人们担心"数据足迹"(例如个人健康数据或基因数据)对个人职业生涯和未来生活造成不利影响,就有可

---

① 值得指出的是,价值鸿沟与个人收入、受教育程度和生活背景虽然有一定的关联,但没有直接的联系。

能采取隐瞒、不提供或提供虚假数据来"玩弄数据系统"①。数据的自愿提供者如何从大数据平台中受益,最终取决于一个社会的信任资源状况。如果一个社会的信任资源状况不佳或社会信任度低,那么,玩弄数据系统的行为就会变得非常普遍。一旦这种行为受到的惩罚不足以阻止类似违规行为的发生,它就会变相鼓励更多的人采取类似的行为。如此一来,医疗大数据,从而一般意义的大数据,都将面临精准性、可信度、无污染的三大挑战。

比如说,腾讯公司每天要对上百亿条用户行为反馈进行机器学习,它要辨明有效数据到底在哪里。现在假如腾讯拟投资医疗保健领域,那么,为了建立一个全国性的更加强大的个人健康信息系统,它要求采取实名注册方式。但是,这一计划的实施就需要与其他重要数据库(如个人医疗保险数据库)对接,才能保证用户注册时提供的信息是真实可靠的。而我国的个人医疗保险的数据库并不完善,许多家长并没有为自己的孩子投保。当一个社会还不具备提供可以确保数据准确的平行数据库时,对于人们注册时的数据就无法确定其真假。这使大数据技术在公共善的层面上面临信任悖论,即预设为可信的数据资源或数据平台变得不可信。那么,在医疗大数据的平台构建方面,治理或防范数据失信或失真,包括数据污染或"清洗"脏的数据、不可信的数据和虚假数据等,显然是大数据时代面临的最大的公共健康领域的伦理难题和伦理挑战。

三 如何保护个人隐私和安全

在数字化、信息化时代,医疗行业面临保护信息安全和保护个人隐私的双重困扰。外科诊所的网络受到黑客入侵的事件屡屡见诸报端。例如,美国伊利诺伊州的利伯蒂维尔,黑客在诊所的服务器上留言说所有内容都被加密了,只有凭借密码才能再进入,密码要用赎金换取,此次入侵影响了7000多名患者的医疗档案数据。再如,美国医疗保险和医疗补助服务中心跟踪到近30万被盗用的医保受益人号码。而健康信息隐私权的泄露也成为重灾区。

---

① [英]维克托·迈尔-舍恩伯格、肯尼思·库克耶:《与大数据同行——学习与教育的未来》,赵中建、张燕南译,华东师范大学出版社2015年版,第132页。

可以想见，随着信息技术和大数据技术渗透进医疗服务领域，尤其是随着移动医疗的迅猛发展，破坏信息安全和个人隐私的行为将会日益严重。研究者指出，医疗行业的数据安全和隐私安全得不到应有的重视的原因，并非是资金不够而不能购置昂贵的防盗软件程序，而是由于使用者（包括医院、医生和病人）缺乏安全教育。人们一般认为，遵从隐私就是当患者的信息被某个没有经过他们授权的人看到或交流时，要确保患者的身份不被暴露。但是，这并不能使我们免除他人进入系统并致使患者的身份或信息被泄露。

医疗领域普遍存在的安全隐患和隐私风险之一，是员工使用自带移动设备连接医疗系统的IT基础设施所带来的风险。这被称之为医疗领域的"自带设备（BYOD）"难题，（简称BYOD难题）。目前，几乎全世界的医疗机构在医疗技术形态上都在推行"移动化"或"个体化"的医疗计划（或健康计划）。许多顶尖级的诊所和医院要么已经形成了移动医疗计划，要么正在规划之中。这就必然都会面临BYOD难题。比如，一旦建成了移动医疗的IT平台或数据平台，每一个医疗工作者或医疗服务人员都可以通过自己的移动通信系统与这些平台接通，那么，BYOD就可能成为恶意软件侵入的最薄弱环节。

医疗大数据必须在互信和共享的环境中进行，这必然带来了个人隐私的泄露和保护的伦理现实问题。医院利用数据平台收集和分析某个患者的敏感信息是否侵犯个人隐私（privacy）？政府机构或企业对个人健康信息进行收集、监控和分析处理是否符合隐私规则？医疗数据、商业数据、科研数据、甚至个人日常生活中产生的数据，等等，面临同样的问题。英国学者帕克（John Parker）用"全民监控"一词来描绘大数据时代的安全与隐私困境。[1] 国际上第一本《大数据伦理学》将隐私规则面临的挑战看作是大数据伦理学的核心问题。[2] 我国学者邱仁宗[3]、吕

---

[1] 参见［英］约翰·帕克《全民监控——大数据时代的安全与隐私困境》，关立深译，金城出版社2015年版。

[2] See "Kord Davis, Doug Patterson, Ethics of Big Data", O'Reilly Media, 2013.

[3] 邱仁宗、黄雯、翟晓梅："大数据技术的伦理问题"，《科学与社会》（S&S）2014年第1期，第36—48页。

耀怀①、段伟文②等人的研究也表明,大数据技术带来了对个人隐私保护及对个别组织滥用或垄断数据的担忧。对庞大的数据进行实时和准实时的分析对一种新型职业即"算法专家"的职业道德提出了很高的要求。"算法专家"既可以促进公众对大数据会得到正确且恰当应用的信任,也可以导致公众的不信任,既可以剔除害群之马,也可以成为害群之马。在大数据时代,政府、公司、算法专家是时代的"牧首"或"牧羊人",他们既可观察"羊群",也可观察其中"某一只羊"。个人隐私在大数据(具体说在医疗大数据)的"聚光灯"下会无所遁形。大数据时代是否需要重构与之相应的保护个人隐私和安全的伦理?这是大数据时代面临的日益敏感的隐私伦理难题。

四 如何从"多"和"杂"中挖掘"好"

医疗大数据与所有的大数据技术一样,面临"事实—价值"的融通问题。

如果说大数据认知方式带来了复杂性思维的可操作化,这一点在医疗和卫生保健领域表现得尤其明显,那么它隐含着的一个逻辑就是"知—行"相通或"即知即行"。也就是说,基于大数据认知平台的医疗技术,有着非常强的行动导向性特征。它当然可以很方便地用于对疾病的防、诊、治进行"解释"和"预测",但当它在解释过去、预测未来的功能展现时,始终指向更好的医疗决策、更合理的安排、更优质的服务、更人性的对待,亦即指向更好的行动或更好的生活。因此,在大数据蕴含着认知旨趣从"是"向"应该"之上升、从"事实"到"价值"之上升的可能和趋向。

大数据时代的思维变革,用最简明的语言概括③,就是舍恩伯格

---

① 吕耀怀:"信息技术背景下公共领域的隐私问题",《自然辩证法研究》2014年第1期,第54—59页。
② 段伟文:"网络与大数据时代的伦理问题",《科学与社会》(S&S)2014年第2期。
③ 这三个判断出自上引舍恩伯格和库克耶合著的《大数据时代》一书的第一部分:"大数据时代的思维变革。"一个更精炼的概括就是"更多、更杂、更好"。见[英]维克·托迈尔-舍恩伯格、肯尼思·库克耶《大数据时代:生活、工作与思维的大变革》,盛杨燕、周涛译,浙江人民出版社2013年版,第27—94页。

所说的"更多"、"更杂"和"更好"：（1）让数据发声（更多）；（2）允许不精确（更杂）；（3）以相关关系为指引（更好）。我们看到，（1）（2）两个判断主要描绘的是大数据认知面对世界的数据化方面的事实情形，而（3）则是从认知旨趣扩展价值方式的一个重要判断，旨在描绘大数据认知面对世界的数据化方面的价值情形。这三个判断的重点不在（1）（2），而在判断（3），即强调大数据认知是挖掘相关关系，是"寻宝游戏"或"价值挖掘"，而大数据思维作为一种关联思维是一种融入了价值维度或由价值指引的实践思维。这三个判断所刻画的大数据认知之"知其然而不知其所以然"的"不明所以"的显著特征，实际上表征着认知旨趣从"事实"向"价值"的转换和升级。在瞩望数据驱动时代之来临时，人们的思维面临着如何从"一阶认知"向"二阶认知"升级的挑战，即不是过多地纠缠于存在论（或者本体论）意义上的"是"，而是更多地转向价值论或伦理学意义上的"应该"。从这里产生了一个需要进一步予以澄清的问题，即如何展开大数据认识论与伦理学的关联性视域？以及由之引出的一个更为深层的问题：大数据如何将"不明所以"的认知旨趣从"知识域"扩展到"道德域"？[①]

大数据认知旨趣的独特性，是从"因果关系"到"相关关系"的关注方式之转换。它所蕴含的"尊重差异的价值"体现在舍恩伯格提炼的"更多、更杂、更好"[②]的口号中。在"相关关系"维度扩展价值空间的独特性和优势，带来了价值图式的转变。当大数据这种"愈用愈多"、"愈多愈好"的资源，被用于各种不同的用途时，它的使用价值与土地、材料等资源相比显示出一种新的价值特性，即"伦理性"。它更多地体现在相关关系层面将个别结合为普遍、将个体结合成集体、将"我"结合成"我们"。由于这种通过相关关系发现事物普遍本质的伦理性，大数据就具有了"伦理资源"的特性。其伦理性价值图式嵌入了一种良性驱动

[①] 参见田海平"'不明所以'的人类道德进步——大数据认知旨趣从'知识域'向'道德域'拓展之可能"，载《社会科学战线》2016年第5期。

[②] ［英］维克托·迈尔－舍恩伯格、肯尼思·库克耶：《大数据时代：生活、工作与思维的大变革》，盛杨燕、周涛译，浙江人民出版社2013年版，第27—97页。

原则：数据只有为更多的人和人类造福，才会为更多的人和人类所用，它的价值才会因使用而变得更"大"、更"杂"，而大数据技术才可能从更多、更杂中挖掘出更"好"。大数据的优势要得到发挥就必须认真看待数据背后的人性、人道和人的尊严，以及它所蕴含的个人和集体的关系。大数据所描绘的相关关系归根到底体现的是人与人之间的相关关系。它要以良好的伦理关系为基础，才能挖掘"更好"的相关关系。大数据改变的不仅仅是技术形态，当文字、图像、方位、沟通，包括世间万物，都汇成"数据的河流"，其通向"更好"目标的文明指引功能指向一种与技术形态相关联的道德形态的改变。那么，问题的关键在于，大数据如何才能摆脱冰冷的数字化生存？这是大数据技术面临的从"更多""更杂"中找到"更好"的一种总体性的实践伦理难题。

大数据的行动导向特征，蕴含从"是"向"应该"上升、从"事实"向"价值"上升。在大数据背景下，数据不仅仅是一种具有符号价值的资源，它还是具有显著经济价值、科学价值、政治价值等多种价值属性的资源。大数据本身也嵌入了开放、共享、关联、互动的价值理念，具备冲破数据阻隔、摆脱数据孤岛、让数据造福人类的道德冲动力。然而，发挥大数据技术的文明指引功能，彰显其内蕴的道德旨趣或连通"是"与"应该"的文明汇聚和融合之"大道"，必须面对"是—应该""知—行""事实—价值"的异质性，以避免"自然主义谬误"。大数据行动融合"道德之知"和"道德之行"的驱动力，赋予集体主义伦理以新的内涵：它是人口现象（作为道德现象的表征）的数据化再现，是人脉（作为伦理关系的载体）的数据化伸展，并由此推动经济与伦理的汇融、技术领域与文化领域的交汇。然而，"是—应该""知—行"（或者"道德之知"与"道德之行"）的异质性及其内在张力的维度，一旦被大数据行动的"澎湃海潮"所遮断，一种大数据行动的隐蔽的同谋是否会将人们带向"平庸之恶"？它如何避免有组织的不负责任？大数据的大道之行潜隐着"是与应该"的共谋，赋予集体主义以崭新的时代内涵。然而，用大数据行动（是）理解"道德知识"，以之作为大数据行动的合理性根据（应该），并用它来说明"道德行动"，这使得大数据行动的推理不可避免地遭遇"数据暴力"，并招致"自然主义谬误"的责难。

第四节　医疗技术的两种伦理

在过去的五年，由于智能手机、移动互联网、云计算和无线通信服务业的兴起，移动医疗（Mobile Health Care）和智慧医院已渐行渐近。它正在推动医疗保健领域发生一场颠覆性的变革——医疗大数据变革。

医疗大数据既产生于数字化身体，同时又不断地推进将数字化身体纳入医疗的超级融合进程。这不仅带来了医疗技术形态的改变，而且更为根本地带来一种道德形态过程的改变。

在谈及这种道德形态过程的改变时，我们对生命伦理学的历程可稍作回溯。

生命伦理学是伴随着对"二战"期间纳粹人体实验的批判和对新兴生物医学的伦理反思而出现的。它探讨的主题可归结为由技术、医学和生物学应用于生命时提出问题的伦理维度。其问题涵盖了几乎所有具有鲜明时代特征的那些生物医学问题，如器官移植、克隆技术、生殖流产、基因工程、医疗资源分配等。然而，这种批判和反思，往往最优先地诉诸个人的自主或个人的善，而非人口的健康或福宁。这种从个体出发的伦理由于过于强调个人主义或自由主义的权利概念和原则取向，它所论证的原则并不特别适合于人口意义上的公共卫生或公共健康实践。且在某种程度上，有意或无意地忽略了对生命伦理学的研究来说更为重要和更为根本的保健或公共健康实践的重要性。生命伦理学原则主义进路源自西方自启蒙以来的现代性信念。它的难于成功在于缺乏对伦理普遍主义理性原则的质疑。各种相互竞争的道德主张又必须通过某种基本同意才能相互包容并成为异质人群在一起合作的前提。因此启蒙的某些希望仍然得到延续。于是，生命伦理学遭遇恩格尔哈特所说的"地理学难题"。医生、护士和其他保健工作者在价值观上担当着类似于公务人员或"地理学家"的角色。由于经常面对"尊重病人的自由"与"去做最有利于病人的事"之间的冲突，他们"不仅需要知道俗世的多元化的道德构造的经典文本，还需要知道具体病人所属的具体道德共同体的经典文本"。由于置身于并维持着一个道德的特殊地带，他们作为保健领域的"公务人员"或"地理学家"，"就病人的权利以及在何种情形下这些权利可能会受到限制等提醒病人"，并成为"引导病人认识到这些冲突及其道德意义的专家"。①

"地理学难题"由此诉诸保健专家的实践智慧,这对难题求解来说是十分自然的。不过问题在于,一场引发生命伦理学理念或方法之重构的医疗健康实践的变革,即大数据时代个人健康革命,反而没有引起足够的重视。

来自医学界的反思表明,大数据时代为我们提供了一种方法论向导,即构建"个体与总体之间超级融合"的方法,我们称之为"道德形态学"方法。无线医疗领域的先锋人物埃里克·托普在《颠覆医疗》中表明:智能手机、云计算、基因测序、无线传感器、临床实验、网络连通、高级诊断、靶向治疗将使医疗更具个性化;数字化身体或镜像身体又塑造出"医学的伟大拐点",大数据通过数字化的超级融合孕育人类的总体映像。这是一种"将个体与总体进行融合"的医学变革,它展现了大数据时代生命伦理的道德形态学的价值维度。

数字化人体、移动医疗和医疗大数据必然展现为一种道德形态过程。它一开始是与智能手机、互联网、传感设备等技术形态密不可分的,但随着这个形态过程的展开,人口效应将推动医疗进入一种大数据的文明指引之中。这是一场全方位的变革。大数据对生命医学的影响将变得日益显著,这是"形态学"引入生命伦理学的契机,主要表现为三点:(1)对人口的改写;(2)对医疗生活史的重构;(3)对身体健康的重述。医生、医院、生命科技产业、政府及监管部门,以及不同宗教信仰和文化传统中的个人或持不同道德前提的人,都以某种方式进入一种道德形态过程的重构中。

根本的变革总是充满了争议,何况生命伦理学面临棘手的"地理学难题"。然而,引入"形态学"方法,从物质现象层面看待将个体与总体融合起来的价值图式,将为生命伦理学的研究开放出一种新进路。

---

① [美]恩格尔哈特:《生命伦理学基础》,范瑞平译,北京大学出版社2006年版,第84—85页。恩格尔哈特认为解决道德争端的方法有四种:一是通过圆满的理性论证确立一种观点;二是通过劝说论证使一方放弃自己的观点而认同另一方的观点;三是通过暴力压制不同的观点;四是通过各方的同意与允许从而达成一致的协议。恩格尔哈特认为只有第四种方法是可以尝试与运用的,即通过自由、民主地协商与同意进而达成部分道德共识是具有有效缓解道德冲突并且顺利解决生命伦理难题的现实可能性的。

我们只有不断突破技术本身的局限，才能真正得到解放与自由。"人突破自身的动物躯体开拓出文化的存在方式，又通过文化的进化不断突破旧文化的局限，才使文化在自然中拓展开来，终于使人类成为一种世界性的存在"①。人的这种自我超越的本性表明，追求发展与创新是人类的本性，追求进步是人类的天性。从这个意义上看，"常规医疗技术遭遇大数据时代"，是医疗技术的发展、医学的进步和健康革命的一种融合进程。它构成了我们今天思考现代医疗技术面临生命伦理问题的一个不可回避的背景。大数据技术推动医学道德的发展可能涉及的三个方面：

首先是技术本身内含的文明指引。大数据、基因组学、移动医疗和精准医学的基本原理可以归结为一句话，就是"连通最小行动者和最大数据计算之总体"，这是现代医疗技术在大数据时代展现的伦理特质。它描绘了一幅幅集体主义的伦理图景，使医疗领域的"超级融合"不再仅仅只是一种技术形态变革。它更深远的意义，在于开启了一场影响深远的伦理形态的转变，即一种将个体化医疗和总体化的大数据计算进行连通，进而将个人意义上的个体健康革命与人口意义上的公共卫生健康革命融为一体的医疗技术的伦理形态的转变。

其次是医疗大数据蕴涵的道德旨趣。医疗大数据在各种不同的大数据中有着独特的道德重要性。其重要性就在于它关涉"健康"这样一种独特的社会益品。而在所有的社会善中，健康这种善具有保护机会的功能。正因为如此，"医疗健康计划"在大数据时代必须充分利用数字化人体所带来的健康革命之良机，通过医疗技术的伦理形态凸显人类整体福利、社会公共善、开放共享的伦理、对差异的尊重，以及道德知识和道德行为之融合。

最后是大数据技术面临的伦理挑战。这些挑战表现为数字鸿沟、数据失信、隐私和安全、数字化生存的冷漠和自然主义谬误推理带来的各种生命伦理难题。

医疗大数据技术如何推动医学进步、健康革命和道德发展？

我认为，这里问题的首要关切在于，医疗大数据能否摆脱以科学之名或在科学的伪装下实施的不道德、伤害、非人性、甚至可能犯下的罪行。

---

① 韩民青：《当代哲学人类学》（第四卷），广西人民出版社1998年版，第176页。

美国科学史家乔治·萨顿（George Sarton）写道：

> 技术专家可以如此深深地沉浸在他的问题之中，以至于世界上其他的事情在他的眼里已不复存在，而且他的人情味也可能枯萎消亡。于是，在他心中可能滋长出一种新的激进主义：平静、冷漠，然而是可怕的。……如果不经过人性改正和平衡，技术激进主义将埋葬文明，并使文明反过来反对自己，甭管最后剩下的是什么。[①]

令人感到一丝轻快或宽慰的是，当今大数据技术对"相关关系"的挖掘实际上预告了摆脱技术激进主义困境的出路。它真实地带来了一种具有文明引领作用的技术范式的革新，即把最小行动者的个体（包括技术专家在内）与文明总体性的"大道"相连通，使其创新、研发和应用符合有益于"人类整体福利"或"公共善"之目的，因而使有关人的活动或人类行为的科学建立在人性科学或道德科学的基础上。这是使医学回归人道的根本旨趣之所在。

大数据技术在彰显了一种集体主义的道德前景时，也面临各种伦理问题。要使大数据的文明指引和道德旨趣保持在良性循环的正面效应上，就要认真地对待大数据技术带来的伦理问题。

大数据伦理学对于现代医疗技术之伦理形态的构建而言，其探索的重点，应该从如何应对伦理问题或伦理难题的基本原则入手，探讨其彰显文明指引功能和核心道德旨趣的基本方式。这里隐含着一个有待于进一步探讨的重大课题，即通过反思大数据技术的文明指引和带来的伦理问题的内在紧张，通过平衡它在健康和医疗卫生领域带来的收益和风险，对其中蕴含的"集体主义原则"进行再思考。

大数据对"个人"和"集体"之相互关系的重新定位无论对个人还是对集体都产生了不可低估的影响。它提供了在一个日益个体化的现代社会，个人与集体密不可分的结合方式，从而迫使个人重新思考"集体性""总体性"的价值或集体主义原则的时代意蕴。当然，这种思考必须以对

---

① ［美］乔治·萨顿（George Sarton）：《科学的历史研究》，刘兵等编译，上海交通大学出版社 2007 年版，第 22 页。

个人的自由、尊严和权利的维护为前提。"在一个可能性和相关性占主导地位的世界里，专业性变得不那么重要。行业专家不会消失，但是他们必须与数据表达的信息进行博弈。"① 这意味着建立在个体化、专业化（或专门化）基础上的"技术专家"或医疗技术专家在文化或政治中的统治地位将逐步让位于建立在关联化、普适化基础上的"算法专家"。从群体出发或从整体出发的伦理理念重新获得了应有的地位，并与强调关联性思维和整体和谐之理念的中国伦理文化（或中国传统价值观）构成了一种内在契合。

这恰恰是大数据时代生命医学伦理学最引人注目的方面。它有可能在中国现代性语境下通过大数据实践为其伦理问题的求解打开一个新维度。②

这并不是说从个体出发的生命伦理原则不适合或不适宜于运用大数据的实践，也不是说中国语境下的大数据实践可以只关注集体形态的生命伦理而不关注个体形态的生命伦理。互联网以及大数据从产生、发展到繁荣的历史表明，实际情况并非如此。各种热火朝天的大数据实践在融合两种"伦理"方面（即融合"从个体出发的伦理"和"从集体出发的伦理"）展现了广阔的前景。这为人们重新思考个体形态与集体形态、个人健康革命与公共卫生保健、私人领域与公共领域的辩证关系提供了契机。个人主义原则有其自身的应用范畴，如自主原则、有利原则、不伤害原则、公正原则都是建立在个人主义伦理形态基础上的，它优先关注如何保障个人权利。这一点是前提，是现代医疗技术成为一种伦理性资源的基础。如果技术的使用要以侵害个人权利为代价，那么，它的合法性和合理性就不复存在。然而，个人主义伦理不能解决全部的问题。在大数据时代，我们必须清醒地认识到，"从个体出发的伦理"又构成了互联网或大数据"连通性"的起点。一切"集体主义"的汇聚或融合，一切"从集体出发"的伦理，都需要预设一个基本前提，即尊重个人的自主、独立、尊严和

---

① [英]维克托·迈尔-舍恩伯格、肯尼思·库克耶：《大数据时代：生活、工作与思维的大变革》，盛杨燕、周涛译，浙江人民出版社2013年版，第21页。

② 吕乃基从大数据认识论的视角上得出结论认为："鉴于当代中国所面临问题的艰巨性、复杂性和紧迫性，大数据实践论会占居主导地位。"见吕乃基"大数据与认识论"，《中国软科学》2014年第9期，第34—45页。

权利。

在大数据背景下,我们看到,生命医学伦理中的两种伦理的边界在交汇、在消融。

大数据集体主义内涵一种必要的张力:从"集体"出发强调人类整体福利、社会公共善,突出共享的理念和尊重差异的价值,贯彻"知行合一"的道德实践原则。这些契合于公共卫生保健的伦理理念的观念体系,必须辅之以一种"个体性"的维度。另一方面,探讨如何从"个体"出发,从细微处着手,适应个体化医学或精准医学之发展的大趋势,解决大数据技术带来的伦理问题——如缩小数字鸿沟、提高数据信度、尊重个人隐私、优化数据实践、避免数据暴力,等;又必须辅之以一种"总体化"或"集体性"的视域。

> 人类个体并非一具身体而已(身体只是用来辨别),而是拥有一具身体(具有物质依赖性,拥有社会责任)。①

乔治·维加埃罗在《身体的历史》(第一卷)一书中的这段话,可谓意味深长。

如果我们只是将人类个体看成是"一具身体",就完全忽视了人类个体作为一种"类生命"或"类存在"所具有的那种总体性或整体性的社会特质。人类个体的自由生命本质就在于它"拥有一具身体"。这种"拥有"表明,身体的个体性归属于某种总体性。这在大数据时代的医疗技术对个体健康产生的革命性变革中获得了最为强有力的确证。

大数据技术改变的不仅仅是技术。它在数据挖掘中开显行为导向,在方法创新中融入思维和价值观的革新,在"算法"关联中体现"伦理"的关联。大数据技术推动医学进步、健康革命和人类道德发展的枢机在于:大数据通过彰显个体与总体之间的关联性和连通性的意义,提供了一个重新思考"集体主义原则"的时代精神的样本。

---

① [法]乔治·维加埃罗主编:《身体的历史》(卷一),张竝、赵济鸿译,华东师范大学出版社2013年版,第332页。

第四章　后人类时代的生命伦理问题

第一节　后人类主义与现代医疗技术的增强形态

技术增强人类的趋势，使我们遭遇后人类时代的道德忧虑。后人类主义揭示了一个亟须认真对待的关涉技术和文明之未来的生命伦理课题。现代医疗技术的发展使人类站在了一个新的起点上，我们面临三大"未决问题"的困扰，这些困扰凸显了后人类生命伦理规制的重要性：

第一，人类是应该被超越的存在吗？

第二，增强人类与治疗疾病之间没有本质上的道德的区别吗？

第三，如果没有禁止规约所形成的必要张力，允许原则可以伦理地得到辩护吗？

本章以人类增强技术为例回应上述三大"未决问题"。在前文（第一章）中，我们指出，人类增强技术是现代医疗技术的增强形态，或者换句话说，它是"增强形态"的现代医疗技术。本章除了一般性地讨论人类增强技术的伦理形态而外，重点分析 NBIC 会聚技术带来的人类增强的生命伦理问题。其中的焦点是对"允许原则"的限度进行考察。当人类面对 NBIC 会聚技术带来的对医疗技术范式的突破时，"允许原则"得到伦理辩护的前提是：它必须接受不断变化的后人类生命伦理规制，通过负责任的共同行动，使人类增强技术的发展成为一个不断展开的医疗技术的道德形态过程。

一　从"后人类主义的挑战"说开去

本章提到了"后人类主义"（Posthumanism）一词。这个英文表述，亦可译为"后人文主义"。概要言之,后人类主义的理念与 NBIC 会聚技术的蓬勃发展紧密相关,是伴随着 NBIC 会聚(即纳米技术、生物技术、信息技术、认知科学的会聚)为基础的一种理性哲学和价值观的结合。福山指出,这是一种危险的超人类主义观念,其核心是相信人类"会利用生物技术使自己变得更强大、更聪明,不那么倾向暴力而且长生不老"。① 桑德尔将之概括为"支配对敬畏的绝对胜利"。②

想想看,一旦新技术在纳米、基因、电子、神经层面实现大规模会聚,且进入对人类遗传物质、身体性状、情态乃至精神进行改造或增强,人类就有可能从自然进化阶段跃升到人为进化阶段,从而进入"智能设计"的进化史。历史将进入进化史上的"奇点":一个后人类时代将会来临。

后人类主义者认为,技术文明使人类遭遇自己的"后人类同伴",这是一个不可阻挡的趋势。积极的应对之策,不应是一味地反对或竞相表达某种忧虑,而是顺应文明发展之趋势,立足于技术时代的文明进程,理性、前瞻地在哲学和价值观方面预为筹画。

后人类主义的倡导者莫尔(P. Moore)在《增加我:人类增强的希望和宣传》一书中指明,用新技术强化人体、提升性情、延展寿命,可能使人成为"超人",然而仅靠技术增强人类并不必然带来福音;如果缺乏与之相匹配的社会建构形式和生命道德观念,希望就会化为泡影。他提出并论证了后人类社会建构的三条原则:(1)永恒发展;(2)个人自主;(3)开放社会。③

毫无疑问,后人类主义者透过 NBIC 会聚技术带来的健康革命,预见到技术与文明的形态关联及蕴含的从社会建构到人性改良的后人类道德前景。当然,它有明显的技术乌托邦色彩,涉及对人的定义、健康之本质、技术之功能、公正之条件等论题的重新诠释。

在这个意义上,我们认为,后人类主义者实质上提出了需要认真对待

---

① 参见胡明艳,曹南燕"人类进化的新阶段——浅述关于 NBIC 会聚技术增强人类的争论",《自然辩证法研究》2009 年第 6 期,第 106—111 页。
② [美]迈克尔·桑德尔:《反对完美——科技与人性的正义之战》,黄慧慧译,中信出版社 2013 年版,第 97 页。
③ 参见曹荣湘《后人类文化》,上海三联书店 2004 年版,第 267—282 页。

的针对生命伦理学四原则（尊重自主、不伤害、有利、公正）的全面的挑战。

第一，后人类主义使生命伦理学遭遇人性挑战。后人类主义认为技术支配或改良"人"的趋势是不可阻挡的，它使"尊重自主原则"落入"特修斯之船"的困境。"特修斯之船"是说，一艘海上航行数百年的船，其航行持续的秘诀是：只要有一块木板腐烂就会被换掉。那么，当所有船板都被换掉后，这艘船是否还是原来的那艘？将这个思想实验运用于人类增强技术的讨论，就会使后人类处于特修斯之船的困境中：当"人"像物品一样被技术操纵以增强功能或改变性状时，是否需要重新定义"人"的概念？生命伦理学面临在新的技术文明语境下（后人类时代）如何论证或理解"尊重自主原则"的困难。

第二，后人类主义使生命伦理学遭遇健康需求和健康标准的发展性难题的困扰，生命伦理学的"不伤害原则"面临丧失标准的困难。"永恒发展"设定了人的发展性需求的正当性，当增强目标被设定为健康需求时，作为治疗目标的健康就会被遮盖。为阿尔茨海默病患带来福音的生物医药可用于增强健康人的记忆、思维和行动能力。而当这种增强被广泛使用时，这种药物所激发的增强性的健康需求就会居于首要地位，健康标准甚至会被改写。生命伦理学面临如何排除有害增强以确保某个增强项目符合"不伤害原则"的挑战。

第三，技术由治疗到增强的功能逾越，使"有利原则"遭遇难以平衡"收益—风险"的难题。按照生命伦理学"有利原则"，在进入"能做—应做"的决策分析时，任何项目都必须找到界定有利并权衡利益、风险和成本的方法，否则它无法获得公共道德和生物医学伦理的支持。对NBIC会聚技术来说，由于受益与风险的计算受制于技术不确定性和评估时间跨度长等因素的影响而难于进行，这就使得其"能做—应做"的决策程序陷入困境。

第四，后人类主义预设让增强的人口获得更多机会，这种社会建构的开放性原则有悖于生命伦理学的公正原则。"后人类"社会建构的动机，源自人类增强技术创造的竞争优势，它会加大而不是减少社会不公正。生命伦理学要考虑对什么人应该进行增强？以及在何种条件下可以进行增强？这里面临的挑战在于：必须对人类增强技术的研发和应用设置必要的限制,以使之符合公正原则的要求。

人体增强技术作为一种技术类别是指逾越医疗功能而具备人类增强功能的技术类别。它虽然比较晚出,且随着生命科学技术、认知神经科学、纳米技术和信息技术的发展而成为现代医疗技术中的一种特殊形态的类型,但通过增强人体促进健康机会的理念则是古已有之。只是那时受技术的限制,人们只有一些理念而无实际展现的可行性。随着科学技术的进一步发展,人类具有了把梦想变为现实的能力,这给人类带来史无前例的巨变与挑战,可谓是"惊喜/振奋"与"恐慌/焦虑"并存。近些年来,生物医学、神经科学、药物学、认知科学等相关领域知识的发展以及相关技术的应用,使得"生化运动员""长寿基因""超级宝宝""人机融合"的相关新闻,屡屡见诸报端,人类增强由理论进展到实践,且由于有了切实可行的技术支持,医疗技术展现出增强形态的趋向日益明显,这也引发了众多的现实道德难题和生命伦理质询。以上概述的关键之点在于,高度发达的医疗技术手段增强人类的性情、改善人类的体态,究竟是一种"人之解放",还是对人之独特物种地位的一种"颠覆"。这是后人类生命伦理的枢机之所在。

二 "人类增强技术"的概念、类型和发展趋势

关于什么是"人类增强技术",目前学术界尚未形成公认的统一的界定。但是,有一点则已经达成了基本共识,即:"增强"与普泛所谓的"医学治疗"分属两种功能,其预设目标是很不一样的。增强之目标,不是指身体从"不健康状态"到"健康状态"的转变,因而不以解救"疾厄之苦"为目的,而旨在突破当前身体的局限,增强人类各方面的功能、性状和能力,使人变得更加完美。因此,"人类增强技术"的主要目标预设是"追求完美",而不是"治愈疾病"。Nick Bostrom、A. Sandberg 把"人类增强"定义为:"提高人们的次级系统功能(例如长时记忆),使其超出个体的正常功能范围,或者增加一些新功能的一种干预措施。"[①] Tamara Garcia、Ronald Sandler 把人类增强技术定义:"提高或者增强人类某些核心的认知、生理、感觉或者心理的能力,或者赋予人类一些超出基本

---

① N. Bostrom, A. Sandberg. *Human Enhancement*. Oxford. 2008: 378.

能力之外的特殊能力的技术。"[1]

我国著名生命伦理学家邱仁宗教授对人类增强技术也给出了相应的界定。他说，"人类增强是用人工的手段即技术克服人体的目前限制，增强人的认知、情态、体能以及延长寿命，使得人比目前更健康和幸福。健康是人的能力、功能和身体结构已经获得最大限度增强，而疾病则是身体没有得到增强，局限于未增强的身体内。"[2] 综合各种对"人体增强"的定义，我们认为，"人类增强"是通过基因工程、神经科学、纳米技术、生物医学（包括药物学）的进步，逾越医疗功能对健康人的身体进行增强，涉及到外貌、体型、认知、情绪、行为、寿命、基因和人格的改变等。

关于人类增强技术的类型，有学者提出，可根据增强的程度与增强的形式，分为"暂时性增强"和"永久性增强"，以及"外在性增强"和"内在性增强"。江璇在她的博士学位论文《人体增强技术的伦理研究》（2015 年东南大学）中，引用了这种分类法（出自 Tamara Garcia、Ronald Sandler 的"人类增强技术"的概念和分类），她用两个图示描述了人类增强技术的类型。[3] 先看图 1。图 1 所示的"两分法"只有相对的意义。而实际情况表明，无论是大的两分（程度与形式），还是小的两分（暂时性/永久性，外在性/内在性），都存在相互联系和相互重叠的情况。再看图 2 所示。

```
                        ┌ 暂时性增强
              ┌ 增强的程度 ┤
              │         └ 永久性增强
增强的类型 ┤
              │         ┌ 外在性增强
              └ 增强的形式 ┤
                        └ 内在性增强
```

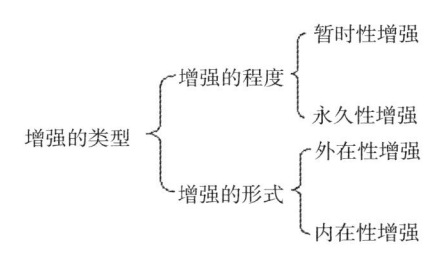

图 1　人体增强的类型划分

---

[1] T. Garcia, R. Sandler. "Enhancing Justice?" *Nanoethics*. 2008（2）: 278.
[2] 邱仁宗："人类增强的哲学和伦理学问题"，《哲学动态》2008 年第 2 期，第 33 页。
[3] 参见江璇《人类增强技术的伦理研究》，东南大学博士学位论文，2015 年，第一章中的第一节。

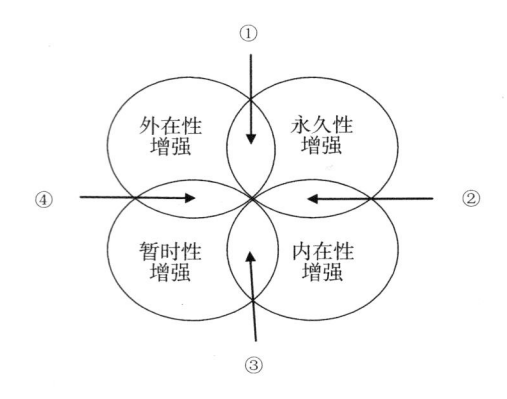

图 2　人体增强类型的系统

① 例如通过基因的筛选从而达到体型和面容的最优，此种增强既是外在性增强也是永久性的增强，此种增强是不可逆的。

② 例如通过对神经系统的干预从而达到人体认知或记忆能力的提高，此种增强既是内在性增强也是永久性的增强。

③ 例如通过激素类药物的刺激或芯片的植入从而改善人类的情绪、认知与体能，此种增强既是内在性增强也是暂时性的增强，随着药物的流失或者芯片的撤出，增强的效果便会消失。

④ 例如通过注射玻尿酸等医学药物从而达到整形美容的效果，此种增强既是外在性增强也是暂时性的增强，随着药效的降低，增强的效果也会渐渐消失。①

人追求卓越和完美。这是人性使然。因之，人类增强的伦理形态有其人性根基。现代医疗技术提供了这种可能：以技术方式使得人们长得更强壮，更聪明，更美丽，跳得更高，跑得更快，活得更长久。学术界对"人类增强"争议的焦点不在于技术本身的"善/恶""正当/不正当"，而在于人类的伦理抉择。

目前技术上可行的"人类增强"主要是"药物增强"和"美容整形

---

① 图1、图2及图2中的文字，见江璇《人类增强技术的伦理研究》，东南大学博士学位论文，2015年，第一章中的第一节。

增强"。药物增强有改善认知、提高注意力和记忆力的药物如利他林①、莫达非尼②等,有改善情绪的药物如百忧解③等,有提高男性性功能的药物如伟哥④等,提高运动员的身体运动功能的药物如氯三苯乙烯、硝酸甘油、皮质类固醇、蛋白合成类固醇、诺龙、促红细胞生成素、睾丸素、支气管扩张剂、蛋白合成激素、苯乙酸诺龙等⑤。美容整形增强包括五官整形、胸部整形、形体雕塑、私处整形、美容护理、美容治疗、彩光嫩肤、除皱美容等。⑥

新兴的增强技术包括四大类。(1) 生殖细胞增强技术,指人类利用胚胎植入前基因诊断技术按照自己的意愿对基因进行挑选与设计,从而订造"完美婴儿"⑦;(2) 体细胞增强技术,指通过基因修饰技术增强人类

---

① "利他林"属于第一类精神药品,是一种人工合成药,具有兴奋精神、减轻疲乏、活跃情绪、消除睡意、缓解抑郁症状之作用。根据临床结果证明,该药物具有较大的副作用,对人类身体和精神造成不同程度的伤害,当药效消失之后人类的聪明程度还是会回到以前的状态,甚至还不如从前,并不能从根本上增强人类的智力。

② "莫达非尼"一般用于治疗嗜睡症和睡眠呼吸暂停,俗称"不夜神"。有人单纯地用它来保持清醒,抵抗困意从而起到增强效果。

③ 百忧解的学名为氟西汀(Fluoxetine),在医学临床治疗中是一种用来治愈抑郁症、强迫症和神经性贪食症的抗抑郁类药物,但是如果正常的健康人群使用该药物时,就会起到亢奋精神,改善情绪与心情的增强效果。

④ 伟哥别名万艾可(Viagra),是由美国辉瑞制药研制开发的一种口服治疗 ED 的药物,也是美国上市的第一个口服抗阳痿药,该药原先是用来治疗心绞痛的药物。随着药效的渗入,能够迅速激活性能力,并且延长勃起时间。但是该药存在一些副作用,首先是对人的色觉具有影响;其次可能会引发心脏病。

⑤ 这些药物俗称"兴奋剂"。兴奋剂原指能刺激人体神经系统,使人产生兴奋从而提高机能状态的药物。然而现在常说的兴奋剂是国际体育界违禁药物的总称。由于使用兴奋剂会对人体产生许多直接的危害,且会影响体育竞赛的公正性,因而国际奥委会是严禁运动员使用兴奋剂的。

⑥ 美容整形与普通的医疗整形的基本出发点是不同的,普通的医疗整形是为了弥补和修复创伤、疾病、先天性或者后天性组织或器官的缺陷与畸形,从而改善或恢复正常生理功能和外貌。而美容整形则是基于追求面部或者身体特殊部位的美观与独特魅力,并不涉及对身体功能的修复与治疗。在当下社会,利用美容手术追求人的面貌或者体型的改善在各大医院或美容中心已经得到广泛应用。

⑦ 据新华网报道:"全球首例基因筛查试管婴儿康恩·莱维日前已在美国出生。这位'定制婴儿'早在受精胚胎阶段,就因为在其父母所提供的一批受精胚胎细胞中,由于基因最优而'脱颖而出',从而被牛津大学生物医药研究中心的实验人员选中,成为培养对象,并最终诞生为一个健康的婴儿。"(付承鳌:《全球首例基因筛查试管婴儿出生"定制婴儿"挑战伦理》,《国际在线专稿》,2013 - 07 - 26.13:39:54.)

的某些性能，比如通过转基因改变人类原有的基因，增强人类的运动性能，或者加强人类某些器官功能①；（3）控制论增强技术，指通过把芯片或电子设备植入到人体，改变人类的神经系统功能，以增强认知与记忆能力，例如，在人脑中植入电子芯片，通过"人—机"互动，增强人脑功能；（4）纳米增强技术，是通过纳米技术增强人类的性能或者改善人类的情绪、认知和外在容貌与体型。②

未来有待开发的增强技术有两种。（1）意识上传技术。这是一种"脑—机"融合技术，即通过扫描或映射大脑细节，复制大脑当前状态到计算机系统或者其他电子设备之中，即把大脑的显意识通过人为转移或复制的方法传到一个非生物基质中。③（2）延长寿命技术和延缓衰老技术。一些医学界人士认为，可以通过寻找长寿基因的方法来延长寿命或延缓衰老。

三 "NBIC"会聚技术与增强形态的医疗技术

从人类增强技术的概念、类型和发展趋势看，"NBIC"会聚技术的发展代表了一种增强形态的"医疗技术"的发展前景。④

追溯起来，2001年12月美国多个机构（DOC, NSF, NSTC – NSEC）联合发起由科学家、政府官员和产业界领袖参加的圆桌会议，首次提出"会聚技术"概念，即纳米技术（Nanotechnology）、生物技术（Biotechnology）、信息技术（Information Technology）、认知科学（Cognitive Science）四大技术的融合会聚，简称NBIC会聚技术。⑤

---

① 该技术还处于研发阶段，其伦理可行性及实践操作性已引起社会的广泛关注和讨论。

② 纳米增强技术涉及面较广，与其他增强技术都有关联。例如，纳米增强可以与药物增强相配合，通过纳米载体输送药物，从而有效地进行靶向给药、定量释放、增强药效；与控制论增强技术互补，缩小植入物的尺寸与改善植入物的材质，从而更好地与人体相容。

③ 美国媒体宣称，"到2045年，人类可以上传意识，人类可以通过自己的意识上传到电脑或其他智能设备中来实现数字化意义上的'不朽'。未来学家、发明家、谷歌现任工程总监库兹韦尔预言，根据对从功能上模拟人脑的计算数量的保守估计，到2045年，人类将能够把智力范围扩大10亿倍。"（参考消息. http://science.cankaoxiaoxi.com/2013/0620/227490.shtml.）

④ 这部分内容及后面讨论NBIC会聚技术方面的内容参考了岳瑨《允许的限度：后人类生命伦理规制的起点——以NBIC会聚技术对医疗技术范式突破为例》一文，载《学习与探索》2016年第10期，第34—40页。

⑤ 美国机构DOC、NSF、NSTC – NSEC的缩写分别是：DOC是美国商务部技术管理局，NSF是美国国家科学基金会，NSTC – NSEC是美国科学技术委员会纳米科学工程与技术分会。

从 NBIC 汇聚技术概念的提出到现在，15 年过去了。这 15 年期间，NBIC 会聚的发展可谓"一日千里"。它所昭示的技术范式变革在各方面都正在迅疾地成为现实。这将给人类社会的基本建构模式带来巨大冲击和挑战。当然，更多的忧虑或不安指向了利用会聚技术增强人类的未来前景。这是一个"美丽新世界"的文明来临前的曙光，还是一个危机四伏的时代之降临的征兆？

我们时代的哲学和伦理反思对此表达了深层的担忧和深度的不安，其牵动的智识之广及所阐发的远见之深，鲜有可匹敌者。然而，在我们争相表达担忧的同时，也应该看到，技术介入人的本性和人类社会的基本架构，以至于技术（通过智能化的机器）和人的身体或心智之交合，虽然会令我们感到不适或不快，但却是一个不可阻挡的趋势。我们或迟或早会遭遇到我们"后人类"的同伴。

那么，面对"后人类"的技术文明之未来，今日之人怎么办？显而易见，一种明智的抉择不是鼓励在担忧中无所作为或是推荐一种并不可行的"禁止的伦理"，而是要在"允许的伦理"的大框架下直面问题本身，通过探究"允许的限度"，前置性地进入一种后人类生命伦理的规制的起点。

后人类主义者认为，"当前的人类只是进化过程中的暂时阶段，是为'后人类在作积极的准备'，未来是'属于后人类'的，后人类才是已经完成了进化的人类。未来需要加快从人类到后人类的转变，提倡运用科学技术，使自然的进化让位于对遗传物质改造的人为的进化"[①]。

人追求完美的冲动，是 NBIC 会聚技术拓展医疗技术的增强形态的本源性动力。我们相信随着技术的进步，未来的人类在智慧方面，在面对疾病衰老的威胁而追求无限的青春活力方面，在体验目前之人类无法体验到的一切情态方面，更多的人将按照他们自己最深层的价值观和世界观来塑造自己和自己的生活以及与他人的关系。我们无法想象后来人类社会将变成什么样子。但有一点是明确的，那就是，通过增强技术对人类自身进行重塑与改造将加快人类进化的速度。

从这个意义上看，NBIC 会聚技术将有助于构建一种增强形态的医疗

---

① 曹荣湘：《后人类文化》，上海三联书店 2004 年版，第 2 页。

技术,它具备改变我们的健康生活的力量,不仅是对人类身体进行改造,而且通过这种改造增进人类的健康,从而呈现出一种无限的可能性。通过医疗技术的增强形态之构建,人们对自己的身体了如指掌,而担负起管理自己身体的工作,实现"做自己的医生"的宏愿。

第二节 伦理前设与未决问题

如上所述,NBIC 汇聚技术的发展催生了一种"后人类主义"(Posthumanism)观念的勃兴。那些主张改良或增强人类的一切伟大的哲学、宗教、政治、伦理和文化的理论学说,都可看成是它的先声。

"后人类主义"之命名,来自新兴技术所激发的关于技术进步主义的美好憧憬,即对人类进行技术化的改良和增强是未来人类文明发展的方向,它将从各个方面超越目前之"人类"。NBIC 汇聚技术展现了这种文明前景——把人类这个物种从它的自然的生物学限制中解放出来,使人类的身体和灵魂(心智)呈现全新的面貌和格局。如此,它几乎是以欢呼的姿态预告:一个"后人类"时代的来临指日可待!

一 后人类的共识

后人类主义者看到,用新技术增强人类是一个正在展开的新的技术文明类型。人们不应该回避它,而应当先行面对我们"后人类"的身体与灵魂。意大利哲学家罗西·布拉伊多蒂在其《后人类》一书中写道:

> 对于目前,我要强调存在一个后人类的共识,即当代科学和生物技术影响了生物的纤维和结构,并改变了我们对于什么才是今天人类基本参照系的理解。对所有生物的技术干涉在人类和其他物种之间造成了一个消极的统一和相互依赖关系。人类基因组工程,例如,将所有人类在完全把握我们基因结构的基础上统一起来。然而,这个认同却造成了路径分叉。为了了解人类主体,人文学科继续探寻后人类处境的目的论和政治含义。人文学科让我们为人类的道德状况感到深深的忧虑,并表达了对商业化、私有化和唯利是图滥用新基因技术进行

抑制的政治愿望。①

后人类主义首先是一种以基因技术、脑科学与神经认知科学、神经药理学、人工智能、纳米技术、太空技术、因特网技术等诸种科学技术的最新进展及其会聚为基础的一种理性哲学与价值体系的结合。我们的世界无论在世界的信息方式，还是在世界的构建方法，抑或是在世界的价值图式上，都表现为一种以技术为中介形式或集置形式的"泛人性"特质。吕贝克明确指证，在这种世界图景下，我们很难再将人类主体和人类技术产品进行明晰之界划，对人类主体与其技术产品之间的亲熟性与生产性关系的认知，似乎暗示了一种将"人类"与"非人类"联系起来的"后人类转向"。② 当然，后人类主义（Post-humanism/亦可译作后人文主义）对此亦小心翼翼，不愿意跨越一些常见的禁制。

这表明，增强形态的医疗技术可以通过技术具身或道德物化的方式，使"健康"机会得到延展。在 NBIC 会聚技术的增强模式下，不仅人类生命之间，而且人类生命与非人类生命的环境之间，包括城市、医院、社会群体之间，形成了一种"万物互联"的复杂的相互依存、相互依赖的网络。这实际上使得技术成果或技术效应（增强人体）可以通过身体之重构，对既有的人类主体性实践（包括道德实践）及其定义带来了一种比较强的新选择。

后人类主义的洞见之一，是在技术工具尤其是增强形态的医疗技术的工具性展现中，看到了作为主体的道德性的物化形态。一旦人类可以在纳米、基因、电子、细胞、神经的层次上逐步改良人类的遗传物质、身体性状、情态乃至人的精神世界，变人类自身的自然进化为可支配的人工进化，③ 那么，居于当代技术核心的人文主义原则就能够在规范性问题上引导人类决策。从根本上看，我们只有认真对待万物的道德性，才有希望将增强人类的技术融入更广阔的人类与社会。从这个意义上，人工智能系统，"人—机"融合系统，合成生物系统，包括再生医学对身体的改良，也被看成是后人类存在的某种相关类型。这些系统，除了再生医学外，都似乎与现代医疗

---

① ［意］罗西·布拉伊多蒂：《后人类》，宋根成译，河南大学出版社 2016 年版，第 57 页。
② 同上书，第 59 页。
③ 参见胡明艳、曹南燕："人类进化的新阶段——浅述关于 NBIC 会聚技术增强人类的争论"，《自然辩证法研究》2009 年第 6 期，第 106—112 页。

技术没有多大的关系。但是，从一种融合论的视角看，尤其是从 NBIC 会聚技术的发展趋势看，上述技术体系都不是孤立存在的，而是会聚在一起的。

根据后人类主义的观点，人类只是自然进化过程的一个短暂阶段，甚至可以说是一个更长远或更大规模进化的"史前史"。一旦地球文明从"自然进化"全面进入"人工进化"，人类史将会被改写，历史将进入一个新的纪元。畅销书《人类简史：从动物到上帝》的作者尤瓦尔·赫拉利写道：

> 我们真正应该认真应对的，是在于下一段历史改变不仅是关于科技与组织的改变，更是人类意识与身份认同的根本改变。这些改变触及的会是人类的本质，就连"人"的定义都有可能从此不同。我们还有多少时间？没有人真正知道。①

尤瓦尔·赫拉利的人类史观揭示了一种可能性，即"人类"会被高度进化的"后人类"所取代——"后人类"（post-human）可以看成是当前之人的终结。"后人类"当然是当前人类的后代，但它已经不再是目前之人。在智能、体能方面，包括记忆力、智力、健康和寿命方面，"后人类"将获得前所未有的增强，且大大超过现在之人。而在从"人类"到"后人类"的形态转变中，医疗技术的功能不再是治疗疾病（或者说不再主要是治疗疾病），疾病和缺陷都可以通过"增强"的方式得到实质性的改善。人类被描绘为是一个注定了要被自己创造的更高的存在物（人类的后代或"后人类"）所超越的冗余的存在类型。我们有一天能够看到尼采"超人"的科技版本的现实降临吗？

二 后人类主义的伦理前设

NBIC 汇聚技术展现的增强人类的前景似乎使"后人类主义者"及"超越主义者"看到了这样一个可能的技术世界的图景。

---

① ［以色列］尤瓦尔·赫拉利：《人类简史：从动物到上帝》，林俊宏译，中信出版社 2014 年版，第 405 页。

后人类主义无疑是技术激进主义的最新版本。它向世人公开宣告，人类可以"无所不用其极"地利用技术追求完美。然而，令人不得不深思的事情，是那些表面上令人鼓舞的技术进步及其描绘的后人类社会图景实则暗藏玄机，蕴含着亘古以来最大的道德危机——人类道德基础的坍塌。

一般说来，事物总有它的两面性，希望的另一面则是不可测知的危险或令人失坠的绝望。正如后人类主义的倡导者莫尔（P. Moore）《增强我：人类增强的希望与夸大其词》一书的书名所暗示的那样：技术改变人体、人脑、人的感情和寿命的方式，使人具备了"超人"的力量，然而，它并不必然地就等同于"福音"；一切美好的"希望（hope）"与"夸大其词（hype）"之间，只有一步之遥（相差一个"字母"）——如果缺少对技术文明后果的深刻反省和未雨绸缪，希望终究会化为泡影。①

为此，莫尔提出了后人类社会之构建的三项基本原则：永恒发展、个人自主、开放社会。② 第一，"永恒发展"关乎技术前提，即技术发展将越过人类物种的限制，甚至越过地球的限制，让生命居于浩瀚之宇宙；第二，"个人自主"关乎人性前提，即技术在增强人的身体构造和精神构造方面，将最大限度完善人性，实现个人自主和有尊严的人类生活；第三，"开放社会"关乎社会前提。"后人类社会保护各种思想的自由交流，提倡逐渐改善的社会工程，以协商解决争端，用谨慎的方法实现激进的目的，是一个具有批判性的自由的开放社会。"③ 莫尔把上述三项基本原则归之于"超越主义者原理"，实际上隐含了后人类主义者共同关切的三个伦理前设：

（1）在增强人类的意义上，它在伦理上前设了"后人类"是对"人类"的超越；

---

① Moore, P. *Enhancing Me: The Hope and the Hype of Human Enhancement*, Chichester: John Wiley, 2008.

② 莫尔在《超越主义者原理——超人类主义宣言》中提出了后人类社会实现的原则路径。相关论述参见曹荣湘《后人类文化》，上海三联书店2004年版，第267—282页。

③ 引自胡明艳、曹南燕《人类进化的新阶段——浅述关于NBIC会聚技术增强人类的争论》，《自然辩证法研究》2009年第6期，第106—112页。

（2）在增强个人自主方面，它在伦理上前设了"自主增强模式"是对"疾病治疗模式"的超越；

（3）在增进社会开放方面，它在伦理上前设了"允许"是对"禁止"的超越。

三　后人类的希望与未决问题

随着 NBIC 会聚技术的深入展开，个体人的生物遗传、神经和媒体信息的数据库将会摇身一变成为真正的资本。当生命物质的资本化开始对接米歇尔·福柯的生物政治治理术，那么，一种新型的"政治经济学范畴"就会应运而生。学者库珀清晰地概括了这个政治经济学的复杂性：

> （再）生产终端和技术革新是从哪里开始的？什么时候生命在微型生物学或者细胞层次上开始进行？在财产法延伸到囊括一切，如从生命分子元素（生物专利）到生物圈事故（巨灾债券），这个过程中有什么处于危险之中？生物成长的新理论、复杂性和演变与最近的资本积累新论之间是什么关系？怎么可能做到在阻击新的教条主义的同时又能规避新基本教义派的生命政治学（例如，生命权利运动或生态生存论）？[1]

不难看到，从库珀新型政治经济学视野延展出来的问题，带着某种深沉的道德忧思。后人类主义的哲学理念和价值观，提出了一个需要我们认真对待的关乎技术之未来和人类文明之未来的复杂的伦理课题。以一种技术保守主义的立场对之予以拒斥，固然彰显了一种深切的人文关怀和批判性反思的力量，但由此主张一种"禁止的伦理"却不是理性地面对问题的解决之道。

我们不能用一把"双刃剑"切割由 NBIC 汇聚技术所展现的后人类的希望，即使它隐蔽着"夸大其词"的危险。不论以何种理由支持或反对"后人类主义"的乌托邦或末世学的筹划，都应先行进入后人类"伦理前

---

[1] 这段引文转自［意］罗西·布拉伊多蒂《后人类》，宋根成译，河南大学出版社2016年版，第89—90页。

设"中那些"未决问题"的探究,并从那里探究后人类生命伦理规制的起点。从这个意义上衡量"双刃剑"的隐喻意义,应以有助于下述三个"未决问题"之思考和应对为旨要。这三大未决问题就是本章开篇提出的三大诘问:第一,人类是应该被超越的存在吗?第二,"增强人类"与"治疗疾病"之间没有本质上的道德区别吗?第三,如果没有"禁止"规约所形成的必要张力,"允许原则"可以伦理地得到辩护吗?

第三节 后人类伦理及其困惑

医疗技术的增强形态提供了一个看待"后人类时代"的视景,从中产生了一种后人类伦理(Post-ethics)的困惑:NBIC 汇聚技术带来了令人憧憬的后人类希望,但也带来攸关人类命运的不确定性和潜在风险。技术增强或改造人类的身体和精神所展现的巨大威力及其相应后果带来了难以评估其"风险—收益"的超级责任。这已经不是某个科技研发个体或共同体所能承担的责任。对基因技术、纳米技术、信息技术和认知科学等新兴技术的伦理规制在实践上变得日益紧迫,它需要多维时空构架下"共同责任(Co-responsibility)"的支持。[1] 换言之,既需要在空间上开放"消费者—专家—政策制订者—政治家—伦理学家(包括宗教界人士、法学家、公共知识分子等)"建立在充分交流、对话和信息反馈基本上的"公众审议"和"技术评估"的伦理参与(其中技术评估应建立在独立而专业的评估基础之上),又需要在时间上开放使"允许"成为审慎的可调节或修改的用以维系同代人之间和代际间多元利益相关者对话的道德程序。这不是一套简单的"提出问题—解决问题"的行动指南,而是通向后人类生命伦理规制的持续不断的道德形态过程。[2]

---

[1] 美国技术哲学家米切姆(Carl Mitcham)在谈到"共同责任"的时候,认为需要运用各种分析的、经验的和商议的体制化过程去补充一般的公众争论。他强调"技术评估"应建立在对各种技术应用产生潜在影响的独立而专业的评估基础上。See Car Mitcham, Co-responsibility for Research Intergrity, *Science and Engineering Ethics*, Volume 9, No. 2, 2003, p. 281.

[2] 关于"道德形态过程"的论述,参见田海平:《中国生命伦理学认知旨趣的拓展》,《中国高校社会科学》2015 年第 5 期;田海平:《生命伦理学的中国话语及其形态学视角》,《道德与文明》2015 年第 6 期。

不可否认，技术的发展使人类站在了一个新的起点上，即一条通往后人类的世界图景的起点上。在这个起点上，对前面提到的三大"未决问题"做出回应，应该是贯穿于整个道德形态过程之始终的关键性问题。

一 人的自主性：自然恩赐与智能设计

人类增强技术在"增强形态"上面临的首要伦理困惑，与人的自主性和人类自主性有关。人若没有自主权利，就谈不到尊严、自由和幸福生活。当医疗技术在功能拓展上以"人类增强"为目的时，它隐蔽着一个悖论：自主作出增强的决定是对人类自主权的确证，而当决定的后果带来了对自主权的伤害时（例如基因增强技术对后代人拥有"生物遗产财产权"的自主权可能会造成伤害），它又是对人类自主权的否证。

人类自主性的伦理困惑，在更为广大的问题域中涉及对人类性的根本问题的一系列质疑：人类是一个可以被超越的存在吗？换言之，人类生命是自然的恩赐呢，还是技术可以随意处置、改进、增强和创造的对象？在NBIC会聚技术进展的深度上，我们必然面临人的自主性的来源问题：它是自然之恩赐呢，还是智能设计的产物呢？

按照马克思的观点，人的自主性是人的自由生命本质和人的类生命本质的基本规定。人类自主性是自由理念的前提。这是生命伦理学对"自主原则"予以优先强调和特别重视的根据所在。人有自主选择"增强"来争取尊严和幸福生活的权利，而自主是建立在理性慎思的基础上，且与责任相伴。这构成了自主权的法理根据。即是说，人的自主权（或人类自主权）不是无限制的自主或任性，而是有其界限与限制的。这些限制条件，既包括医疗技术实践中的医患互动关系，也扩展到个人与社会间的关系，还涉及当代人与后代人之间的关系等异常复杂的议题。比如说，生殖细胞基因增强技术的运用，涉及我们能否代替未出生的婴儿作出"增强"的抉择。人类增强技术的"非医学目的"的特性，决定了对此类技术之需求不是"必需品"，不能被归于"基本益品"的范畴。因此，社会没有义务为人们提供这类服务。换句话说，作为一种选择性需求，"人类增强"不能被纳入卫生保健的范畴，更不能被视为某种医疗卫生服务的项目。行为主体有某项增强的需要，必须按照契约精神行事。拥有从事增强资质的医生和机构有权拒绝任何增强诉求，这并没有侵犯当事人的自主权。

此外,由于"增强"能否增值幸福尚无定论,增强的"收益—风险"很难权衡,因此,国际上通行的做法对自由选择增强来改善或提高自身能力的自主权持审慎重立场。尤其是对于未成年人、未出生的婴儿以及智障人群,在应用增强技术时,会面临自主权方面难题以及"代理人"的权利与责任问题。比如说,对于未出生的婴儿,人类是否拥代际选择的权利?非后代当事者本人为其所作的决定如何是正当的?谁将为其负责?当这一代人的"增强"影响下一代人的利益时,由于既不能协商,也不能获得下一代人的同意,一切皆属这一代人单方面的决定,那么,我们如何保障下一代人的自主权呢?

反对基因增强的观点集中体现在关于自主权的自然恩赐理论。这种理论认为,下一代人都有从父母那里继承没有被人工干预过的自然恩赐的"生物遗传财产"的道德权利。即使父母的目的是善意的,是为了避免让后代受到疾病或劣质基因的困扰,也不能让这种善意遮蔽了自然恩赐的道德权利。赞同基因增强的观点坚持一种进步观和人权观,认为人类可以代替上帝的地位,人的权利不应该受到限制。这种观点集中体现在关于自主权的智能设计理论。这种理论认为,由于人类史即将开始从"自然演化"进入"智能设计"的时代,人类完全可以按照智能设计的模式改造或增强人类自身,比如说,订造一个"超级宝宝"。这两种观点针锋相对,代表了后人类伦理的两个维度:其一是对"增强形态"持批判性态度的伦理维度,它坚持从一种自然恩赐理论或天赐论出发,认为人类不能跨过天赋的生物遗产而充当"上帝";其二是对增强形态持辩护性态度的伦理维度,它坚持从一种智能设计理论或设计论出发,认为人类完全有权自主决定,此乃人的天赋权利。这一争论的实质是人类自主权的定义及其范围。权利的本质,是自由人维持自己基本尊严的前提条件,无权利则无尊严。在法理上,全世界的法律都承认,人类拥有自主选择与决定的权利,任何人和机构都不能非法干预。但是,自主权利不是绝对的、无条件的,而总是相对的、有条件的。具体说来,对人类增强技术而言,我们是否有选择增强技术来改善自己生活的权利?这不是问题。任何人都有权利做出选择。问题在于,当我们具体进行选择时,要受到各种条件的限制。有些基因增强技术虽然干预的直接客体是具有自主选择权的"主体",但是由于遗传的作用而使下一代人甚至是多代人受到影响而被动地成为受试者，这将会侵犯到未来人的自主选择权，也违背了伦理学中的有关知情同意的原则。

NBIC 汇聚技术引发人们不安的重要原因，是这些技术及其技术的汇聚改变了传统上人们关于生命（特别是人类生命）是自然恩赐的观点。2010 年 5 月科学家 Craig Venter 在《科学》（Science）上撰文宣布世界上第一例"合成生命细胞"诞生，而在此之前（1999 年）生命伦理学家对 Venter 制造最小基因组有机体的科研目标进行了评估，认为这一研究不违背科研道德，但可能会带来对生命概念的不同理解。面对科学技术的进步，人们是否仍然可能坚持大自然进化所确立的"生命—非生命""自然—人工""进化—设计"之间的天然界限？我们是否能够接受用技术改进、增强和制造生命？这个问题早在 1997 年克隆羊"多莉"诞生之时，就引发了关于无性克隆人类的担忧。问题非常尖锐：假设技术上能够做到无性克隆人类比自然分娩所冒风险要小时，克隆人类能够获得道德上的支持吗？反对的理由有三条：

第一，不应该"扮演上帝"。
第二，不应该"侵犯自主权"。
第三，不应该"威胁到人性尊严"。

支持的理由同样也有三条：第一条是"以是否扮演上帝为标准审查科学研究无助于科技进步和文明进步"；第二条是"如果我们把决定权交给自然就是用运气支配人的自主权"；第三条是"运用医疗方法达到非医疗目的是一项维护人性尊严和人类自由（以及人类繁荣）的事业"。

上述争论同样广泛存在于纳米伦理学、信息技术伦理学和神经伦理学之中。争论的关键其实并不在于"扮演上帝"和"侵犯自主权"这两条。这两条实际上都是人类面对现代文明及其未来发展应持何种态度的问题。在该问题的论辩中，人们虽然会面临"反对或辩护"都有理的情况，且争论双方会由此陷入一种哲学或神学性质的两难境地，但现代文明在技术展现的必然性中并不理会是否"扮演上帝"或"侵犯自主权"。这两条理由本身也无法被确证为普遍性的道德法则。因此，我们真正需要认真对待的是"人性尊严"问题。当然,指认新兴技术(如基因改良、无性克隆和基因工程)给人类的尊严带来威胁,这理由就足够了。但是,正如桑德尔所说,我们面临的挑战是:"说出这些技术是如何削弱我们的人性,又在哪些方面威胁到人类自由或人类繁荣的。"①

问题焦点显然集中在对"运用医疗方法达到非医疗目的"的技术范式突破的理解性分歧上,也就是 NBIC 汇聚技术对医疗技术范式突破所带来的两种不同的效应上:积极的反应是主张大力推进技术从"医学目的"向"增强目的"转移,让 NBIC 汇聚技术造福更多的人;而批评和质疑的反应则认为,生殖细胞和胚胎选择技术、基因编辑技术、纳米医学和生命延长技术等"非医疗目的"的应用会威胁到人性尊严。

不论是积极反应还是消极反应,争论的最终指向是目前人类是否会被后人类所超越。有人预言,到 2045 年(再过 20 多年),一种不同于当今之人的"后人类"会出现,有些人会达到长生不死的状态。那么,我们不可回避地面对如下问题:

> 人类究竟想要变成什么人?有人把它称之为"人类强化"(Human Enhancement,笔者译为"人类增强")的问题,所有目前政治家、哲学家、学者和一般大众所争论的其他问题,在人类强化问题前都算不上什么。毕竟,等到智人(即当今未被增强的人)消失后,今天所有的宗教、意识形态、民族和阶级很可能也会随之烟消云散。而如果我们的接班人与我们有完全不同的意识层次(或者是有某种已经超乎我们想象的意识运作方式),再谈基督教或伊斯兰教、共产主义或是资本主义,甚至性别的男女,对他们来说可能都已不具有意义。②

人性的本质是什么?人性的尊严又何在?人类增强所引发的伦理上的担忧成为未来社会的"头号情节"。现今流行的科幻小说并没有触及这一层面的问题。"宇宙飞船"和星际航行其实只是小事,"真

---

① [美]迈克尔·桑德尔:《反对完美——科技与人性的正义之战》,黄慧慧译,中信出版社 2013 年版,第 22 页。
② [以色列]尤瓦尔·赫拉利:《人类简史:从动物到上帝》,林俊宏译,中信出版社 2016 年版,第 405—406 页。

正会惊天动地的，可能是能够永远年轻的生化人，既不繁衍后代，也没有性欲，能够直接和其他生物共享记忆，而且专注力和记性是现代人类的一千倍以上，不会愤怒、不会悲伤，而他们的情感和欲望完全是我们所无法想象的"①。

应该看到，NBIC 汇聚技术向"转化医学"和"人类增强"的推进，是支持这种后人类主义预言（即人类会被后人类所超越）的基本前提。一个不得不提的基本事实是：NBIC 汇聚技术向转化医学的推进基本上可以得到伦理学的辩护。② 然而，未来的不确定性以及技术本身的不确定性，所谓的对"人性尊严"的挑战则主要根源于"医学目的"向"增强目的"的转移，这一点目前仍属"未决问题"。但无论支持还是反对"增强"，都会在实践上导向一种不可避免的后人类生命伦理规制的道德形态过程。其起点上的难题在于：NBIC 汇聚技术对医疗技术范式的突破如何获得伦理的辩护？

二 功能的逾越性：医学伦理与增强的道德难题

第二个未决问题来自人类增强技术对技术目标的预制，即它预设了以"增强"逾越"医疗"的技术路线。在这条路线上，技术进步将全面地打破传统的禁制，迎来一种"智能大爆炸"的"奇点"。从一种未来主义视角看，增强形态会带来"医学""健康""疾病"等概念内涵的变化。如果"增强"成为应对人体健康的首位选项，医学会终结吗？健康标准与"疾病"的诊断密切相关，如果由于"增强"的广泛应用而导致健康标准提升了，以往被视为健康的体征会被视为不健康吗？

医疗技术的功能逾越，产生了与医学伦理和增强的道德性直接相关的问题形式：

"治疗疾病"与"增强人类"之间有无本质上的道德的区别？如果两者之间有本质的区别，那么，我们如何看待增强形态的道德合理

---

① ［以色列］尤瓦尔·赫拉利：《人类简史：从动物到上帝》，林俊宏译，中信出版社 2016 年版，第 403 页。

② 参见邱仁宗《人胚基因修饰的科学与伦理对话》，载《健康报》2015 年 5 月 8 日第 5 版。

性？换言之，人类增强技术能够获得伦理的辩护吗？

追溯起来看，后人类主义者预言的实质，是要为技术的"非医疗目的"的应用提供伦理辩护。它所面临的最大诘难，是"治疗疾病"与"增强人类"之间到底有没有本质上的道德的区别。从 NBIC 汇聚技术进入医疗领域从而推动医疗技术范式革命看，它使"转化医学"成为医疗技术变革的前哨。一般说来，当人类把科技研究成果转化为诊断工具、药物、干预措施等，并以之改善个人和社群之健康，进入医疗技术范畴（治疗、矫正和预防接种），这就是通常所说的"转化医学"。"转化医学"遵循的理路被概括为"从板凳到临床"。在过去的 20 年里，医学领域的革命性变革与 NBIC 汇聚技术进入"医学治疗目的"的转化过程直接相关。基因技术能快速地转化为基因治疗。人类基因组研究计划、干细胞研究、克隆技术的研究构成了"转化医学"的前沿。而纳米技术一旦转化为纳米治疗，将使"再生医学""长寿医学"和"人体医疗建造"成为可能。纳米再造外骨骼的技术为定制器官和四肢提供了可能，而纳米医用机器人甚至具有终结疾病的应用前景。认知科学技术和信息技术在转化为医疗技术方面也展现了广阔的应用前景，脑科学、神经科学（学习科学）的进展为转化医学对精神疾病、心智缺陷的治疗或矫正打开了方便之门。"转化医学"涉及 NBIC 汇聚技术的关联域，例如组织工程、基因治疗、细胞治疗、再生医学、分子诊断、基因检测（基因筛查）、"深度脑刺激"等，其目标是使当前的生物医学向发明新的有效药物和医疗方法发展，给疾病治疗、缺陷矫正、抵抗衰老（延长生命）和保健等提供全新的领域和治疗疾病的新途径或新方法。

我们也应该看到，"转化医学"带来医学革命化的同时，也隐含着向"人类增强"逾越或转移的倾向。有人将"人类增强"的特点概括为"功能的逾越性""前提的预设性""工具的植入性"三个方面。[1]

首先，百忧解（一种治疗抑郁症的生物药剂）能让健康人增强情态，利他林（治疗老年痴呆症的常用药物）能让健康人增强注意力和记忆力，

---

[1] 冯烨、王国豫：《人类利用药物增强的伦理考量》，《自然辩证法研究》2011 年第 3 期，第 82—88 页。

等等，这都属于逾越"医疗目的"的人类增强；

其次，技术干预作为治疗是使个人恢复到物种预设的正常标准功能，而在前提上越过正常标准去预设更高目标就是增强。如迈克尔·桑德尔列举的肌肉增强、记忆力增强、身高提升和性别选择四个生物工程实例①，就属于典型的增强。

最后，利用技术构造"内置工具"以治疗或矫正人体缺陷属于治疗范畴，而在健康人体内植入微型化内置工具（如电子仪器、生物传感器或机械设备）以达到增强人的记忆能力、思维能力或体能等目的，则属于典型的人类增强技术。②

这里的困难在于：随着 NBIC 汇聚技术在纳米、细胞、基因、神经层面取得一个又一个革命性的突破，它在医疗实践中的转化也不断地向纵深拓展，而"运用医疗方法达到非医疗目的"就会变得非常便捷——这时，我们如何鉴别"转化医学"与"人类增强"之间的界限？我们可以按照医疗技术的伦理规制的方法和要求应对人类增强技术的发展吗？

显然，在纳米级整合的 NBIC 汇聚技术将不会满足于单纯的"医疗目的"，它会以医疗技术（在转化医学的名义下）的面孔出现并获得蓬勃发展。但在技术、资本、权力的操控下和广阔的市场需求的拉动下，它将会迅速地向人类增强技术转移。有学者评论说：

> 在科学家看来，基于科学统一性的 NBIC 技术无所不能。纳米技术与生物技术、生物医药及遗传工程的汇聚，将实现重大疾病在早期就能被快速灵敏地检测出来，从而获得更佳的治疗效果。进一步，人类将能够以原子或分子为起点来诊断、修复自身和世界。纳米技术与信息技术的汇聚，将大大加快计算速度，实现更为快捷的通信。基于快速、可靠的信息交流，人类各种机构和组织将大大地提高效率。纳米技术与认知科学的汇聚，将把人类大脑的潜力激发出来，使人类的悟性、效率、创造性及准确性大大提高，人体及感官对外界的突然变

---

① 参见［美］迈克尔·桑德尔《反对完美——科技与人性的正义之战》，黄慧慧译，中信出版社 2013 年版，第 10—22 页。

② 这方面最为典型的例子是电子机械增强，即通常所说的赛博格（Cyborg）或电子人。

化将变得敏感；老龄人群普遍改善体能与认知上的衰退；人类的精神健康也将上升到一个新的高度；人与人之间产生包括脑—脑、脑—机—脑等交流在内的高效通信手段；人类还可以通过变换心情、提升情绪表达而更加自由地予以自我表达；社会群体有效改善合作效能。此外，NBIC 技术的发展还会大幅度减少社会资源与能源的消耗，从而减少生态环境的破坏和污染。①

上述这段评论更多地看到了"NBIC 会聚技术"可能带来的医疗功能方面和社会经济方面的益处。在这一维度，牛津大学哲学家从反思人们目前对增强的兴趣和增强的可能性入手，以基因增强为例，提出了赞成人类增强的三个论据：第一，不增强的选择是错误的；第二，基因增强与饮食、智力训练提高人的能力是一致的，没有道德的差异；第三，增强与治疗疾病没有道德上的区别，而且非医学目的基因增强可以增加人们过更好生活的机会，使人们过更好生活，而不仅仅是健康。②

事实上，在我们今天开始出现"纳米热""基因热""IT 热""神经热"的时代，哪怕其中的某一种"热"所引发的"热议"，也足以将人们淹没在巨大的"乐观主义"和"悲观主义"相混和的激流中。鉴于问题本身的重大，越来越多的科学家意识到，科学家的责任范围不能只是局限在科学事务本身而必须为科学后果负责，即是说，科学家需要对公众负责、向社会负责。这意味着，人类增强技术所展现的医疗技术的功能逾越，不再仅仅是科学问题，而更多是伦理道德问题。

人类增强技术主要受到 NBIC 四种"热"型"转化医学"之推进，即纳米治疗—基因治疗—神经治疗—数字化人体治疗，而这四大技术会聚又随即向"增强功能"逾越，出现了四种增强技术的会聚，即纳米增强—基因增强—神经增强—人体数字化增强。这将构造一幅怎样的世界图景？在我们今天这个时代，数字化技术和基因技术（特别是基因筛查技术）的融合正在敲开"精准医学"的大门。技术本身的非人性力量一直

---

① 胡明艳：《纳米技术发展的伦理参与研究》，中国社会科学出版社 2015 年版，第 24—25 页。

② 参见冯烨《国外人类增强伦理研究的综述》，《自然辩证法通讯》2012 年第 4 期，第 118—124 页。

以来都是随着技术力量的增强而变大，原子弹和重组 DNA 是两个最典型的例子。人类身体与机器之间的相互依赖性又造成了影响深远的一种悖论，比如生物传感器和纳米机器人——它们既是对人类身体重要性的否定，同时又是对人类身体重要性的肯定。从其"否定"层面看，对身体和生命的敬畏感的丧失，以及支配身体的欲望的无限放纵，使人类与非人类之间的界限变得越来越模糊，人类身体最终因增强而被"冗余化"。从其"肯定"层面看，身体成为集结资本与权力的新型场域，成为生命政治学的治理核心，人类身体最终因增强而被"中心化"。于是，我们时代的医学伦理和增强的道德由此进入生命政治学的双重伦理紧迫性：一方面，我们如何才能把对自然天赋的权利的焦灼和对即将逝去的自然秩序的哀痛，转化为后人类时代的一种积极的道德行动和政治行动；另一方面，我们如何将这种积极的行动根植于面对子孙后代的责任感中，尤其是面对资源有限的现实，对于基本医疗卫生资源与高端"增强技术"资源之间的配置比例该如何划分？如何才能够最大化地满足人们的需求，从而达到更大范围的公平与公正？

人类增强技术作为医疗技术的功能逾越，在资源分配上面临较大的难度与风险。在医学临床上通用的稀缺资源的分配，遵循两个标准：一是医学标准；二是伦理标准。人体增强技术不是基于医学目的的疾病治疗技术，不存在医学标准，只能通过伦理标准来进行资源配置。在资源相对匮乏的条件下，不可能人人均等地获得同样的资源。但是，由增强技术造成的差距与自然形成的差距又有着本质的区别，它会给人们带来更多的健康和机会。这在道德上造成了一种医疗公正的"增强难题"：

> 越是富人，越有可能获得更多更好的人类增强的机会；而增强又会使人们在竞争中居于更有利的地位，使获得增强机会的人变得更富有。于是，形成一种循环：富人越来越富有，而穷人越来越贫穷。这是一种违背医疗公正原则的"马太效应"，我们称之为"医疗公正的增强难题"。

医疗公正的"增强难题"反映了一种可以称为"生命商品化的政治经济学困境"。当代文化里隐蔽的"身体资本"决定了"人类增强"不可避免地成为资本追逐或热炒的"宠儿"。资本逻辑在这里通过一种内在的自相矛盾来运转：一方面是关于健康、美丽、卫生、青春永驻的意识形态；另一方面是贫穷者越来越贫穷的社会现实。而这种"增强难题"还会进一步由年龄主义的"增强难题"所叠加，即运用增强技术延长人类寿命并不能确保生命质量得到提升。它使人类面临一种年龄主义困境：

> 假如人类平均寿命能延长到 100 岁以上，政府是否需要放宽退休年龄或者增加养老金？无论如何抉择，都会造成严重的代际公平问题。此外还要应对由延长寿命技术所导致的人口激增和自然资源匮乏以及医疗供给不足等问题。

人体增强技术面临的两大困境，加剧了贫富分化和代际不公平。这些也构成了人们反对"增强"的理由。概括起来看，对人类增强的道德忧虑，以基因增强为例，主要集中在三条反驳性的论据上：第一，基因增强使"被增强者"面临健康和安全风险；第二，基因增强与基因治疗在道德上的区别是，前者会使社会公平竞争制度遭到破坏从而增加未被增强者的压力，而后者则不会产生类似的道德后果；第三，"增强鸿沟"的出现不可避免，它会加深社会的贫富分化，损害"好生活"所必需的良好的社会生态。[①] 这些争论表明：为人类增强技术进行伦理辩护并非没有可能，但需要以强有力的后人类生命伦理规制的正确的实践导向为前提，而这将是一个不断展开的道德形态过程。

三 伦理规制与伦理辩护

伦理规制（Ethical Governance）是国际社会应对生物医学技术发展以及纳米技术、信息技术的急速发展的需要而提出的理念。它在实践层面主张通过引入"禁止"规约，审慎地、逐步地开放"允许"。这里产生的问题，是"技术保守主义—技术激进主义"之争中呈现出来的"禁止—允许"的辩证关系。后人类生命伦理规制的紧迫性，亦源自如下诘问：如

---

① 冯烨、王国豫：《人类利用药物增强的伦理考量》，《自然辩证法研究》2011 年第 3 期，第 82—88 页。

果缺少必要的"禁止","允许原则"能够得到伦理学的辩护吗?伦理规制事关"允许的限度"而成为一项最具有实践智慧的事业。即使对于激进的后人类主义者来说,伦理规制也是必须接受的理性地应对 NBIC 汇聚技术在变革医疗技术范式中向人类增强开放允许的一种方式。

  生命伦理规制是指在对"共同责任"承诺的基础上,通过广泛的公众审议和专业性技术评估,实现持续的伦理参与、协调、互动和对话,推动各利益相关方(政府、科研机构、医院、伦理学家、民间团体和公众)参与到解决高新科学技术发展带来的健康、社会和伦理议题的一种程序性建构。世界卫生组织(WHO)在 2008 年发布的论坛报告中,首次把伦理规制界定为支撑公平、正义、透明和负责任的政策制订的一种进路。① 2010 年发布的中欧合作项目 BIONET 专家组报告,专门针对生物医学技术发展的现状,提出了包括"法治""透明""责任性""参与""杜绝腐败"等条目在内的伦理规制内容。这份报告还进一步明确指出:生命伦理规制的核心,是建立一套伦理的程序以培养相关能力并维系各利益相关方的参与和坚持。其关注的重点是维系多元利益相关者在政策或制度构建层面展开对话,而不是确立某种实质性的伦理信念。② 生命伦理规制的议题往往在国家层面和更广泛的国际范围展开,议题通常分为两大类:一类简称"EHS",即环境(Environment)、健康(Health)和安全影响(Safety);另一类简称"ELSI",即伦理(Ethical)、法律(Legal)和社会议题(Social Issues)。

  各国政府和国际社会对伦理规制重要性的认识也随着 NBIC 汇聚技术的发展而与日俱增。比如,美国早期(1990 年)人类基因组项目的 ELSI 研究就存在对技术发展的政策制定影响不大的问题,被认为是"无能的

---

① "Ethical governance"一词在中文文献中一般翻译为"伦理治理"。笔者认为,这个译法会造成歧义,比如,会将它理解为"用伦理进行治理"(在概念内涵上是一种不同于现代"法治"的传统的"人治"),因此本文采取"伦理规制"的译法。See:WHO(World Health Organization),Eleventh Futures Forum on the ethical governance of pandemic influenza preparedness,2008,http://www.euro.who.int/en/what-we-publish/abatracts/eleventh-futures-forum-on-the-ethical-govenance-of-pandemic-influenza-preparedness.

② BIONET Expert Group Report,Recommendations on Best Practice in the Ethical Governance of Sino-European Biological Research Collaborations,2010,http://www.bionet-china.org/pdfs/BIONET%20Final%20Report1.pdf,pp.31-32.

项目"① 和"用来搪塞别人对基因工程批评的摆设"②。换句话说,这项由美国能源部和国立卫生研究所支持的关于人类基因组项目的 ELSI 研究,并没有达到伦理规制的目的。这项"当今世界最大的生命伦理学计划"③尽管留下了很大遗憾,却从正面开启了一种可以归类为后人类生命伦理计划的伦理规制的先河。而正是在这一意义上,它成为纳米技术发展的 ELSI 的社会研究范本。美国、欧盟、英国等国家或地区在基因工程技术之后,相继提出了"负责任的"纳米技术发展或技术创新的理念,国际上组建了"负责任的纳米技术研发国际对话"和"国际风险治理委员会"等机构。④ 纳米技术的伦理规制以多种形式展开,构成了对纳米级整合的 NBIC 汇聚技术的生命伦理规制,包括:

(1) 国际性组织公布相关行为准则;
(2) 各种 NGO 组织和环保组织表达对纳米技术存在安全和环保的不确定性的担忧和反对,以推进公众审议;
(3) 纳米产业界自发制定了各种自愿性的伦理章程,等等。⑤

这些动向表明,针对纳米技术发展的生命伦理规制已经成为国际社会、政府、行业、企业、专家、公众共同参与推进的一个道德形态过程。它具有鲜明的"途中道德"的特点。

随着 NBIC 汇聚技术的成熟和深入展开,它变革医疗技术范式的趋向日益凸显。人类增强技术将会从"转化医学"的进步中获得迅速发展。这一趋势将进一步凸显后人类生命伦理规制的重要性。事实上,各国政府

---

① 1996 年 12 月,由 11 名成员组成的"人类基因组 ELSI 项目评估委员会"发布评估报告,认为人类基因组的 ELSI 研究是一个"无能的项目"。See: Erik Fisher, "Lessons Learned from the Ethical, Legal and Social Implications Program (ELSI): Planning societal implications research for the National Nanotechnology Program", *Technology in Society*, No. 27, 2005, p. 323.

② 参见 Philip Kitcher 的论文 "Research in an Imperfect World"。该论文见 Philip Kitcher, *Science, Truth and Democracy*, New York: Oxford University Press, 2001, pp. 181–197。

③ 参见胡明艳《纳米技术发展的伦理参与研究》,中国社会科学出版社 2015 年版,第 121 页。

④ 同上书,第 104 页。

⑤ 同上书,第 117—120 页。

和国际社会因应 NBIC 汇聚技术发展的势头,在实践中为技术发展开放"允许"将是一个不可阻挡的趋势。在这个意义上"不增强的选择是错误的",说出的乃是一个实际进程中的客观事实。然而,另一方面,倘若没有禁止规约所形成的必要张力,就如同没有红绿灯约束的通勤一样,人类增强技术的发展必将陷入混乱。因此,"允许原则"得到伦理辩护的前提条件是:它必须接受不断变化的后人类生命伦理规制的约束。

尽管当今世界各国和国际社会对生物技术、纳米技术(前面的讨论主要以这两种技术为例)等为代表的高新科技的伦理规制越来越重视,并进行了大量的探索,但与包括生物技术、纳米技术在内的 NBIC 汇聚技术带来的后人类的世界图景相比照,这些探索只是一种后人类生命伦理规制之发端的预告。技术会将人类文明带向何方?在一个技术增强或改良人类的力量获得迅猛提升或发展的时代,人将走向何方?在哈佛公开课上,迈克尔·桑德尔不无动容地评论说:

> 当科学的脚步比道德的理解快时,就会像现在所面临的问题一样,大家努力地想表达出心中的不安。在开明的社会里,人们首先触及的是自主权、公正和个人权利的措辞,但这部分道德词汇不足以让我们处理无性克隆、订做孩子和基因工程所引起的最大难题,因此基因革命才会导致道德上的晕头转向。要掌握基因改良的道德标准,我们就必须面对在现代世界的见解中,已大量遗失的问题——有关自然的道德地位,以及人类面对当今世界的正确立场等问题。①

桑德尔的评论尽管表达了对人类增强技术的深层担忧,但也点明了今天在后人类生命伦理规制的起点上正确引导"用医疗方法实现非医疗目的"的人类增强技术的重要性。顺着桑德尔的思路,抛开具体细节不论,从探索的大方向上,我们可以看到:对人类增强技术进行伦理规制涉及两类起点难题。第一类是概念性难题。"后人类生命伦理规制"是一个复杂的集合概念,涉及到对 NBIC 汇聚技术发展进行伦理规制的道德形态过程

---

① [美]迈克尔·桑德尔:《反对完美——科技与人性的正义之战》,黄慧慧译,中信出版社 2013 年版,第 10 页。

始终存在的概念上的困难，即它要进行两个观念的跨越：一是跨越自然的道德地位；二是要跨越"治疗"和"增强"的道德的区别。换句话说，概念性难题的关键，是要阐明自然的道德地位是如何逐渐地变得无关紧要而增强的伦理正当性是如何逐渐获得认可的。第二类是非概念性难题。"后人类生命伦理规制"的核心是构建伦理对话或商谈的形式框架，它要依据具体情况为允许（或禁止）确立合理限度，涉及新的科学研究和技术开发的"收益—风险"评估的实践问题，特别是如何防范新研究或开发被误用从而危及公共安全的问题。① 这两类问题的实质，指向"后人类生命伦理规制"的起点难题。

第四节　生命伦理为后人类时代的道德辩护

在后人类生命伦理规制的起点上，我们面临亚巴拉罕的困惑：我们处于前往未知之地的路上。不同之处在于，我们知道："神"的指引并不能够有助于解除这个"渎神时代"人们心中的困惑，也无助于缓解人们对人类增强技术日益紧张的道德忧虑。后人类生命伦理规制的起点在于：通过负责任的共同行动，使人类增强技术的发展成为一个不断展开的道德形态过程。规制的前提是：为后人类时代进行道德辩护。

一　道德的希望与绝望

生命伦理之为问题，和今天这个时代遇到的最为严峻的以 NBIC 会聚技术为代表的生命科技现象密切相关。它前所未有地推进着某种关乎后人类时代人类生存的生命伦理之问题的"凸显"：我们如何为后人类时代的人类道德进行辩护。

---

① 这方面的一个重要的议题是讨论科学研究和技术开发的公共政策。如，"2008 年 12 月 7—9 日，中国科学院、国际科学院国际问题专家组、经济合作发展组织在北京举行生物防护研讨会，来自 13 个国家 48 名专家参加了会议。研讨会探讨了生命科学研究新发展被误用的可能性；发达和发展中国家对双重用途研究风险的感受；双重用途研究的监督机制以及如何能够与促进生命科学的需要相平衡；促进责任文化管制双重用途研究；在全球范围内促进生物防护等若干问题。"（资料来源：翟晓梅、邱仁宗：《全成生物学：伦理和管治问题》，《科学与社会》（S&S）2014 年第 4 期，第 43—52 页。）

人们总是在对于时代的把握中，来理解我们自己的制作、劳动和自由生命，从而理解人自身和一般意义上的人类生命本质。生命有春华秋实，有潮起潮落，有春光明媚，也有阴雨绵绵，有生，有死，有永恒之向往，亦有大梦初醒之幻灭。生命的印迹、年轮以及岁月沧桑，都凝聚成为人类生命的时间性表出，有如一支"时代精神"之歌谣，它的主旋必定是人之生命的"此在"。然而，令我们深思的事情乃是：今天，人之生命的"这一"存在或"这一"规定，在他的生产、制作、技艺、交往和劳动的自由生命之展现中，把人自身即人之生命作为对象。这是我们时代的"哲学"事件，其重要性超过了古希腊世界的"苏格拉底之死"和基督教世界的"耶稣·基督之死"。它通过NBIC会聚使人之生命的自由展现，进入到了一种至为深层的伦理悖论：那使生命成为自由的"人类的制作活动"开启了对"创制生命和表出时间"的自由生命的干预。

我对于这种技术运用所展开的伦理前景的第一反应，是想起了狄更斯《双城记》开篇的吟唱：

> 这是一个最好的时代，也是一个最坏的时代；这是一个充满智慧的时代，也是一个最为愚笨的时代；这是一个明媚的岁月，又是一个黑暗的岁月；是一个充满希望的纪元，也是令人绝望的纪元；这是一切都在我们面前展现的时代，也是一切都向我们封闭的时代。①

狄更斯对时代的描述，用到我们今天生活的时代，恐怕最贴切不过了。我们今天是在彼此对立的各种体验中感受或者经历着时代的技术革命及其所带来的伦理困惑和道德两难。

人类的技术在今天展现了非常广阔的应用前景：我们对于身外自然的控制，已经深入到物质粒子内部，例如科学家正在抓住"原子"为人所用；而我们对人自身自然的控制，亦深入到了基因、纳米、细胞、神经、信息的层面，且表现出广阔的技术应用前景。

几乎与此同时，人们对现代技术的应用也持有很大的质疑：那些看上

---

① 参见［英］狄更斯《双城记》，高奋、陈妹波、张洁译，人民文学出版社1994年版，第1页。

去具有美好前景的技术应用，是否意味着人类道德世界的"黑夜"之降临？技术上的"能做"是否经得起道德上的"应做"的推敲与质疑？为人类在疾病治疗、身体强化和生殖选择等方面带来福音的 NBIC 会聚技术，是否同样在伦理关系、道德生活方面给我们带来某些难以应对的"干预"，使我们面临前所未有的道德上的"绝望"？

问题的关键，仿佛是一个老生常谈的"技术"和"伦理"如何关联的问题，或者"技术世界"与"伦理世界"如何建立联系的问题；然而，由于这一层面的技术与伦理的关联，在具体方式上，是由人类基因干预的技术筹划所进入的生命伦理境域，它涉及人类基因干预技术在其世界展现或技术谋划中，如何进入或者如何应对源自人类生命本质或人类生命自由的伦理质询和伦理辩护，因而这个问题构成了当代道德论争和生命伦理学理论探讨的前沿问题。

那么，技术的本质是什么？海德格尔曾经说，技术的本质是一种"座架"，这种"座架"构成了现代人的基本生存规定。我们看到，技术已经主宰了整个世界，它规定了我们的生活轨迹和生活道路。有人曾经提出一种非常悲观的"三段论"式的推测：

大前提："人类必然灭亡"；（从一种绝对意义上，我们无法反驳这一论断）

小前提：通过技术进步，延续人类生命并最终取代人类生命的是"克隆人"；（对小前提的补充：通过技术进步，延续克隆人的生命并最终取代"克隆人"的是"克隆人"与"机器人"混合的"智能机器人"；——如果从一种绝对意义上，我们亦无法对这一小前提给予有力的反驳）

结论：机器人或者智能机器人最终会取代人类。（这是许多科幻影片对人类提出的警告，同时又是我们不大愿意看到且不会赞同的一个结论）

人们或许会说，进行这种推测的人一定是"科幻电影看太多了"。但在我看来，这一危言耸听的预测，尽管不可思议甚至不可理喻，但它却以一种极端地方式表达了我们这个时代的隐忧：技术对人类文明以及对人生命的控制，可能会出现一种我们不愿意看到的"绝对"后果：它可能会使我们面临不可预料的"伦理灾难"。我们当然不愿意把事情想"绝对"；但是，现代技术至少在 NBIC 会聚中，已经展露出通过技术的应用进行"强化人"或"干预人之自然生命过程"的"绝对可能"。于是，机器时代的明朗逻辑中，隐匿着"机器人"统治（或者智能机器人？）的幽暗身影。

未雨绸缪！我们要提前思考这个问题！如果人类的前景果真如此，在后人类时代，人类的道德前景和道德希望究竟是怎样的？这样的问题看似非常遥远，但理论上我们则不能回避。

科学技术的发展起源于对自然的控制，人控制自然的能力在今天，尤其在生命科学领域越来越大，已经进入到基因、纳米、细胞、神经的层面的控制。

我们今天开始要思考一种和以往不同的全新的人类境遇。这个境遇就是：人用来控制外部自然的力量已经反过来开始控制我们自身。

因此，围绕 NBIC 会聚技术之应用的伦理讨论，不再限于针对技术层面的"能做"或"应做"；我们必须由此设想，在后人类时代的人类境遇中重新反思"人是什么"，进一步思考人的本质，思考人的生命伦理之规定。即是说，生命伦理在当今技术所展现的后人类的世界历史进程中必须面对如何为人类的"道德希望"进行辩护的难题。

二 精神"祛魅"与"第一因的消解"

人类基因干预技术的产生及其在临床医学中的应用，比如在辅助治疗、人体强化、生殖干预（成人或生殖系）、基因治疗、基因强化、遗传控制等领域所拥有的应用前景，既是一次前所未有的技术革命，也是一次引发人们伦理观变革的哲学革命。如果我们对这一技术的革命性质进行深入思考，就会透过它在技术上的变革，触及它在哲学思维方式上产生的深远之影响；亦即，它对传统的哲学世界观，以及由这种世界观所界定的人之自由、人性、尊严和宗教形而上学根基提出了挑战，在某种程度上产生了颠覆性的后果。这一后果就是：第一因的消解。

毫无疑问，哲学起于人的自我反省或自我认识，它要探讨事物是其所是的根本。在这样的探究中，传统哲学形而上学设置了一个唯一真实的存在，也即能够把所有存在归属于自身的那样一个统一性的存在。传统哲学对生命的理解，是从这样一个作为唯一真实存在的本体世界出发来理解生命从哪里来，到哪里去，从而理解时间、空间、历史、过去、现在、未来，理解人在大地上的劳作、繁衍生息和本真自由，理解有限的人类生命在这个广阔无垠的宇宙中如何安身立命。这是传统形而上学的哲学世界观所设定的对事物根本之"是"的思考。它把生命的问题还原为"是"本身的本体论问题。在这一思维方式的支持下，哲学和神学在中世纪合流。而随着基督教的传播，理性扩展到了整个世界。因此，在中世纪结束之后的启蒙运动的努力下，理性开始成为一尊新的"神"，它取代了"上帝"原有的地位。这个时候，人的本能欲望，人的自然本性，人的自由意志，人的自然规定（包括人的需求和欲望）和人的自由，成了现代性道德论证和道德辩护的出发点和归结点。它既是哲学的起点，也是哲学的终点。现代科学，尤其是现代技术，作为这种合理化的运思或筹划的现实展现，代表了传统形而上学的一种展开了或者实现了的形态。换句话说，哲学形而上学对"第一因"的本体承诺或预设，在现代技术的"强求"和"座架"之支配和统治中得到了比较充分的、至为典型的体现和实现。

现代技术在今天所展现的世界图景，与传统形而上学所预设的世界图景，具有某种同质的类似。

比如说，柏拉图在《理想国》中设想了一种优生优育的正义的理想城邦，这是柏拉图构画的一个形而上学的梦想或愿景。如果我们把今天的技术所实现出来的生殖干预与柏拉图的优生优育的"乌托邦"做一个比照，就会发现：当形而上学尚停留在想象的世界中之时，它还是一种哲学，或者属于哲学的范畴；然而，当形而上学的人文理想蓝图，作为一种现实"工程"被展现出来或者被实现出来的时候，它便可能是"技术"或者"政治"。第一因无疑是哲学形而上学所设计且被描述成具有绝对支配地位的存在，也是形而上学在寻求存在之存在的这样一个基本规定中抓住不放的东西。这样一种东西一旦展现出来，在政治上就表现为对意识形态同一性的诉求，在技术上就表现为一种技术"座架式"的展现。这是形而上学通过哲学作为一种意识之展现，或者通过技术作为一种意志之展现，能够建构或者进入人之"伦理世界"的可能性进路——这种同一性变成了一种绝对的普遍性，这种绝对普遍性使得现代技术具备了构造人之伦理世界的潜质。

另外，我们也应看到，形而上学的梦想和憧憬一旦展现为一种政治意识和技术意志的现实运作，它恐怕不再会是一种美好的梦想或愿景。它是否会演变成为扼制或扼杀人之生命自由的"梦魇"？我们不能否认人类曾经广泛遭遇过这种"善恶"逆转的悲剧命运。事实上，今天的世界实情，出现了同样一种令人忧虑的事实，此即尼采所说的"上帝之死"的情形，或者福柯所说的"人之死"的情形。我们需要对这两个"死亡"事件进行反省。不论是上帝之死还是人之死，要表达的其实都是那种专断的理性、唯一的本质和超感性绝对的消解，也就是形而上学的最高价值的自行贬值和消解。这种消解就是我们所说的第一因的消解。

第一因的消解，使我们对道德问题的思考失去了传统哲学和传统的伦理学所依凭的绝对基础和根源。我们不再拥有一个"唯一的道德"来指导和规范我们的行为。唯一道德的合法性的丧失，是同现代性和整个现代文明相伴而生的。我们在技术的座架中和资本控制的逻辑中所面临的实情就是：形而上学的"第一因"的消解是通过它的现实展现来完成的。换句话说，我们在技术的座架统治和资本控制的逻辑中看到了"第一因"已经成为一种支配现实的实体性的物质力量，于是它作为一种形而上学的"精神"存在也就丧失了魔力。这实际上是"精神"自身的祛魅。由于第一因的消解或精神自身的祛魅，必然带来道德多样性问题，不同信任或传统中的现代人都会依据其理性推论提出各自的道德诉求，它使现代人不得不面临恩格尔哈特所说的"道德异乡人"问题。这个问题对于我们思考的主题而言，意义在于：我们可能要在哲学上寻求一种突破，才能理解今天的技术及其在人的生活世界中的应用。如果说没有一种统一性诉求，没有一种精神本源，没有一种能够将一切存在者归属于其中的存在本身的设定，没有了第一因，没有了超验根基，这就产生了一个回避不了的问题，即陀思妥耶夫斯基在《罪与罚》中不断追问的那个问题："如果没有了上帝，是不是一切都是可以做的？"

现代文明中第一因的消解、终极存在的取消和上帝的死亡，前所未有地拷问现代人的良心和良知。因为当一切都是可以"做"的时候，技术行进的轨迹就没有任何禁区，没有应该不应该，只有能或不能。

与第一因消解这个命题相关联的，对于基因干预技术的伦理思考在哲学层面上的挑战就在于：基因技术在治疗、增强和生殖问题上的应用，使人类进入一种道德困境；这些难题，迫使我们思考究竟有没有上帝，人是否能取代上帝。在此一维度，我们反复强调，人类基因干预技术的出现及其现实应用，所能展开且已经展开出来的问题域，不只是一个技术问题或者技术革命的问题，其深层上是哲学或伦理思维的变革。这虽然是一个很具体的技术伦理或科技伦理问题，但它根本上是对整个传统、整个文化的追问，甚至是对整个文明的反省和思考。如果我们的研究没有进展到这样的一个地步，没有进展到对造成整个现代文明和科学技术发展所呈现的道德难题的根源进行一种刨根究底的思考的话，那么我们探索的道路仍然是一种浮光掠影式的技术描述，而不能触及这种技术对我们的世界和人生带来的从根本上或者根源上的改变。

三 技术展现的伦理境域与世俗生命伦理的理性诉求

由此，我们确乎可以断言，现代技术的本质关联着我们对世界的重新理解。那么，今天的世界是怎样的？从我们所知的一些事实看，人们今天在讨论代孕母亲、亲子鉴定、干细胞治疗、基因配对、生殖克隆，甚至基因武器或基因炸弹等。在这样的一个世界，人们确实感受到了雅斯贝尔斯50多年前所说那种情形：这是一个人们越来越需要引领的世界，是一个越来越更易于为普遍焦虑和不安"迷蒙双眼"的世界；如果从技术的无穷无尽的推陈出新及其技术甚至科学之"不思"或者"非思"的征候看，现代技术对这个世界的"引领"更像是一个"疯子"领着"盲人"在行走。

在现代世界的高度分化和高速流动中，现代技术在不到半个世纪的时间内所展现的潜力和运行速度可用"疯狂"两个字来描述。如果考虑到技术和世界的这种关系，我们今天的真实感受就是：不管你愿意还是不愿意，你都已经被抛到这个急速旋转的技术世界中，与这个由技术之去蔽驱动的世界一起旋转。技术的本质和世界的本质从没有像今天这样，以一种超乎寻常的方式关联起来。以往我们只是把技术当作工具，但现代技术已经进入到对生活世界的"座架"统治、对世界图景的设置、对生命的强化修补甚至渗透到我们的自由和情感之"干预"的境域。我们必须思考在这一境遇中，人的世界尤其是人的交往世界展现出来的那些最基本的区分，这些区分使我们必须考虑人的道德自由和伦理认同的重要性，以及这两者之间的辩证关系。

在现代性的实践和交往体系中，道德或者道德世界本身分解成为一系列的片面。现代人在理解人的时候，或者基于利益，或者基于行动的效果、动机、理由等，都可以获得一种对道德颇具主观性的理解。另外，认同问题又是一个非常重要的问题。伦理认同是和承诺与承认联系在一起的。由于整个地球已经进入到因特网的时代，在一个信息方式逾越了传统的社区、地缘和身份地位限定的人类处境中，人类的认同或承认方式与传统相比有着根本的不同。现代性认同是建立在一种平等的、民主的、对话的、协商的基础之上，而不是由一种强制的威权体系所规定。现代性的认同以自由为前提，所以伦理对立面之间的相互关联和相互和解是现代性伦理精神之根本。这对于我们理解人的劳作、创制和技艺，以及人的实践具有不可忽视的价值。制作、技艺、劳作是人的活动。福柯谈到"人之死"的时候指出，它涉及现代人可能出现的三种规定和人文科学的"三面体"：活着的人；工作的人；说话的人——生物学对人的生命本质和整个地球生命本质进行思考；而社会学和经济学思考人的工作、交往和人的劳动；但这还不够，人和动物最大的区别是人要去言说他的劳动、工作和生命，这就是语言和话语方式。从这一意义上，福柯同时认为人文学科一诞生就已死亡，因为人一下子被肢解为由知识分门别类进行研究的对象。我们透过福柯的论述看到，现代性最缺乏的是对人的统一性的把握，这导致了"人"被科学或者人文科学肢解掉了，人被"扼杀"了。今天，生物学已经进展到了对人的基因层面进行解码，这是了不起的成就；而基因干预技术不但对外在自然进行改造，还用在了人体上，用在通过克隆技术"造人"上。由此，今天的人类劳动凭借着技术理性的威力，使基因的世界也被人化了。我们必须思考基因的世界被"人化"之后产生的道德后果。

我们看到，技术本身展现的世界区分，与西方主导的全球化所产生的交往实践的世界区分一道，使今天讨论的问题变得非常复杂。究其原因在于，在当今人类的伦理道德生活和文明体系中，"伦理"的实体性"置根"，越来越被"伦理"的境域化"布展"或者"区隔"所取代。"伦理境域"这个概念，形象地表达了我们这个时代的"伦理"和"道德"之发生，存在着一种"随缘构境"的现象学处境或者技术现象学机制。比如说，在最初的人工授精技术应用到生殖干预领域并进行试管婴儿试验的时候，它使人们不得不面对由该技术的推广应用之"构境"而出的（"自然出生的人与由人工授精出生的人之间的关系所形成"的）伦理境域。同样，透过这个概念，我们今天如此设想：在基因干预技术的"随缘构境"中，当人们在某一天突然第一次遭遇由该技术的应用所创造的"克隆人"或者"强化人"之时，人们如何对其作为"人"的人之"类性"的道德地位进行诠释和辩护？这个问题，在现代技术的"随缘构境"所展现的伦理境域中显然是已经清晰可辨的道德哲学难题。它涉及我们如何对技术与伦理之间存在的一种现象学阻滞进行清理的难题。若非如此，技术本身展现的世界区分，便不可能有一条道路通向技术所展现的关乎人之自由生命本质的伦理世界。

此外，现代技术展现特定伦理境域的事实，使我们联想到"普罗米修斯盗取天火照亮人间"的"神话"。而现代人利用科技理性的"光芒"来开疆辟土的活动也属于同样性质的"神话"，它的逻辑是由科学、技术、经济"三位一体"的本质来规定的。我们看到，科学上的发现、技术的发明以及这种发明的经济效用，非常迅捷地结合在一起。科技、经济的一体化意味着现代技术之"随缘构境"的世界展现和以往科学纯粹的认知、惊异和求知不同，它使今天的人类生存不可避免地成为一种技术生存。技术生存的本质是将"求知"旨趣结合进了"求利"的冲动之中。同时，技术生存亦是一种必须具备伦理条件的生存，亦即技术生存必须要考虑使用技术的伦理条件。这使我们不得不断言，技术生存是现代技术展现世界之区分的特有形式，它使"伦理普遍性"或者"伦理整体"分隔或化身为特定的"问题境域"或者"伦理境域"。从这一意义上，技术生存回避不了伦理问题，或者说它本身就是一个伦理问题。

我们从现代技术展现的伦理境域的现象学实情看，基因干预技术所预制的"事情本身"，必须得到一种道德上的辩护，否则它的应用便丧失了道德上的理由，或者不具备道德合理性。这种辩护可能是功利主义的、宗教的、契约主义的，也可能是道义论的。毫无疑问，今天的伦理学已经开始思考这一技术应用的伦理条件。特别是在基因干预技术的应用过程中涉及了一种悖论：技术是我们世界的一种扩展，但在技术扩展的过程中最后却扩展到我们自身，使我们自身也成为人化自然的一个部分。人的实践活动的最大特点是"对象化"，对象化的本质是把纯粹自然打上人的印记，使其成为人化的自然。人的对象化活动如果反过来应用到人身上的时候，就会涉及对人之为人的伦理普遍性之重审。于是，在基因生殖干预技术之应用的例子中，我们进入到人的对象化活动的自反运动的"临界点"。在此临界点上，我们再一次面临反省或追问：人的自由生命本质究竟意味着什么？马克思说，它意味着人是由自己创造的，自己展开的。对于基因干预技术而言，最难理解的一个理论难题就是如何理解自由。因为，无论从何种意义上而言，这种干预都是对自由的干预。在基因层面的干预尤其如此。它涉及一些非常具体的伦理道德问题，例如，如何干预？谁来干预？征求了谁的同意？以何种合法程序来干预？等等。

这些问题离不开具体历史、文化和人类道德文明发展演进的宏观背景。从整个人类历史文化，尤其是现代性文明的发展演进的特点看，现代技术展现特定伦理境域的运动与"上帝的人类精神化"运动是一脉相承的。而这个"上帝的人类精神化"借助于科学、理性、民主、自由、独立等助力，使世俗生活在道德上变得越来越合理，它使现代技术的展现活动及其"随缘构境"的本质，成为道德上必须得到辩护的事情：一方面，世俗的事功在新教伦理中具备神圣性，而世俗的利益追求也在资本主义伦理中成为"道德"的同义词；另一方面，现代技术展现特定伦理境域的方式，使"上帝"彻底地隐身于一个更为俗世的技术展现。因此，在技术的展现本质中，隐含着诸神的退隐和精神自身的祛魅。世俗化的人类因素，使我们这个时代越来越凸显"理性"，也越来越缺失"精神"。这表明，世俗化的技术展现是和神圣的宗教因素彼此异质的，技术化生存所要展现的伦理世界和伦理境遇是人的伦理规律，其核心不是"精神"，而是"理性"。从这个意义上思考基因干预技术的伦理问题，不论是行动的效果，还是正当的约定或者正义的秩序，实际上是对于技术生存进行了一种道德合理性之辩护。这些立足于世俗化的人类生存境遇或人类因素的道德合理性辩护或论证也恰恰是最难以反驳的，因为它们是从人的现实生活世界中产生出来的。人的生命本质离不开人的欲望、本能、偏好和对一种美好世界的向往。如果正视人的这样一种现实规定，那么我们就不得不应对功利主义、个人主义、利己主义、契约主义所提出的为世俗化的人的因素提供道德辩护的问题。基因干预技术展现出来的道德难题可能也源于这个方面。我们可以基于功利主义的理由来使用它，也可以用正义论、道义论的理由等来赞成或反对。但是，基因干预技术提出的挑战，又是针对我们的理性所提供的诸种道德理由。我们所说的"理性"显然不是传统意义上的理性概念，而是一个现代性的理性概念，它总是和权衡、称量、测定、可行性论证和后果预测联系在一起的。它和传统意义上的本质理性或者唯一理性不同，它不是唯一的理性（Reason），而是众多的理性（Reasons）。世俗化的人类因素所展现出来的道德合理性之所以成为问题，是因为世俗的人类活动出现了多样性的理性诉求或者合理性诉求。从这样一个角度来看，基因干预技术的道德合理性问题，显然会提出一种最基本的诉求，即需要在一般的人类意义上形成一种道德宪章或者道德程序，即需要确立一些最基本的道德行为的立法原则。这些原则正是生命伦理学要去应对和解决的。所以，从世俗的人类因素的意义上来看，生命伦理学呈现出一种可能：它是在一种对话、沟通、协商的意义上形成某种基本的共识，以及基于这种最基本的共识构成指导技术研究、技术应用或者是科学实验的道德宪章。应该承认，这种道德宪章在今天很难达成，未来能不能出现也不好预测。但是，我相信，科学家、哲学家、经济学家和政治学家等，以至于一切关注人类技术未来和伦理未来的有识之士，最终会走到一起，就一些重大的关涉人的前途命运的问题进行协商，这是一条使生命伦理学成为商谈伦理学的必由之"路"。生命伦理学要想使道德变得可行而不是使道德变得空疏，使道德变得有用而不是一种苍白无力的说教，它就必须参与改变这个世界，而不是变成只是在黄昏时起飞的"密涅瓦的猫头鹰"。

四 道德论辩的枢机：在干预中守护人的自由生命

德国古典哲学家康德穷其一生思考的中心论题之一，就是使道德变成可行的普遍立法原理。他的基本的思路是：在认识领域确立"人为自然立法"的原理；在道德领域确立"人为自己立法"的原理。但是，康德设定的作为主体的这个"人"或者"自己"实际上是一种抽象。一旦思考具体的技术伦理问题，"人为自己立法"就变得非常具体了。这时

"人"分成为一个个的个体。

实际上在康德的论题中,"人为自己立法"不是指我们只为自己个人立法,而是指在人类的意义上确立一种普遍性的道德准则,而且我们也只有在人类的意义上才能思考一种普遍适用的道德准则。而我们今天思考这样的问题,在文化冲突、意识形态冲突、基本利益冲突甚至是最根本的信仰冲突等等这样一些冲突中,普遍法则、普遍道德、普遍伦理如何可能?这里我们说"人为自己立法",那么我们的自由行动所应该遵循的普遍法则究竟是谁对谁确立的法则?是谁对谁说的法则?这些问题显然涉及一个一个非常具体的"伦理境域"问题。

人类在控制自然、征服自然、对自然进行"祛魅"的努力中,在意志和意识层面经历了一种最基本的改变。如果我们从自由和自然的区分出发,那么今天的区分显然是把自由的领域变成行动的领域,而把自然的领域变成了认识的领域。这个区分在技术展现的视野中,表现出一个非常重要的特点:这就是,在意识现象和意志自由这两者之间的关联变成了一个即时呈现的总是不断变动的世界处境。现代技术在座架式的展现中表现出人类理性的强大威力。由弗兰西斯·培根"知识就是力量"、"控制自然"的口号和科学对宗教的胜利,激发了人类要去设想、筹划并重新构造一个新世界的宏图大志。各种类型的乌托邦就是在这样的一种场景下建立起来的。对自然的征服和改造在某种程度上是人的自由的一种体现。一般认识论中的自由的概念,就是对自然的必然性的认识和利用,即是说要利用、应用这种自然的必然性达到控制和改变自然的目的。今天的生命基因技术(以及更广范围的人类增强技术)最典型地体现了这样一种对自然的祛魅。我们要思考的问题是,这种祛魅如何反过头来变成了对人自身的自然的一种祛魅。当生命的诞生和死亡都是可以控制的时候,人类宣告对自身的自然的祛魅业已完成了,同样也宣告人类可以代替上帝的位置:上帝造人,今天是人来创造自己。所以对自然祛魅的可能性极限,就是对人自身自然的这种祛魅。

在人身上自然本性和超自然本性是统一的,而人的类生命本质和人的物种本质是不可分的,一旦把这种技术祛魅的力量对准了自己的类生命本质,同时也意味着对社会本质、对我们的自由生命本质也就完成了一种干预和祛魅。基因干预技术展现出一种极端的可能性。如果从这种极端的可能性来思考，"人类终究会灭亡"这个论断绝对不是一种危言耸听，恰恰是人利用科学技术的力量来祛魅人的自然所可能会呈现出的后果。自然出生的人与通过基因技术改造、强化的人以及通过基因生殖技术产生出来的人，如何具有道德地位上的平等权利就变成了一个难题。所以在这样的一个技术展现的世界中，我们可能要思考科学的另外一个方向，即使科学重新具有魅力的方向，一种使人自身、生命自身更有魅力的方向；一种尊重或者遵循自然的方向。对于基因干预技术是否应该强加上一个道德命令？如果这样去制定一种道德法则或者道德宪章，就和这种技术的本性是矛盾的。因为所谓"干预技术"，它就是要干预，如果要求它"遵循自然"，就构成了一个矛盾。这个矛盾取决于我们怎样看待自然，包括身外的自然和人自身的自然，如何看待和人的类生命本质结合在一起的这个通过技术活动所创造出来的人化自然。

在这场针对后人类时代的道德论辩中，问题一方面涉及人类增强技术展现出来的伦理世界是什么，以及我们如何去在这样一个伦理世界中构建一种技术合理化的道德法则、道德原则；另一方面涉及如何回到生命的本源的意义上来看问题，因为基因干预技术涉及生命伦理学的形上根据，它激起我们对生命之大同的那种本源的一种思考：在今天这样一个形而上学终结的时代，我们如何重新思考形而上学的意义？在"上帝死了"的时代，我们思考上帝为什么还要存在，人们为什么还要去期待一个上帝？在一个没有根基的时代，人们为什么总是念念不忘要"知根"？在一个无家可归的时代，我们为何且如何去寻找家园？这些都是生命伦理学思考的根本问题，这些问题是和一些最基本的东西联系在一起的，包括人的概念、人的生命的概念，人的自由和人的伦理规定、人的生命的伦理精神，等等。所以，这样讨论必然会涉及生命伦理的形而上学根基。这个根基旨在警醒无法无天的人类，在技术不断的进展中，我们必须持有一种敬畏之心。从本源上来说，这种敬畏源自人类生命的本质，源自本真的生命之根。如果我们对生命的"根"不管不顾，只是依照着技术的逻辑去开疆辟土，可能会真的面临克隆人代替人类，机器人代替克隆人这样一个末日。如此，我们也可能丧失了任何道德希望，人类道德走到终点也就意味着我们的自由终结了。

对生命本身的敬畏是一个理由，是一个要求生命伦理学研究必须切入、必须进展到或者提升到一种形而上学的精神本源或者精神层次的理由。人类生命同属于整个大地生命，而每一个人类的个体生命都属于整个人类生命。每一个个体生命都是整个人类生命和大地生命发展的极致，而大地生命只有到了人的生命这里才表现为一种"类生命"，才表现为一种自由生命。自由生命是从自然生命里发展起来的，本身就是自然生命演化上升的顶点。人既是一种自在的存在也是一种自为的存在，既是一种自然生命本质又是一种自由生命本质。因此指向人的身体强化、生育选择和生命痛苦缓解的人类增强技术，它有自己的条件和自己的限度，不能够伤害人的自由生命本质，必须承诺人的自由生命本质为它的基本前提。在这样的一个层面上我们涉及人类增强技术展开的一种真实的、不可回避的"伦理境域"问题；在这里，形而上学的生命伦理学与基于世俗化的人类因素所展现的生命伦理学，具有同等重要的地位。

第五章　生命伦理学的方向

第一节　现代医疗技术发展与生命伦理难题之呈现

面对现代医疗技术的伦理挑战，我们需要思考技术时代生命伦理学的方向。而问题或难题或许就是最好的方向之指引。①

在事关人性本质的困惑与挑战和"权利—责任"关系的重新界定之类重大议题方面，生命伦理学不可能脱离具体的文化历史语境和特定形态的医疗生活史的背景。从这个意义上看，特别是对于我们思考现代医疗技术面临的关键的伦理挑战而言，生命伦理学的中国难题就具有更为重要的意义。一般而论，它比较典型地反映在现代医疗技术的三大关联性的问题域之中，简而言之，就是：（1）伦理难题；（2）法律难题；（3）与前两个难题密切相关的"伦理—法律"难题。如果对其中国语境下的现代医疗技术遭遇的伦理难题的谱系进行梳理，就不难发现，这些难题尽管在表现形式上可能千差万别，但在主要聚焦上则集中于两大问题症候上：第一，"缺少对话"，尤其是缺少人文与科技之间的跨界对话；第二，"不够关心"，特别是缺少对医疗民生问题的人道关怀和生命关怀。

从现代医疗技术引发的生命伦理讨论看，中国生命伦理学的形态构建的方向是：（1）亟须一种宏观理论视野的突破为中国难题的解决奠定概念逻辑基础；（2）亟须展开基础性的关于生命伦理状况的调查以使生命伦理学的中国语境变得清晰和有力；（3）亟须推进应用难题和前沿问题的研究以洞察当今生命伦理观念变革的基本趋势。

---

① 注：本节内容参见田海平《生命伦理学的中国难题及其研究展望——以现代医疗技术为例进行的探究》，《东南大学学报》（哲学社会科学版）2012年第2期。

生命伦理学的中国难题的展开及其研究范例的形成，从伦理形态的意义上为中国生命伦理的道德前景指引方向，在研究路径上面临三大任务：以对话的研究方法推进生命伦理学的跨学科研究；以对难题的充分关注推进生命伦理学的跨文化研究；以现状调查和国情对策的研究探索生命伦理学的中国道路。

生命伦理学的诞生和发展，与现代医疗技术的高速发展及其不断展现的复杂而多变的"医疗实践"领域及其急速变革有关。这对中国语境而言，亦莫能外。

进入20世纪以来，现代医疗技术以前所未有的方式凸现出日益尖锐的生命伦理难题，它们在不断地"书写"人类依靠技术治疗疾病、增进健康、强化生命的各种"传奇"的同时，也对人类的伦理规范和法律制度带来了前所未有的挑战。一种我们可以称之为"医疗—技术"现象（或者"技术—医疗"现象）的医学进步和生命伦理实践，正在不断地将遗传学、神经科学（脑科学）、干细胞技术、基因技术和计算机辅助技术（例如影像技术）等现代科学技术，带入医疗实践；与此同时，几乎每一项由现代科技进步带来的医学进步，都对旧有的生命伦理学理论与实践以及与之相关的医事法学带来咄咄逼人的挑战。生命伦理学面临如许众多的质询，例如：如果我们相信技术进步能够带来医学进步，（这一点我们坚持一种素朴的信念）那么它如何才是一种道德的进步，以及法律的进步？该问题，使得现代医疗技术所开启的医疗技术行为，俨然成了从生命伦理学视野上影响现代技术挑战伦理及法律的问题的"爆发地"！而每一次技术对伦理或法律的挑战（如器官移植技术、克隆技术、基因诊断技术、以神经科学为基础的脑服务技术等）都迫使科学家、医生、法学家、社会学者、政府、媒体和公众必须动员起来寻找应对的良方。各种各样的伦理难题、法律难题和伦理—法律难题仍然如挥之不去的魅影，与现代医疗技术及其医疗实践如影随形。

总体上看，生命伦理学的中国难题，在现代医疗技术的范例中，主要集结于现代医疗技术中的伦理难题以及法律难题。从逻辑上看，它大致包括伦理难题、法律难题以及伦理—法律难题三个方面。

其一，伦理难题。即使法律支持该技术，我们在伦理上仍然面临无法解决的难题，存在着诸"理"之冲突而每一种"理"都有理的情况。伦理难题的典型形式有三种：

（1）伦理与伦理之间的冲突。即有两种伦理，一种是从个体自由出发的伦理（它主要关涉权利问题），一种是从总体责任出发的伦理（它以义务为首要原则），这两种伦理在特定的医疗技术境遇中，存在相互冲突的情况。

（2）一种伦理体系的内部存在着的道德与道德之间的冲突。即医疗行为主体之间（医生与病人）可能存在道德理由或道德主张上的分殊和相互冲突的情况，从而在医生的权利与病人的权利之间产生尖锐的道德冲突。

（3）在一种集团伦理或组织伦理的特定境遇中存在着伦理与道德之间的冲突。比如医院组织对个体有普遍性的伦理约束，而个体的道德原则又可能存在着与组织的伦理规约相冲突的情况，于是在特定的医疗技术行为中，出现了"道德的个人和不道德的组织"这样的伦理—道德悖论。

其二，法律难题。广义的法律难题必定是从伦理难题而来，然而在生命伦理学中存在着一类相对狭义的法律难题，它将伦理的讨论存而不论，在寻求一种"伦理中立"的法律解释和立法实践的过程中遇到了支持与反对都有法律依据的情况，包括两个方面：一是法律解释的难题，如两种解释都可能是正确的，但它们彼此相互冲突；一是立法依据的难题，在是否立法（比如针对安乐死或医助性自杀的药物和技术的应用问题）以及如何立法等问题上皆存在着相互抵牾的主张，且似乎各自都能自圆其说。

其三，伦理—法律难题。伦理—法律难题或者主要地由伦理难题而来，或者主要地由法律难题而来，它是内含着伦理和法律因素且在二者之相互关联问题上呈现的难题。代表性的伦理—法律难题有两大类：

（1）现有伦理上的分析无法为法律上的适用提供依据，而现有法律规范或解释又无法体现伦理的价值、原则和道德理由，于是出现了伦理失灵和法律失灵的情况；

（2）又或者，伦理上的支持和反对都符合法律解释原则，而法律上的支持和反对都有强有力的伦理上的支持。伦理分析、道德论争和推理是法律问题之求解的基础，许多法律难题的产生乃由于伦理难题得不到治理或澄清；同样，法律的解决方案往往又作为权宜之计不能真正地为伦理难题找到出路。

第二节　中国语境与问题症候

近十年来，伴随着多利羊（1997年）的诞生以及人类胚胎干细胞的被成功的分离（1998年），以及人类基因组图谱的绘制成功等一个又一个的技术进步及其在医疗实践中的运用，生命伦理学越来越聚焦于现代医疗技术及其医疗技术实践所展现的伦理难题、法律难题以及伦理—法律难题。生命伦理学的中国语境亦受到医疗技术最新进展的影响：

（1）在汉语语境下，现代医疗技术对伦理与法律的挑战，成为亟须从文化、社会、宗教、伦理、法律等人文价值世界领域进行治理的难题；

（2）一些似乎已经解决的问题（如脑生或脑死的问题）又重新成为新的伦理—法律难题；

（3）由于现代医疗技术及其临床研究和应用，前所未有地关涉到相关主体的权利、责任、义务和相关制度的公正问题，以及前所未有地标示出技术本身存在的大量风险和不确定，因此它必须获得伦理与法律的支持，且极大地依赖于伦理难题或法律问题的治理或解决。

在复杂的国际背景下，各国政府被迫对现代医疗技术的伦理与法律挑战作出回应：即从伦理治理与法律对策两个方面筹划或者设计一种有利环境，既促进现代医疗技术（尤其是高新生物医学技术）的发展，又尽量避免社会被高新技术所侵害。这使得生命伦理学的研究于总体上越来越面向"应用"，且越来越介入具体的社会决策或社会行动。例如：针对干细胞转化医学等高新生命技术的医疗实践及其产生的生命伦理难题，英国于2005年通过英国经济和社会研究理事会启动了"社会科学干细胞行动"，鼓励人文学者、伦理学家、法学家等介入这一领域；欧盟的BIONET项目，旨在希望中欧合作研究生物医学技术中的伦理治理问题。

中国卫生部于2009年3月2日出台了《医疗技术临床应用管理办法》。这个文件可以视作我国从政策层面应对现代医疗技术带来的各种问题（尤其是伦理问题与法律问题）的官方文件，是一个里程碑式的文件。它对我国医疗领域的技术创新和医疗抉择有指导性的作用。然而，这个"管理办法"并不是我们解决现代医疗技术的伦理与法律问题的"灵丹妙药"，由于遇到的问题有些是非常棘手的伦理难题或法律难题，它甚至无法给出具体的实施细则。因此，中国生命伦理学亟须完成一种"语境梳理"，即从理论与实践两个方面，从更广泛深入的实践探索中，以及更多维交叉的跨学科视野的关注或研究中，尤其重要的是在与科学家或医疗领域研究者和实践者的对话研究中，进一步探讨我国现代医疗技术中的伦理治理和法律对策。

我们应该看到，现代医疗技术在中国医疗实践领域的研发、传播和使用，除了造成普遍的伦理与法律问题之外，也正在形成"医疗技术的中国问题"。

这些问题主要表现在：第一，现代医疗技术的发明、应用及其对社会整体的影响，对中国人的传统哲学观、价值观、生存方式和生活方式的冲击，让中国人产生越来越大的"隔离"感；第二，各种高新生命技术的研发和使用，也正在影响着人们的具体生活，比如，医疗上的器官移植技术、基因诊断技术、试管婴儿技术等，这些技术的使用也正在考验中国人的伦理意愿，改变中国人的道德生活方式，同时也对现有的法律解释提出了挑战；第三，由于中国传统伦理道德、社会文化形态和生活思维方式，与主要是在西方文化传统上建构起来的现代性医疗技术体系存在一定的差异，一些在西方语境中可以发挥作用的伦理或法律规范有可能在中国社会失效，从而形成了具有中国特色的"中国生命伦理学难题"。

生命伦理学的中国语境，一般而言，源于现代社会对现代医疗技术中产生的与权利、义务、责任和公正有关的伦理及法律问题的广泛而深刻的关注与激烈的论辩；特别是，源自医疗技术在挑战伦理及法律的过程中，对中国医疗民生和中国医疗技术进步带来的重大影响。

从学说史的角度或者学术语境看，中国大陆学者对生命伦理的中国难题的研究和关注，是与生命伦理学这门新兴交叉学科在中国大陆的产生发展和不断成长的历程密不可分的。一般认为，大陆生命伦理学开始于1979年，以美国肯尼迪研究所的学者访问中国社会科学院哲学所为事件的标记。同年12月全国医学哲学的会议在广州召开，会上著名的生命伦理学家、中国社会科学院哲学所邱仁宗研究员介绍了英语国家有关辅助生殖技术，脑死亡和安乐死及其他生命伦理学问题的争议。1980年，《医学与哲学》杂志创刊，邱仁宗研究员的开篇论文为"死亡和安乐死"。1987年，邱仁宗教授出版了《生命伦理学》一书，成为将美国和西方生命伦理学介绍到中国的开篇著作。1988年10月《中国医学伦理学》创刊。1988年7月全国"安乐死伦理、法律、社会问题"研讨会召开，1988年11月"人工授精的伦理，法律，社会问题全国会议"召开。上述两本杂志的出版、两个会议的讨论标志着大陆生命伦理学的正式开始。从1997年至今，大陆生命伦理学进入了"体制化"和"法规化"的新阶段。更多的机构审查委员会（IRB）或医学伦理委员会建立了起来，生命伦理学的研究更多集中在制订符合生命伦理的政策和法规上。同时，也有许多学者试图从中西方文化的传统资源中寻找生命伦理学中国化的启示，有所谓"儒家生命伦理学""道家生命伦理学""基督教生命伦理学"等学术探索和有益尝试。

客观分析生命伦理学的中国语境，有两大问题症候不可不察：一是缺少"对话"；二是不够"关心"。前者突出地表现为，伦理学家、法学家和科学家，往往各自以一种自说自话的"自信"来应对或解决难题，但并未真实地面对问题；后者突出地表现为，中国生命伦理学热心于追踪生命伦理前沿问题，对中国生命伦理的问题现状缺乏调查研究的热忱或者不够"关心"，对中国医疗民生难题缺少足够的关心，因而不能真正地立足中国本土并面向中国问题。因此，在现代医疗技术对生命伦理及法律带来的严峻挑战中，中国生命伦理学面临的更为紧迫而重大的难题是：如何在强调"对话实践"和关注"中国问题"的基础上，面对现代医疗技术中的伦理及法律难题，分析我们进行医疗抉择的理由和治理方案，探索中国生命伦理面临的困境和体系构建的路径，并给出相关问题的国情调研或国情对策。这意味着，生命伦理学的中国难题亟须完成两大语境的梳理：

其一，是生命伦理学作为"对话的伦理学"的理念的确立。

"对话"理念的核心，是生命伦理学在跨学科的条件，真实地面对现代医疗技术中的伦理及法律问题，推进伦理学家、法学家、科学家、医生、政府主管部门以及公众进入深层次对话与商谈的学术旨趣或良知抉择。因为，无法对话的或者只是寻求独白的生命伦理学，习惯了将现有的道德理论或权利理论（如道义论、后果论和四项原则或者附加原则）应用到现代医疗技术的伦理及法律问题的分析或解决上，往往使得伦理学家和法学家无法真正地沟通或理解，他们与科学家或医疗（卫生）政策的制定者，亦存在着不利于对话或商谈的知识"偏好"或学科"隧道"，这不利于相关难题的梳理与解决。生命伦理学中国难题要完成语境梳理，首先必须作为融合或打通"人文价值世界"和"医疗技术世界"的对话实践，才是可行的；其"生命力"并不主要地在于探讨某些备选原则的应用问题，（当然这些原则的讨论同样也是非常重要的）而是力图在推进对话或商谈实践上有所作为，并在肃清问题或治理难题的基础上探讨我们如何应对现代医疗技术中的伦理、法律难题。

其二，是生命伦理学的中国理念的确立和中国问题的应对。

生命伦理学是在以问题或难题为取向的研究中产生和发展起来的，它在两条视野上展开相关难题的分析与治理：一是与医疗民生相关；一是与医疗技术的最新进步相关。中国理念和中国问题，无疑是我国生命伦理学应对现代医疗技术中的伦理与法律难题的基本立足点。它在现代医疗技术之总体进展中，确定了面向中国医疗民生难题和中国技术进步难题的价值旨归。因此，尽可能多地关注中国的医疗民生，以及尽可能多地针对中国问题的现状进行调查研究，是中国生命伦理学的立身之本。

第三节 生命伦理的中国形态及构建方向

一般意义上的生命伦理学是与生命科学和医疗技术相关联的应用伦理学。然而，在当代汉语语境或者在生命伦理学面临的中国难题的意义上，我们可以思考生命伦理学作为一种新型伦理形态（Ethic topology）的意义。一方面，中国语境将从一种伦理观的意义上揭示生命伦理学的中国形态作为涵盖生命科学、医学、伦理学、法学、社会学等诸多学科的生态文化系统的本质，及其对重整人类性或民族性的伦理生活形态的医疗实践运动的重要价值；另一方面，中国生命伦理的"形态"理念，将从总体上回应现代医疗技术在医疗实践中带来的世界性的伦理、法律和社会问题，实现一种立足于中国伦理现实和法律实践对现代医疗技术进入伦理和法律的路径辨识或探索，建构中国医疗技术的生命伦理体系，从原则和理论、问题和难题、政策和实践三大向度建构伦理体系和法律解释框架。从这一意义上看，中国生命伦理学的研究路径，首先依赖于我们如何回到中国生命伦理的"道德乡土"，以一种科学的调查研究的审慎性、精确性和实证性，捕捉中国生命伦理的问题境域及其客观现实。我们过去关于医疗技术的生命伦理和法律研究，或者主要地关注抽象的理论思辨而缺乏现实关怀，或者着眼于具体境遇中的具体因素而缺乏整体架构，缺乏对相关主体或利害相关人的主观伦理意愿的调查研究；而实际上，回归中国语境的最初步伐，必然是以当代中国人对医疗技术问题的伦理意愿为核心进行的实证调查，这是一项为生命伦理的中国形态奠基的工作。在此基础上，突破过去按照技术分类体系展开、以具体问题为直接对象、即时性的和碎片化的研究范式，建构一个将具体技术活动形态和历史背景、价值观念、道德意见、生活境遇、实践者意愿、社会责任、法律规范以及未来发展诉求整合在一起的分析模式。进而，通过理论和实践研究，在综合医疗科技行为带来的医疗伦理、法律和社会问题的基础上，为中国未来医疗卫生事业和医疗技术的发展，并有针对性地在调查研究的基础上，在重大伦理难题和法律难题的治理和应对，以及道德文化建设、社会制度建设、立法与法治化建设，和未来发展总体战略等方面提供一系列的对策建议、理论论证和国情分析。

基于对生命伦理学的中国形态的一种理论预设和学术期待，我们多少能够展望一下汉语语境下的生命伦理学在其形态构建上亟待完善并着力建构的三大方向：

第一，宏观视野上的突破。生命伦理学是一个包含了生物学、医学、社会学、法学和伦理学等诸多学科，高度交叉与综合的创新性研究系统，是以伦理学为主轴贯通自然科学、社会科学与人文学科三大领域，围绕"现代医疗技术""生命的诊治或加强""社会、法律、文化"三大关键论题展开的理论与实践紧密结合的综合型论题。生命伦理学的中国形态必须厘清这三大概念的区别、联系及其各自的问题范围。因此，宏观视野的研究，主要是运用伦理学案例分析和道德哲学反思的方法，从多学科交叉融合的视野上基于对伦理难题与法律难题的领域界划或治理机制的探索，分析研究现代医疗技术作为一种现代性的医疗—技术现象在医疗实践中带来的伦理难题和法律难题。伦理是在"道德原理"和"道德规范"的论证、辩护、反思和批判的意义上为法律的应用或立法实践提供应然性之评判、正当性之理据和善的目标参照，它在"活得好"与"做得好"两个方面关涉权利、义务和责任问题，并将之融合到道德论辩和法理依据的分析之中，为法律问题的解决，特别是立法实践提供原理支持、原则辩护和价值引导；法律则是通过强制性的规范体系包括立法、判例和针对具体问题的司法解释，体现伦理的价值、原理、原则和或规范，它在强制性规范或判例的"适用"层面，以不容争辩的形式关涉权利、义务和责任，面向行为或应用层面解决有关难题。而"现代医疗技术"作为人的"医疗技术行为"，将医疗技术变革与生命伦理突破以一种亘古未见的方式相互紧密关联起来了，它凸显了技术干预所进入的"从生到死"的生命之过程，以及"从身体到心灵"的生命之体系，从而在实践上给医疗抉择带来了各种各样棘手的伦理难题和法律难题。这一研究进路，并不仅仅是为了描述或者讨论在技术发展、运用的具体过程中产生的具体的伦理和法律难题，而是将"现代医疗技术"视为一个动态演进的现代技术变革与人类医疗实践相互融合的过程的基础上，揭示技术活动与人类伦理生活和法律秩序之间的本质关联，并在此基础上去审视由于现代医疗技术所引发的一般社会问题、生命伦理难题和法律难题的产生根源、呈现形式和治理机制，为从理论上解决这些问题奠定逻辑和概念基础。

第二，中国生命伦理状况及法律问题的调查。生命伦理学的研究，在其本质上是对人类生存实践活动的直接关照，因此，通过社会学的实证研究来发现当代中国医疗技术实践中存在的问题，是理论研究和对策研究的必要基础和基本前提。生命伦理学的中国形态及其构建路径，其真实的开端处或起点处，乃在于我们运用社会学调查方法，比如通过文献研究、深度访谈、问卷被试和现场考察等诸多的路径，获取中国本土面临的医疗科技的伦理及法律问题的数据库和典型案例，以为进一步的综合研究提供调查分析之依据。比如说，我们可以根据现代医疗技术中人与人之间或者人与物（或者以技术为中介）之间的权利、义务、责任和公正四大主题，设定相关问卷，对其中产生的生命伦理及其法律问题进行社会伦理状况的调查，获得中国本土（通过多群体分类调查）看待现代医疗技术及其应用的主观意愿方面的第一手数据和案例。这将使生命伦理学的中国语境变得清晰、明确、有力，从而使得生命伦理学的语境梳理真正向中国的现状和国情靠拢，找出中国问题的特殊难题。以医疗技术的生命伦理和法律的中国难题为例，可能有三种具体表现形式：普遍性问题，普遍性问题在中国语境中的特殊表现，以及发源于中国现实的特殊问题。我们如何对这些问题进行区分并加以科学的描述，清理出造成这些区别的中国历史文化和现代社会生活条件，准确把握当代中国人的伦理、法律和医疗生活的真实状况，以及我们如何认识、理解和应对这一生存境遇及其中蕴含的生活体验和伦理意愿，决定了我们的生命伦理学研究开启或者梳理中国语境的基本方式及其特有的学术品质。

第三，重大应用难题和前沿问题研究。生命伦理学的中国难题关涉诸多复杂艰巨的问题域或问题系列。在现代医疗技术的范例中，核心的问题轴线是以"生命伦理"为基点或主轴，通过伦理分析和法律分析力图辨析或澄清医疗技术行为中面临的权利、义务、责任和公正等方面的伦理难题、法律难题和伦理—法律难题。因此，生命伦理学的中国语境，除了要在宏观理念研究的推进策略上根据伦理难题、法律难题、伦理—法律难题的问题轴线展开，还必须面对具体的重大应用难题和前沿问题，强调从"伦理观念变革"的意义上理解现代医疗技术以及在伦理—法律难题的具体问题境遇中展开道德辩护、伦理分析和法律分析。这表明，我们在问题域和研究对象的划分上，要通过综合医疗技术行为对生命过程或生命体系的干预，以及医疗技术发展演进的逻辑线索，对现代医疗技术中的生命伦理的语境进行梳理。比如说，我们可以从两大轴线上捕捉其中遭遇的重大应用难题或前沿问题：（1）在技术演进或变革的历史轴线上，梳理出"常规治疗技术""高新生命技术"和"涉及人类发展性需求的医疗技术"三大类；（2）在技术与人（医疗主体）相关的空间轴线上，梳理出与身体相关、与神经或心灵相关、与遗传和世代相关三大类。由此，形成了一个由"时空交织"的问题网络，并系统探讨其内在伦理难题、法律难题和伦理—法律难题的立体性的应用难题和前沿问题。现代医疗技术对人的生与死、身与心、遗传与世代等至为根本的生命之过程和生命之体系进行操作、干预或控制，对现有的（包括传统的）伦理观与法律规范体系带来了重大挑战和冲击。

第四节 道德前景与研究路径

当代生命伦理学是一个涵盖了生命科学技术、伦理学、哲学、法学、社会学和社会实践活动的生命文化运动，生命伦理学及其原则（四原则）的讨论就是在这一背景下展开的。在半个多世纪的探索中，国际生命伦理学的研究不断地在道德论辩和法律解释两个维度对有"乔治顿咒语"(尊重、行善、无害和公平)之称的规范体系提出了严肃的批评和质疑,生命伦理学的众多研究成果都试图对原则进行重新审查或补充。因此,以生命伦理为主轴,将道德理由(辩护和论辩)和法律依据的探讨作为生命伦理体系的两翼,突破现有的生命伦理学的进路,是生命伦理学面向中国问题或中国语境进行医疗抉择和问题治理的必然选择。中国生命伦理的道德前景,有赖于这种理论与实践之良性互动的生命伦理运动之勃兴,以及我国生命伦理学理论研究在进入或梳理自身语境时贯通宏观与微观、理论与实证、哲学论辩与难题治理等区隔或阻滞所具备的实践智慧。

从这一意义上看,生命伦理学的中国难题,择其要者而言,主要是由一系列嵌入在当代中国医疗技术实践中的伦理难题、法律难题和伦理—法律难题构成的,它本身预设或者预期了一个与中国医疗民生和医疗技术实践密切关联的生命文化运动(或生命伦理运动)的可能。生命伦理学的中国难题的展开及其研究范例的形成,从一种伦理形态的意义为中国生命伦理的道德前景指引着方向。它强调以中国生命伦理的理念,回应以生命科学技术和神经科学为主体的现代医疗技术在医疗实践中带来的世界性的伦理、法律和社会问题;强调在综合医疗科技行为带来的医疗伦理、法律和社会问题的基础上,建构中国医疗技术的生命伦理体系。这意味着,一种着眼于生命伦理之道德前景的生命伦理学研究,必须格外重视其对中国未来医疗(卫生)事业发展之民生价值内涵的关注,所以既包括对实践问题进行理性反思的研究,也包含对具体问题进行理论分析、论证和理论指导,以及在社会政策、制度和国家法治建设方面的指导策略,和面对具体实践问题时所应采取的伦理和法律技术策略。因此,这是一个涵盖了基本理念、理论逻辑、政策和制度设计、法律规范体系和具体行动技术策略,并以促进和改善中国未来生命科学技术体系、医疗卫生事业和社会和谐发展为最终目标的系统工程。

基于以上分析,我们认为,中国生命伦理学在研究路径方面面临三大转型。

其一,以"对话"和"商谈"的研究方法,推进生命伦理学的跨学科研究。我们在生命伦理学的中国难题的应对方略上倡导一种"对话"和"商谈"的伦理学;用意乃在于:力图使"以问题为取向"的生命伦理学在一种跨学科对话和跨文化商谈中，打破学科壁垒，打通人文价值世界和医疗技术世界的阻隔，以"对话伦理学"的交叉融合的视角，进行难题分析、现状调查、问题治理，并提供指导医疗抉择的对策建议，从而进一步推进生命伦理学的跨学科研究。我们知道，对当代生命伦理学而言，现代医疗技术所产生的生命伦理和法律问题，已不再是单个学科的事情，而是一个关涉到多个学科的集群性问题，没有多学科的共同介入和合作研究，人们无法真正回应这些重大的现实问题以及由之产生的诸种理论问题甚至文化问题。在强调多学科共同合作和研究的同时，对话和商谈的研究方法，力图打破原有的学科界限，在众多相关交叉研究视域中（比如医学伦理、医学社会学、医事法学、伦理社会学、法伦理等）进行问题分析和理论探析。这不但能改变以前各学科各自为伍、单兵作战的"独白叙事"的状况，促进学科交叉与融合，还能形成以问题为中心的多学科研究方法，形成一种跨学科的研究进路。

其二，以对"问题"或"难题"的充分关注，推进生命伦理学的跨文化研究。生命伦理学从其诞生之日起就被界定为：运用种种伦理学方法，在跨学科的条件下，对生命科学和医疗保健的伦理学维度，包括道德见解、决定、行动、政策，进行系统研究的学问。（Warren Reich，1994）以问题为取向的研究路径，在生命伦理学和医事法学的研究进展中，在根本上颠覆了原有的关于理论与实践、思想与世界的关系的传统认识，它使得生命伦理学总是在一种伦理突破的意义上，着意去介入、去发现或者重建一种生机勃勃的伦理生活及法律秩序的可能性。在这个意义上，中国医疗技术的生命伦理学和法学的应用研究，既是世界伦理学形态整体变革之大潮的一个组成部分，也是我们创建新的、顺应世界潮流而又具有中国特色的中国伦理文化运动的一个具体实践环节。虽然今天的生命伦理学理念主要发端于西方文化传统之中，但由于生命伦理学问题往往对任何文化来说都是难题，生命伦理事件的全人类性和前沿性使得任何一个国家和文化传统都不能独善其身，也无法仅仅在自己的话语体系中提供一个可以被普遍接受的解决方案，故而取消了任何一种特殊文化的话语霸权。因此，以问题或难题为取向的生命伦理学研究，最有希望提供一个跨文化的伦理视野和论辩平台，使不同观点可以在生命伦理实践中更平等、更自由、更深刻地进行对话交流，在属于全人类的范畴内进行广泛的合作；在这些事件的启发下重新审视我们的整个道德体系，判断、描述并引导我们未来生活的应然。

其三，以"现状调查"和"国情对策"的研究，探索生命伦理学的中国道路。生命伦理学的中国语境和中国道路，并不排斥那些针对相对微观而专项的医疗技术伦理及法律问题的研究，相反这些微观而专项的研究最易于从"实证调查"或"案例分析"的视角上提供切近或进入中国医疗技术实践的生命伦理研究之进路，因而它们始终是解决生命伦理学的中国难题的出发点和归结点。然而，仅有这种微观而专项的研究是不够的，探索生命伦理学的中国道路还必须以对各项具体的现代医疗技术的"分门别类"的研究为基础，通过打通宏观和微观的研究的基础上，探索我们应对生命伦理及法律问题的中国理念以及我们必须应对的中国问题。因此，对生命伦理学的中国化道路的探索而言，现实调查和国情对策是其中至为重要的两个方面，它特别突出"中国现实"和"中国问题"作为生命伦理学研究的交叉点和跨学科对话背景。在研究进路上，以此为基础来整合社会学调查、伦理分析和法律分析的研究成果，凸显现代医疗技术中的生命伦理与法律问题的中国立场、中国背景和医疗（卫生）民生之内涵，并将之作为跨学科交叉整合的首要前提，回答我国的研究现状和我们面临的特殊难题。同时，在世界性难题与中国问题这两大并行不悖的视野上，贯通伦理反思、法律分析和社会调查的方法，并由此探讨打通医疗技术世界与人文价值世界的可能路径，从而建构体现中国特色和中国价值的生命伦理体系。

目前，我国学术界关于"中国生命伦理学"的理解有两种相互对立的观点。一派主张通过回归中国语境重构"中国生命伦理学"（该派理论以下简称"重构论"）。它强调以一种建构主义（或重构主义）的理论态度为中国生命伦理学进行辩护或者进行重构；另一派则明确反对使用这个术语，认为它是多余的，理由是：生命伦理学在中国的应用，关键是要解决中国社会面临的实践难题和现实问题，而不是另创一套特色"理论"（该派理论以下简称"应用论"）。

附 录

附录一 中国生命伦理学："意识形态"还是"科学"

一 问题的提出：如何理解中国生命伦理学？

目前，我国学术界关于"中国生命伦理学"的理解有两种相互对立的观点。一派主张通过回归中国语境重构"中国生命伦理学"（该派理论以下简称"重构论"），它强调以一种建构主义（或重构主义）的理论态度为中国生命伦理学进行辩护或者进行重构；另一派则明确反对使用这个术语，认为它是多余的，理由是：生命伦理学在中国的应用，关键是要解决中国社会面临的实践难题和现实问题，而不是另创一套特色"理论"（该派理论以下简称"应用论"）。①

这两派观点针锋相对，而分歧的实质则关涉生命伦理学到底是"意识形态话语"还是"科学话语"的不同理解。那么，如何理解"中国生命伦理学"？抛开"重构论"和"应用论"争论的具体细节不论，我们不难看到：问题本身实际上已经将我们的关注视角引向了对生命伦理学的语境前提、思想前提和实践前提进行审视和批判。它涉及生命伦理学"如何说"（话语体系）、"如何想"（思考方式）、"如何做"（实践形态）三个向度的根本问题。

一般说来，前面所说的"重构论"观点对语境、思想和实践的预设或多或少切近于从一种"意识形态话语"层面出发，强调特殊具体的文化和历史语境的重要性，偏重于用民族的、宗教的、文化的和社群的

---

① 参见田海平《生命伦理学的中国话语及其形态学视角》，《道德与文明》2015年第6期，第13—24页。

（乃至本土的）语境构造和价值认同诠释生命伦理学。① 它对"中国生命伦理学"的辩护或者重构具有显明的"意识形态"的话语印记。这也使它无法避免"意识形态"所带来的局限。例如，接受儒家学说的学者所主张的重构主义进路与接受基督教学说的学者就大不一样。重构论在这一点上容易陷入"意识形态"的歧见或纷争。

与此相反，"应用论"则更多地切近于从一种"科学话语"层面出发，强调普遍性的认知旨趣和原则论证的理论架构的重要性，旨在用一种超越民族性、地域性和社群之差异的普遍主义语境构造和价值认同来诠释生命伦理学，特别强调针对具体的现实的实践难题寻找科学化的解决之道。② 这种与科学理性（和技术理性）相关联的普遍主义往往表现为"去"意识形态或"解蔽"意识形态。但是，当它这样做时可能同时隐蔽了一种新的意识形态。

这两种不同的理解方式和诠释方式之间的相互竞争，展现了生命伦理学问题由以产生的前提。在这一意义上，我们认为，居于优先地位的问题是从生命伦理学话语所依托的语境构造、思想预设和现实感，进入文化历史的、思想逻辑的和实践关联的三个不同向度，对问题进行梳理或解析，从"话语体系""思想方式"和"实践方式"出发凸显"中国生命伦理学"论题的重要性。

---

① 香港城市大学樊瑞平教授一直致力于"重构主义儒学"（Reconstructionist Confucianism）的理论建构，是"重构论"的代表人物。他在《当代儒家生命伦理学》中谈到了"重构论"的主张，认为"儒学具有内容最丰富、影响最深远的中国传统文化资源"，应该成为我们对生命伦理学问题给出自己的回应的"探索的基点"。在建构策略上，"重构论"包含三大宗旨：一是针对"五四运动"和"文化大革命"对儒家的全盘否定，要"摒弃妖魔化的儒家"；二是针对海外新儒家用现代西方自由主义价值理念转化儒家核心理念，要"告别殖民化的儒家"；三是要通过生命伦理学论题在与西方自由主义的竞争性的"真诚对话"中从正面"建构本真的当代儒家"。（参见范瑞平《当代儒家生命伦理学》，北京大学出版社 2011 年版，前言，第 2—3 页。）

② 邱仁宗先生在《理解生命伦理学》（载《中国医学伦理学》2015 年第 3 期，第 297—302 页）一文中论及生命伦理学作为一门学科的独特性时，认为生命伦理学有如下一些特性：第一，它是一门规范性的学科，"研究在临床、研究、公共卫生以及新兴科技创新、开发和应用中的伦理问题"；第二，它是"理性的学科"，要依靠理性论证；第三，它是"为行为提供规范建议的实用伦理学或应用伦理学"；第四，它是讲求证据或经验性知情的学科；第五，它不是宗教或神学的，而是世俗的。从上述几点理解，不难看到，邱仁宗先生的观点，更多是从一种"科学"视阈（而不是"意识形态"的视角）来理解生命伦理学的。

二 回归语境：理解中国生命伦理学的第一个向度

在生命伦理学更为广泛的讨论或分析中，特别是在以"问题"或"难题"为导向的生命伦理学的论争中，"语境"问题似乎并不重要。它往往只是作为次要的内容被提及，放在一些不起眼的注释中或者评论性的（有时是作为修辞性）的引述中。然而，一旦我们开始认真思考"中国生命伦理学"之论题，"语境之回归"以及重构关于"语境"的讨论就是必不可少的。"重构论"似乎使"语境问题"由微而显了，但问题的症结却在于：即便是代表性的"重构论"者实际上鲜少有回归、深入中国生命伦理学的真实语境中去面对"语境问题"者。一种道德形态学方法在该问题上首先需要阐明的论题是："语境问题"如何才是理解中国生命伦理学的第一个向度。

从形态学视角看，"人口现象"构成了道德形态学的一个便捷的理解性进路。① 由此切入，对中国生命伦理学而言，一个不可回避的道德形态学事实是：目前中国人口占到世界人口的1/5到1/6，而如此大规模的文明体系负载着五千年文明史的辉煌与梦想正在经历一场伟大的文明"复兴"和大规模的社会结构转型，这使她相较于任何其他文明体系更渴望一种文化意义上的生命伦理的理念重构和话语体系之建构。人口规模当然是一些重要的潜在变化和关键性改变的推动因素。但"中国生命伦理学"值得特别重点关注的理由并不完全靠"人口规模"，还有更重要的一些因素，比如：

（1）人口生产方式的改变对传统家庭主义生命伦理观的影响；

（2）多民族国家形态、民族伦理生活及其现代生命伦理形态之构成；

（3）从"五帝时代"到今天绵延不绝的华夏文明及其传统核心价值观的传承；

---

① 涂尔干、哈布瓦赫等人认为，狭义的"社会形态学"与"人口现象"相关："它可以指地球表面人口分布的方式。……群体的轮廓创造出物质实体的形态，比如人口聚集在一座小岛上，居住在湖的周围，或是散布在一个村庄里。城市中的聚居点好似一个物质群体，其所有因素都朝相同的核心移动"。（[法]哈布瓦赫：《社会形态学》王迪译，上海人民出版社2005年版，第3页。）人口现象的形态学分布，为我们提供了从"物质形式"的"形"（群体轮廓）与"态"（运动变化）之双重视角观察、研究道德现象的方法和视角。进一步，我们从社会形态学的二级分类中衍化出关于道德科学的探究方法，称之为"道德形态学"。

（4）寻求"多样性和谐"的文明史和精神史的深厚积淀；

（5）二百多年来中西交通、古今融合的思想文化的冲击所勃发的文化生命活力；

（6）中国价值观在"身体学"的世俗的或宗教的历史叙事形态及其医疗生活史意义上的重构；

（7）五千年文明对生命进行规训（或教化）的生命政治及其伦理生命形态；

（8）国民社会生活更偏好于从集体、群体与整体出发（而不是从个体出发）界定有关事业、理想和共同体目标。

………

这一切赋予了中国语境以独特的历史内涵和意识形态面向。

从"人口现象"的形态景观，进入文化的、历史的维度，必然会遭遇一种"普遍性—特殊性"的"语境构成"的两歧分布。如同住宅小区、广场、桥梁、庙宇、教堂、医院、学校、剧院、纪念碑、墓地等物质形式总与特殊具体的人口聚集、群体活动、疾病的治疗、家庭或个人的人生安排、乃至死亡和命运等生命伦理事项密切联系一样，人的生老病死与"人口现象"相关的"语境"，也总是将"地方性—世界性""日常性—非日常性""特殊性—普遍性"的"两歧分布"联系在一起，它们构成了"一个硬币的两面"。

在这里，多重矛盾冲突凝结在物质形式的结构形态及其动态演化中。例如地方性与全球化的冲突，传统与现代性的冲突，特殊主义与普遍主义的紧张冲突，等等，一方总是依存于另一方而存在，而一方却总是在颠覆另一方的斗争中表征自身的存在，两者此消彼长、相互制衡，它们构成了生命伦理学（"中国生命伦理学"）在文化历史语境层面必然遭遇的现实难题。

由此，我们看到，"语境回归"的关键是解决历史语境与文化形态的关联问题。历史语境当然不能脱离特定的文化形态，它总是与特殊具体的文化相关联。文化形态也不能从特定的历史语境中剥离或者凭空建构。当然，某种文化方面（如宗教信仰、科学技术、政治、法律、经济、艺术等）的变化总是带来历史语境的变化。文化人类学家马林诺夫斯基谈到这一点时，主张将"文化"看作一个复杂多变的体系和"装置"，包括"工具和消费品、各种社会群体的制度宪纲、人们的观念和技艺、信仰和习俗"等。他说："无论考察的是简单原始，抑或是极为复杂发达的文化，我们面对的都是一个部分由物质、部分由人群、部分由精神构成的庞大装置（apparatus）。"① 这表明，历史视野中的文化复杂性导致了生命伦理学"语境构成"的异质性：从普遍性的价值、制度、法和道德等向度，到特殊具体的宗教信仰、器物（技术）、规则（具体的规章、律则）和实践等向度，呈现为相互矛盾的两面。在这一层面，生命伦理学的问题构成呈现为两方面的分殊：一方面它从特殊具体的文化历史境遇中产生生命伦理学问题，固持一种文化与另一种文化相区别的独特性，进而赋予生命伦理学问题以文化的、历史的语境之内涵；② 另一方面它并不停留于特殊具体的文化历史语境，而是要极力从中开出世界性意义和普遍性法则，亦即以自身形态表征一种普遍主义诉求，由此产生了生命伦理学对普遍性的寻求。值得重视是，上述理解性视角在中国生命伦理学的问题域中同样明显，它在"普遍性—特殊性"的视差中展现生命伦理学的中国语境问题，因而提出的任务是：如何从一种文化的和语境的视域进行问题域的历史还原，以反思"中国生命伦理学"的"文化—历史"语境。

在种种引发争议的生命伦理学问题的复杂图景中，上述"语境向度"（即前面说的"第一个向度"）总是与特定的意识形态诉求相关联。

不论是保守主义还是激进主义，也不论是"左派"还是"右派"，或者是居于这两端之间的各种中间立场，不论是"中国"价值观还是"西方"价值观，总是以这样或那样的方式关联着具体语境的意识形态话语。在回应"生命伦理学话语体系构建"时，"语境向度"无疑凸显了"语言批判"的重要性。③

---

① ［英］马林诺夫斯基：《科学的文化理论》，黄建波等译，中央民族大学出版社1999年版，第52页。

② 这种对文化自身特性的强调有时甚至引发恩格尔哈特所说的"文化战争"。当然，"文化战争"的用法是一个具有修辞性的形象说法，它指在生命伦理学的一些重大问题的讨论中经常激起不同文化信念层面的尖锐冲突，而有时候这种冲突是不可调和的。

③ 本文将"语境问题"视为生命伦理学问题的"第一个向度"，是因为这个问题关联着对生命伦理学的"话语体系"之构建及其前提反思。这种构建和反思是当代思想经历的语言转向的延续。即说，当人们从事哲学或思想事务时，先要弄清楚的前提问题，是要问一问"你那样说"到底是什么意思，或者具体一点说，在展开生命伦理学的"话语"之前要反思一下"如何说"的问题。在这个意义上，维特根斯坦的论断"全部哲学都是语言批判"，具有指导意义。因此，从当代哲学所经历的"语言转向"看，回应"如何说"的问题就是真实地面对学术话语的文化政治功能，并由此凸显"意识形态话语"所构成的诸种"语境难题"。

正如维特根斯坦所说,"某种东西只有在一个语言之中才是一个命题。理解一个命题就意味着理解一个语言"①。从这一维度梳理或审视生命伦理学的"意识形态面向",中国生命伦理学面临如何说"中国话"的问题。

不仅"传统"需要不断地重新发现,医疗生活史需要不断地予以重构,而且更为重要且日益紧迫的是,生命伦理学的"话语体系"只有在回归"文化—历史"语境的意义上才不会是一种与"人口现象"无关的云端中的构建。

三 展开思想:理解中国生命伦理学的第二个向度

对"科学不思想"以及对现代技术之为"促逼"和"集置"的担忧,曾经是海德格尔追问技术、反思科学的主题。② 在《科学与沉思》中,海德格尔写道:"贯通并且支配着科学(即关于现实的理论)之本质的事态乃是那始终被忽略的、不可接近的无可回避之物。"③

这段令人费解的文字想要表达的,其实就是构成诸种科学之思维而又为科学不曾思及的无可回避的"思想前提"。它同样以构成技术之"集置"的"思想前提"贯通并且支配着技术之本质的事态。在这个意义上,一种道德形态学的探究方式,关涉如何透过"科学之物"、"技术之物"(甚至"艺术之物")的"物化表象"或"外部轮廓"进入"构成思想之物"的思想前提。换言之,在一切现代"物"之集置(例如科学、技术)的"形"中探究无形的、不曾思及的"态"。"构成思想"的现实运动无论以何种"形—态"出现,实际上都为思想前提之反思留下了可能。④ 相

---

① [奥] 维特根斯坦:《哲学语法》,韩林合译,商务印书馆2012年版,第122页。
② 海德格尔在20世纪50年代出版的《演讲与论文集》的第一部分收录了《技术的追问》和《科学与沉思》两篇论文,这两篇论文对两个主题进行了阐述。参见 [德] 海德格尔《演讲与论文集》,孙周兴译,生活·读书·新知三联书店2005年版,第3—67页。
③ [德] 海德格尔:《演讲与论文集》,孙周兴译,生活·读书·新知三联书店2005年版,第63页。
④ "对构成思想的前提进行反思"涉及到哲学思维方式必须面对一种"思想的张力",即在"构成思想的各种现实运动"和"对构成思想的诸现实运动的思想前提的思想"之间做出明确的区分。(我将这种区分称作"观念论差异",以区别于海德格尔早期在《存在与时间》中所说的"存在论差异")如果说前者是"所思",那么后者就是"对所思的思"或者"思所思"。孙正聿从这个区分出发给出了关于"哲学"就是"思想的前提批判"的理解。参见孙正聿《哲学:思想的前提批判》,《中国高校社会科学》2014年第2期,第4页。

较于语境问题，道德形态学在此维度要考察的论题是："思想问题"如何才是理解中国生命伦理学的第二个向度。

从形态学视角观之，现代性作为"物化的现实运动"的展开形式，构成了道德形态学进入"思想前提"之反思或批判的一个入口。对传统意义的中国思想而言，一切现实的或现存之物都被理解成为以一种交互性、关联性的方式联结成为整体。人伦关系的对象化（或物化）是其典型的形态表征。

"……从亲子、兄弟、夫妇等家庭伦常，到君臣之间的政治纲常，从长幼之序，到朋友交往，人伦关系呈现于道德、政治、日常生活各个方面，而对人的本质和意义的理解，相应地需要从这些社会关系入手。"①

将"人伦"道德形态扩展并推及广大事物间的关联或贯通，就是所谓"民胞物与"（儒家）或"万物一体"（道家）之思想。"人伦"既界定人与人之间的联结，又界定人与万物之间的联系。在这一点上，儒家一贯强调"忠恕""仁爱"，要求人们"敬畏天命""敬祖""慎终追远"等，是从人伦道德形态的社会伦理之维诠释生命之意义。道家重"自然""无为"，道教"求长生"，讲求"顺生""养生"等，是从人伦道德形态的自然之维诠释生命的意义。这两派思想对中国传统医疗生活史、中医学及其身体观和卫生实践的生命伦理理念都产生了重要的影响。② 随着近世西方科学（"赛先生"）、民主（"德先生"）思想的传入，以科学方式建构"思想"或以民主方式建构"思想"的现实运动，与中华传统文化构思"思想"的方式形成结构性冲突，这就是在"传统"与"现代性"的断裂中呈现的"思想问题"。中国生命伦理学面对以"人伦"为中心构成思想的文化传统与以"科技"为中心构成思想的现代性之间的紧张冲突，亟须解决与之相关的诸种"思想问题"。例如：

（1）中西医学或医疗生活史的生命伦理形态之比较问题，即西方由"现代科技"展现的医学模式及最新进展对中国传统"人伦"道德形态下的医学模式（如儒医模式）及其生命伦理观所产生的深远影响（包括两

---

① 杨国荣：《中国文化的认知取向》，《中国社会科学报》2015年5月13日。
② 这里列举了儒家、道家两种传统，限于篇幅没有列举佛家。这并不是说佛家不重要，佛教自隋唐始即对中国医疗生活史发挥重要的影响，值得认真整理研究。

者之间的冲突融合）；

（2）"人能弘道"的伦理生命与现代科技展现的"道德物化"的生命伦理之契合的问题，即在"慎终追远"的思想构造中如何反思现代科技（尤其是现代生命科技）所"集置"的思想维度；

（3）"亲亲""尊尊"之道与"生生""新新"之德的生命伦常的合理化问题，包括如何对中华传统的卫生、孝亲、祭祖、敬天等生命道德思想进行"返本开新"的现代转化问题；

（4）伦理本位的生命观（如传统儒家伦理视域下的生命观）与个体生命本位的伦理观（如现代生命科学技术所内蕴的）如何结合成为伦理生命或生命伦理；

（5）传统礼俗秩序（包括日常生活中的生老病死、婚丧嫁娶等礼俗在内）的崩塌及其现代性重建所关涉的各种生命伦理难题；

（6）由于宗教形而上学根基的丧失所导致的宗教生命伦理与俗世生命伦理的紧张冲突；

（7）在高速流动的现代性文明景观中身体伦理遭遇的本体虚无问题；

（8）在"传统"与"现代性"、"地方性"与"全球化"的生命政治或文化政治境遇（包括资本、权力、话语对生命的规训、"集置"和压制等）中如何诠释中国生命伦理的"普遍性"，等等。……这些问题，或多或少挑明了在各种生命伦理学议题上"中国思想"的独特性及其面临的任务，即在反思"建构思想"的"人伦"之传统以及现代性转化中，展现中国生命伦理学的"思想的维度"。

从"人伦关系"的关联整体性视角进入对"中国生命伦理学"之所思的前提反思，必然会遭遇上述"思想问题"。归根究底，这些问题与"思维构成"的两种方式相关，涉及到两种伦理思考方式：实质伦理与程序伦理。

第一种是"实质优先"的思维，重点是"应该做什么"的实质伦理问题。它往往与人们所持有的道德前提、文化信念、宗教信仰、价值偏好甚至人们关于人性或人的本质等实质性问题的见解纠缠在一起。在关涉一些重大的前沿生命伦理学难题如克隆人伦理、基因伦理、生殖干预伦理、安乐死伦理等问题的讨论中，人们在实质层面的伦理思考方式中所面临的分歧，属于一种根本性分歧，即持有不同道德前提的人们彼此之间甚至构成了"道德异乡人"的关系。在这些问题上他们面临不可通约的价值冲突或文明冲突。而持有相同道德前提的人们则构成了"道德朋友"的关系，它们分享共同的价值观或文明体系。因此，反思中华传统文化信念，就是从"我们应该做什么"的实质伦理的思考方式和问题方式切入，对构成生命伦理学的"意识形态方面"的思想前提进行反思。

第二种是"形式优先"的思维，重点是"应该如何做"的形式伦理或程序伦理问题。比如在面对现代医疗和保健的专业化发展和现代医疗技术的深远影响中，它往往是从寻求可普遍化的道德原则出发产生生命伦理学问题。"形式""议程"或者"程序"的合理化是其关注的重点。而反思现代科技内蕴的"集置（或座架）方式"和"道德物化的现实运动形式"，就是从"我们应该如何做"的形式伦理的思考方式和问题方式切入，对构成生命伦理学的"科学方面"的思想前提进行反思。

考诸于上述两种伦理思考方式之区别，我们看到：第一种思维诉诸"目的合理性"，是从"深层"的本质关联中（从人们对"善"的界定中）产生生命伦理学问题；第二种思维诉诸"形式合理性"，是从"浅层"的形式关联中（从人们对"正当"的界定中）产生生命伦理学问题。从"目的合理性"看，生命伦理学中居优先地位的价值是文化意义上的"深层价值"，是"富有内容"的、"质料性"的道德前提或文化前提，通常与文化的历史语境的特殊主义诉求相关联。而从"形式合理性"看，生命伦理学中居首位的价值又被看成是跨文化意义的"浅层价值"，是搁置具体内容上的道德争议而聚焦于程序合理性共识。

这两种伦理思考方式在中国价值理念上产生两种效应：一是通过形式的和程序性的视域思考"中国生命伦理学"如何应对生命伦理学的普遍原则；二是通过质料的和实质性的视域反思"中国生命伦理学"的文化信念。这两个方面的思想趋向，构成了我们在理论思维前提上反思中国生命伦理学的一种"思想的张力"。它提出的任务是：如何在文化信念和价值共识的内在张力及其双向互动中，重构中国生命伦理学的"现代性"。

伦理思考方式在关涉实质性"文化信念"（切近意识形态方面）和关

涉形式化"普遍程序"（切近科学方面）的思想张力中，分延出两种性质的"思"——反思"文化信念"和反思"思想形式"。①

它们从切近意识形态方面和切近科学方面，交错构成了思想领域的一个"现代性断层"。在此"断层"上，中华传统的"人伦"道德形态往往从"意识形态面向"与"科学面向"两个方面的反思批判进入"现代性"，且进一步延展为对"现代性"的批判反思。② 当然，"科学"的思考方式有时也会一跃而为"意识形态"，"意识形态"的思考方式也会扮演"科学"的角色。循此，审视生命伦理学的"意识形态面向"和"科学面向"的两面性，中国生命伦理学面临"如何想"的思想难题。

四　面向实践：理解中国生命伦理学的第三个向度

毫无疑问，自从生命伦理学作为一门"学科"进入中国，30多年下来，我们目前仍然还处于移植或消化吸收阶段，还没有真正从进入"语境"和进入"思想"的维度自主建构"中国生命伦理学"之理念。这使得我们面对现实问题时的认知旨趣，并不是致力于从中国语境和中国思想的前提反思出发整理出一套涵盖中西和人类的生命伦理学理论用以指导实践，而是用某种现成的（通常是西方版本的）生命伦理学的"普遍理论"诠释中国实践。特别是在作具体生命伦理项目研究或对策研究时，我们并没有认真反思"拿来"的理论原则与我们自己的社会生活实际之间是否相脱节。然而，面对这个困境，一个基本共识越来越为争论各方所重视，那就是："面向实践"是所有生命伦理学探究的落脚点。事实上，任何一种"理论"上的纠结和文化资源上（包括中国和西方）的挖掘都只有在落实到实践问题时才有现实意义。由此，我们进入理解中国生命伦理学的第三个向度，即"实践之面向"。

如何从"生命伦理"的道德形态学视角描述现代性实践的基本特征？谈到这一点，我们要提及米歇尔·福柯1976年3月17日在法兰西学院演

---

① 参见孙正聿《哲学：思想的前提批判》，《中国高校社会科学》2014年第2期，第4页。
② 笔者在《中国生命伦理学的话语、问题和挑战》一文中提出中国生命伦理学面临两大挑战，即"基本共识"和"中国现代性"。进而指证："区分语境之大小"是解决共识难题的关键，"确立语境排序之原则"是解决现代性难题的关键。参见田海平《中国生命伦理学的话语、问题和挑战》，《吉林大学社会科学学报》2016年第1期，第140—147页。

讲中讲到的"现代性"中存在的一种生命政治学的"新技术"。他说："在由生命政治学建立的机制中，首先当然是预测、统计评估、总体测量；……它必须降低发病率；它必须延长寿命；它必须刺激出生率。它特别是要建立调整机制，在这个包含偶然领域的总体人口中，将能够确立一种平衡，保持一个平均值，建立某种生理平均常数，保证补偿；简单说，围绕内在于人口的偶然，建立保障机制，并优化生活状态……通过总体机制，来获得总体平衡化和有规律的状态；简单说就是对生命，对作为类别的人的生理过程承担责任，并在他们身上保证一种调节，而不是纪律。"[①] 福柯这段论述是对现代性实践中生命政治学的治理机制的描述，他实际上是要表达现代性对人类生命存在整体（作为"人口"）的治理。这是现代性化身为"治理术"实践的一个不容忽略的方面。在这一点上，福柯描绘了一幅现代性的"图画"，这是一幅巨型的"针对人口、针对活着的人的生命权利"的图画，其目的是"为了使人活"且"活得更好"而日益更好地干预生活、干预生命，以"提高生命的价值""控制事故、偶然、缺陷"。[②] 这幅"现代性图画"，对于理解生命伦理学的实践面向来说，是从更细致的方面对现代性的总体性实践的一种"形式"描述。它涉及现代性实践中两个相互关联的身体（或权力）维度："肉体系列—人体—惩戒—机关；和人口系列—生物学过程—调节机制—国家"。[③] 毫无疑问，福柯并不是作为一位"生命伦理学家"，而是作为一位哲学家或社会理论家（或生命政治学家）对现代性的实践形式或统治形式（生命政治的治理术）进行勘察或诊断。他的考察也不特别地针对中国问题，而主要是针对18世纪以来西方现代性的意识形态（例如法国的"自由、平等、博爱"）之化身为具体实践的人口科学、道德科学、政治科学或政治经济学的"新技术"（生命权力技术）进行解蔽的。尽管如此，生命政治学（关于"生命权力"的理论）对现代性实践的"描画"所揭示的"后现代"视角，它从"肉体系列"和"人口系列"进入现代机关和现代国家的身体学之解蔽，无疑切中了现代性宏大叙事的权力话语如何转化为微观机体

---

① ［法］米歇尔·福柯：《必须保卫社会》，钱翰译，上海人民出版社1999年版，第232页。
② 同上书，第233页。
③ 同上书，第235页。

（"微细管道"和"肉状组织"①）的技术运作的本质——从这个意义上看，它提供了一个理解中国生命伦理学的实践面向的道德形态学视角。

借助福柯的分析，我们看到，中国生命伦理学的"实践面向"有双重指涉：第一，对于"身体现象"来说，它所指涉的实践是"大医精诚"的生命医学实践；第二，对于"人口现象"来说，它所指涉的实践是"上医医国"的生命政治实践。这两种意义上的实践与福柯所说的"人口系统"和"肉体系列"相对应。中国生命伦理学在这两个维度要面对"科学（或技术）的意识形态化"和"意识形态的科学化（或技术化）"的相互转化及其所带来的各种实践课题。具体说，对于医学的"身体"概念而言，任何身体实践的完成对于"这一个存在（或此在）"的身体或躯体而言，都是在保障生命（或卫生）的语符体系下生产或再生产医学及其生命伦理的技术展现形式。换句话说，医学、生命科学及其技术展现甚至作用于人们对生育形式、死亡定义、保健模式、疾病的性质等问题的理解。由此产生的生命伦理问题，关涉到狭义的技术理性之运用（如"伦理委员会"）及技术化的意识形态之诉求。与医学面对"个体化身体"不同，生命政治学面对"人口系统"的"总体化身体"——作为"劳动力"的身体模式，它构成了政治经济学语境中权力治理的目标。它的突出特点是使意识形态（如资产阶级的自由、平等、博爱）成为"政治科学"，成为"人口治理术"，亦即成为一种高度精准复杂的技术工具之展现。政治经济学是其独特的标志，它通过揭示资本对身体的控制、投入、利用、转换，表征"人口"成为理性生产之拓展的总体化身体。在上述两种情况下，中国生命伦理学面对"身体"形态的生命伦理实践所形成的"个体化身体"和"总体化身体"之间的一系列伦理难题。例如：

（1）中国语境下自愿放弃生命权利（如安乐死）与反对自杀之间的关系；

（2）个体化原则对"死亡尊严"的维护与整体化原则对"身体意义"（器官的资源性价值）的诠释之间的关系；

（3）个体生育权利、家庭生育计划和国家生育政策之间的关系；

---

① 张一兵：《生命政治学与现代权力治理术——福柯的法兰西学院演进评述》，《天津社会科学》2015年第1期，第4—13页。

（4）"孝亲"美德与人口老龄化的生命政治之间的关系；

（5）医学意义上的"身体"保健与人口意义上的"身体"保健之间（涉及卫生保健资源的公平分配问题）的关系；

（6）使"身体"附魅的时尚美学与祛魅"身体"（使身体成为"机器"或"武器"）的技术集置（甚至恐怖主义）之间的关系；

（7）"解放身体"的现代技术、"强化身体"的人体增强技术与"禁锢身体"的符号政治经济学（如户籍制度、身份暴力和族群认同）之间的关系；

（8）个体化的身体对生命自由的渴望与总体化的身体对生命自由的干预之间的关系，等等。生命伦理学在实践向度内呈现的身体个体化（医学的身体）和身体总体化（政治经济学的身体）之间的紧张关系，是我们今天面对的重大实践课题。

生命伦理学的"实践面向"围绕"身体现象"的两重性（"医学—生命政治学"）展开，它进一步表现为"道德与法律""伦理与技术""文化与经济""生命与政治"等相互关系的异质性断裂和错综复杂的矛盾纠结。法律上的"合理"是否就是道德意义上的"合理"？技术上的"能做"是否就是伦理意义上的"应做"？经济上的"善"是否就是文化意义上的"善"？政治上的"正确"是否就是生命意义上的"正确"？这些问题当然也可以反过来予以诘问（如道德上的合理是否就是法律意义上的合理？）。这些问题与身体的"个体化—总体化"的内在紧张一起，衍生出复杂的法哲学的、技术哲学的、经济哲学的、政治哲学等层面的一般意义上的问题关切和思维路向，而相关讨论实际上已然将人们的视野引向众声喧哗的"后现代"景观。然而，在当今公共卫生和保健的实践领域，特别是在现代医疗技术及医学进步所推动的生命伦理学的那些具体项目上，人们面临的伦理难题可谓"层出不穷"。比如在"基因编辑技术""3D打印技术""脑扫描技术""胚胎干细胞技术""人体增强技术""大数据挖掘技术""智能机器人技术"等各种前沿性技术展现中，问题已经不单纯涉及技术形态的改变，它还带来伦理形态的改变，甚至带来文明形态或人的形态的改变。比如，机器人伦理问题（如护理机器人和智能驾驶机器人）涉及将何种伦理道德的原则（或者议程、程序）写入编程系统以构成机器人应对复杂的伦理道德难题时采取行动的道德指令。这些技术的应用甚至会导致人们重新回到对"人是什么"或"人在哪里"的根本性问题的深度诘问。因此,一个越来越显明的趋势则不能不察:技术与伦理的矛盾运动一旦深入到需要重新审视我们关于生命的本质、文化(或文明)的意义、伦理或道德概念的重新理解,那么今天所面临的伦理道德难题就不仅仅是属于某个地域性、民族性的历史文化语境中的特殊事项,而是超越特定地域或语境或意识形态的人类性的问题。生命科学、生物医学、环境科学、认知神经科学等领域的革命性突破,使生命伦理学的问题取向或实践难题变得日益凸显。在这一向度上,它提出的任务是:中国生命伦理学如何在难题治理的进路中,面对各个层次或各种范围(从大地共同体到国家、民族再到个体)的实践问题或实践难题。

五 走向策略性的和解:理解中国生命伦理学的形态学视角

综上所述,"中国生命伦理学"的三个理解性向度关涉三大问题,即:生命伦理学"如何说"(语境重构),"如何想"(思想展开),"如何做"(实践面向)。三大问题围绕的核心是生命伦理学的两个方面——"意识形态"和"科学"。那么,中国生命伦理学究竟是"意识形态"还是"科学"?无疑地,这个问题隐蔽着一种非此即彼的单一选项。当人们在语境、思想和实践三种不同的问题域中面对该问题时,必然会为"意识形态话语"和"科学话语"的异质性断裂所困扰。然而,另一方面,这里要特别指出的是:它所展示的这种冲突或断裂,也激发了人们在一种语境的、思想的和实践的前提批判中面对"意识形态"和"科学"之间相互关联和相互转化的课题。

道德形态学对人口形态、人伦形态和身体形态的考察,对于"中国生命伦理学"的前提性反思而言,有助于贯穿一种对立面"和解"的策略。这种走向"和解"的理解范式,体现为"语境回归""反思性批判"和"实践关联"三种策略性的理解样式,可概述如下:

第一,"语境回归"的策略。"语境向度"是对文化历史语境的一种批判性回归。它虽然不排斥"科学话语"的"去意识形态"功能,但就其主导倾向而论,却是将"意识形态话语"(包括对意识形态话语的批判)置于优先位置。其策略性考虑的重点,是在面对各种以"科学"命名的"普遍主义"所形成的话语压迫时，仍然坚持在话语体系方面（特别是在"学术话语体系"方面）依自身条件或自身语境而能够"自作主张"。"中国生命伦理学"的合法性问题在这一向度展开。也就是说，在"意识形态"与"科学"的紧张关系中，它将一种策略性理解的重点放在"意识形态"方面，通过挖掘生命伦理学的意识形态特性，展开"中国生命伦理学"的合法性论题。具体说，它从"特殊—普遍"的两歧中派生出"文化路向"和"原则进路"两种理解模式，进而在"人口现象"的道德形态学的语境张力中面对"地方性文化知识"和"普遍性原则论证"之间的紧张关系。"语境回归"的策略就是用意识形态话语辨识"中国价值"，进而从"人口"道德形态层面突破"文化特殊主义—西方普遍主义"的对立范式。它作为一种策略性的理解向度，主要针对目前中国生命伦理学受制于"西方话语体系"（或西方意识形态话语）和"中国传统话语体系"之双重压迫的语境难题[①]，旨在反思生命伦理学的"文化信念"和原则主义进路之间的关联形态。意识形态话语表现为观点、理论、思想传统和价值观的多元、多样、多变及其相互竞争。从人口道德形态审查一切生命权力的治理术，这实际上是从一种"意识形态批判"的视角进入"中国生命伦理学"的合法性论题。

第二，"反思性批判"的策略。这一策略是由"思想向度"进入伦理思考方式的前提批判。它旨在区分关涉"文化信念"的实质伦理与不关涉"文化信念"的形式伦理。对这两种伦理思考方式的前提性反思，有助于辨识生命伦理学的"意识形态方面"和"科学方面"。其策略性考虑的重点，是通过思想前提的批判性反思，透过"意识形态"和"科学"之双重面孔，在"传统—现代性"的相互关联中进入生命伦理学的现代性论题。"中国生命伦理学"的现代性问题在这一向度展开。它从"质料—形式"的辩证关系中产生了切近意识形态方面的"价值伦理"与切近科学方面的"程序伦理"的两种理解方式，因而在"人伦关系"的道德形态学的思想张力中面对"深层文化信念"与"浅层道德程序"之间的紧张关系。虽然"反思性批判"的策略在思想之"反思"的指向上，既

[①] 参见田海平《中国生命伦理学的话语、问题和挑战》，《吉林大学社会科学学报》2016年第1期，第140—147页。

有对作为"文化信念"的价值伦理的前提性反思,又有对作为"程序共识"的形式伦理的前提性反思,但它的重点是用科学话语融入实践理性和实践智慧,从而在"深层文化信念"和"浅层道德程序"之间架设一座相通的"桥梁"。"反思性批判"特别地针对伦理难题与法律难题[①],它既需要考虑各种意识形态的观念体系之间的冲突与和解,更需要考虑这些具体难题的科学的解决之道。

第三,"实践关联性"的策略。"实践向度"本质上是一种"关联性"向度,它旨在通过揭示生命伦理学的"科学研究项目"和"意识形态话语"的非连续性断裂及其相互关联的实践方式,由实践批判的视阈面对生命伦理学的诸难题治理。"实践关联性"策略是通过对普遍性理论话语的质疑或批判而推动认知旨趣和价值取向的实践转向,其策略性考虑的重点是回答"如何做"的问题——不是不要"理论"或者全然摒弃一切"理论",而是通过强调"理论—实践"的异质性,使得"实践关联"成为穿越"理论迷雾"的一种具有现实感和确定性的指引。"中国生命伦理学"的实践性问题在这一向度展开。"实践关联"面向现实具体的"科学研究项目",直接指向"身体形态"的异质性。与"意识形态"和"科学"的非连续性相对应,"身体形态"在实践中的异质性分布,表现为一种"医学的身体形态"与"政治经济学的身体形态"的层次区分。前者是个别的具象化的身体,后者是总体的抽象化的人口。这个区分界划"总体化身体(作为'人口治理术'的客体)"与"个体化身体(作为'医学和卫生保健'的客体)"的实践分域,进而从"个体化—总体化"的辩证关系中产生了回归医疗生活实践和面向生命权力治理的两种实践模式。它强调在"身体现象"的道德形态学的实践张力中应对"意识形态的科学(技术)化"与"科学(技术)的意识形态化"之间的紧张关系,并通过面对这种紧张关系求解两大难题:"意识形态话语"如何面向现实具体的生命伦理难题;"科学话语"如何体现意识形态的重要意义。

---

① "伦理难题"指同一种行为的价值选择无法满足两种或多种互相冲突之伦理价值评价的二难处境,在这种处境中,无论行为人选择何种价值,都会受到其他价值持有者的指责。"法律难题"是指人们在寻求一种"伦理中立"的法律解释和立法实践的过程中遇到了支持与反对都有法律依据的情况。

六 结论

透过上述语境、思想、实践三个向度的概要分析，我们得出初步结论：(1)"中国生命伦理学"在话语方式、思维方式和实践方式上的每一个理解向度，都需要面对各种"断裂的形态"或"话语异质性分布"。(2)语境的"特殊性—普遍性"、思想的"质料性—形式性"、实践的"个体化—总体化"之间的非连续性，产生了这些相互断裂或异质的理解视阈之间如何关联和贯通的课题。它的突出表现形式就是"意识形态"与"科学"之间既相互区别又相互关联的"张力场"的无处不在。(3)如果只是抓住其中一个方面去反对另一个方面，就会陷入"重构论"（抓住了"意识形态方面"）和"应用论"（抓住了"科学方面"）非此即彼、互不相容的片面性。(4)一种道德形态学的考察，由此凸显"中国生命伦理学"在"意识形态"和"科学"之间保持必要的张力的重要性。(5)一种走向策略性"和解"的理解方式可概括为：用意识形态话语辩识"中国价值"，反省生命伦理学的"文化信念"和原则主义进路之间的关联形态；用科学话语融入实践理性和实践智慧，反省中国生命伦理学的"现代性"价值支点；用"科学话语"与"意识形态话语"的相互关联及其内在张力展现中国生命伦理学的合法性、现代性和实践性。

（原载《当代中国价值观研究》2016年第3期）

附录二 生命伦理学前沿探究的十二个论纲

以下十二个论纲是对生命伦理学前沿问题的反思,旨在为一种形态学整体论的生命伦理学提供简明而系统的阐述。大数据时代的移动医疗提供了理解道德物化的形态学视角。形态学与现象学的张力是一个迄今尚未被关注到的问题。由此,产生了道德形态学的总体思路及关于生命伦理学的形态学视角的描述。这一提纲共十二篇短论,发表在《中国社会科学报》学者专栏(2016年),由"个体—总体"轴线展开,包括道德形态学方法、医疗生活史重构、医疗技术实践中美德与公正、生命科技的伦理难题以及生命伦理的中国形态与中国问题等。

一 大数据时代生命伦理展现价值维度

在过去的五年,由于智能手机、移动互联网、云计算和无线通信服务业的兴起,移动医疗(mHealth)和智慧医院已渐行渐近。它正在推动医疗保健领域发生一场颠覆性的变革——医疗大数据变革。医疗大数据既产生于数字化身体,同时又不断地推进将数字化身体纳入医疗的超级融合进程。这不仅带来了医疗技术形态的改变,而且更为根本地带来一种道德形态过程的改变。

生命伦理学是伴随着对"二战"期间纳粹人体实验的批判和对新兴生物医学的伦理反思而出现的。它探讨的主题可归结为由技术、医学和生物学应用于生命时提出问题的伦理维度。其问题涵盖了几乎所有具有鲜明时代特征的那些生物医学问题,如器官移植、克隆技术、生殖流产、基因工程、医疗资源分配等。然而,这种批判和反思,往往最优先地诉诸个人的自主或个人的善,而非人口的健康或福宁。这种从个体出发的伦理由于过于强调个人主义或自由主义的权利概念和原则取向,它所论证的原则并不特别适合于人口意义上的公共卫生或公共健康实践。且在某种程度上，有意或无意地忽略了对生命伦理学的研究来说更为重要和更为根本的保健或公共健康实践的重要性。

生命伦理学原则主义进路源自西方自启蒙以来的现代性信念。它的难于成功在于缺乏对伦理普遍主义理性原则的质疑。各种相互竞争的道德主张又必须通过某种基本同意才能相互包容并成为异质人群在一起合作的前提，因此启蒙的某些希望仍然得到延续。于是，生命伦理学遭遇恩格尔哈特所说的"地理学难题"。医生、护士和其他保健工作者在价值观上担当着类似于公务人员或"地理学家"的角色。由于经常面对"尊重病人的自由"与"去做最有利于病人的事"之间的冲突，他们"不仅需要知道俗世的多元化的道德构造的经典文本，还需要知道具体病人所属的具体道德共同体的经典文本"。由于置身于并维持着一个道德的特殊地带，他们作为保健领域的"公务人员"或"地理学家"，"就病人的权利以及在何种情形下这些权利可能会受到限制等提醒病人"，并成为"引导病人认识到这些冲突及其道德意义的专家"。①

"地理学难题"由此诉诸保健专家的实践智慧，这对难题求解来说是十分自然的。不过问题在于，一场引发生命伦理学理念或方法之重构的医疗健康实践的变革，即大数据时代个人健康革命，反而没有引起足够的重视。

来自医学界的反思表明，大数据时代为我们提供了一种方法论向导，即构建"个体与总体之间超级融合"的方法，我们称之为"道德形态学"方法。无线医疗领域的先锋人物埃里克·托普在《颠覆医疗》中表明：智能手机、云计算、基因测序、无线传感器、临床实验、网络连通、高级诊断、靶向治疗将使医疗更具个性化；数字化身体或镜像身体又塑造出"医学的伟大拐点"，大数据通过数字化的超级融合孕育人类的总体映像。这是一种"将个体与总体进行融合"的医学变革，它展现了大数据时代生命伦理的道德形态学的价值维度。

数字化人体、移动医疗和医疗大数据必然展现为一种道德形态过程。

---

① [美]恩格尔哈特：《生命伦理学基础》，范瑞平译，北京大学出版社2006年版，第84—85页。

它一开始是与智能手机、互联网、传感设备等技术形态密不可分的，但随着这个形态过程的展开，人口效应将推动医疗进入一种大数据的文明指引之中。这是一场全方位的变革。大数据对生命医学的影响将变得日益显著，这是"形态学"引入生命伦理学的契机，主要表现为三点：（1）对人口的改写；（2）对医疗生活史的重构；（3）对身体健康的重述。医生、医院、生命科技产业、政府及监管部门，以及不同宗教信仰和文化传统中的个人或持不同道德前提的人，都以某种方式进入一种道德形态过程的重构中。

根本的变革总是充满了争议，何况生命伦理学面临棘手的"地理学难题"。然而，引入"形态学"方法，从物质现象层面看待将个体与总体融合起来的价值图式，将为生命伦理学的研究开放出一种新进路。

二 道德形态学及其应用

现象学成为哲学方法的一个显著效应是对主观世界的关注。它衍生出由意向性维度切入的人文知识领域和社会科学领域。以至于与人的意向性活动相关的广泛领域，从意识、语言、声音、色彩、知觉，到身体、技术、社会、政治、经济、法律、宗教、文化等，都似乎经历了一场"言必称现象学"的运动。然而，现象学与形态学这一对"孪生兄弟"的关系，从来未曾被思及过。从两者的联系与区别中，我们可以发现建立个体与总体之关联的另一种理念与方法，即形态学或道德形态学的理念与方法。

形态学（morphology）的词源，来自古希腊语 morph（形）和 logos（逻辑），意为研究形态的构成之学。它作为现代术语最早见于生物学，指研究动植物的形态和结构。达尔文称之为"博物学的灵魂"[①]。随后，形态学进入医学、地质学、组织学、细胞学、建筑学等范围广阔的学科领域。而鲜为人知的是，这一术语的最早创构者是德国文豪歌德。这一渊源至少透露形态学在人文和社会科学领域的最初命名及其潜在的应用前景。马克思的社会发展理论、涂尔干的社会分工理论和韦伯的现代化理论都有不可或缺的形态学视角，是将形态学引入社会科学的三大范例。而 1859

---

① ［英］达尔文：《物种起源》，商务印书馆 1995 年版，第 434 页。

年德国语言学家 A. Schleicher 将这一术语引入语言学，使形态学成为研究词形学及与语言形态有关的语言学分支。（1988 年创刊的《形态学》就是国际形态学研究的权威期刊）更不用说，20 世纪法国年鉴学派对"缓坡历史"的挖掘和美国芝加哥学派对"城市生态"的研究，都可看作是形态学方法的扩展或应用。

形态学进入不同学科的历史表明，形态学理念和方法是一种关注表面上相互无关的事物的异质性分布且为极为不同的事态的相互联系所吸引的一种研究方法和关注视角。它是一种与现象学几乎同时诞生并同样得到广泛应用的跨学科的理念和方法。不同之处在于，形态学理念和方法虽然被广泛应用于自然、社会和人文诸领域，但遗憾的是，迄今为止，一种哲学性质的反思和系统化探究仍然付之缺如。

在这一点上，笔者认为，道德形态学（Moral Morphology）有可能打开一个缺口，使形态学从具体上升到抽象，从而推进一种哲学层面的反思，并通过方法学自觉增强其应用的广度和深度。

道德形态学不是凭空构想出来的概念，它根源于创建道德科学的早期社会科学家的伟大预见。19 世纪一批学者如孔多塞、密尔、孔德、列维－布留尔等人共享一个基本主张，即认为道德科学是研究社会法则的科学。涂尔干甚至称之为"风俗物理学"。他主张通过社会形态学研究道德事实并以此为道德科学奠基。因此，道德科学、伦理科学、政治科学、社会科学等词汇经常是可替换使用的。从物质形式（形态及其运动）的层面探究社会法则或自由法则的规范性构成，在今天似乎成了各门社会科学遵循的一种颇为常见的进路。然而，它造成的一种两难则不可不察：一方面，隐蔽的形态学视角或多或少支配着各门具体社会科学的探究；另一方面，"自然主义谬误"的责难（指责它混淆了道德与科学、价值与事实的界限）又使得这些探究面临合法性危机。这个难题在哲学上透过现象学与形态学的张力表现出来。现象学反思局限于从意识方面探究个体与总体的关联是不够的。形态学探究从物的方面进入该论题域，带来了一种新的竞争性的理念和方法。

如果把海德格尔关于技术本质的诘问反过来看，就会发现，技术座架的支配尽管隐蔽着存在之被剥夺的危险，但也展现了一种道德物化的文明进程。荷兰哲学家拉图尔、伯格曼、维贝克等人意识到，我们需要用新的眼光重新看待技术人工物的道德地位问题，即在一种经验转向和伦理转向中探究技术之为物的道德形态过程。技术对生命、灵魂、道德进行建构的趋势，使生命伦理学面临生死抉择。这为道德形态学的理念和方法的应用提供了用武之地。

三 机器时代的来临与生命伦理学

2016 年 3 月，美国 Deepmind 公司开发的机器人 AlphaGo 在首尔的五轮比赛中击败了顶尖韩国围棋棋手李世石，引发全球范围的讨论和关注。这是一个注定要载入史册的重大事件。它预示机器时代的来临。机器展现出超人的深度学习能力及基于网络大数据对人类领域的深度侵进，揭开了历史的新篇章。

两年前，畅销书《人类简史》的作者赫拉利的一段话，似乎是专为这一事件预备的评论。他写道："经过 40 亿年的自然选择之后，……站在新时代曙光乍现的时间点，生命即将改由智能设计来操控。如果这种可能性终于成真，事后看来，到这之前为止的人类历史就能够有新的诠释：这就是一个实验和实习的过程，最后是要彻底改变生命的游戏规则。"①当今的生物工程、仿生工程、无机生命工程等技术的进步，正在推动这种智慧设计向广泛的人类领域渗透。以 AlphaGo 为代表的智慧设计一旦在不同的人类领域展开"实验"，它进入生命的游戏并对规则进行改写，就仿佛只是一个"实习"问题了。

无论从何种意义上看，"人机大战"不仅仅只是一场好玩的直播秀。学会对弈的机器一旦介入生命之游戏，如抉择生死，介入保健，助力生命科技或生物医学的发展，并在诸如陪护、驾驶、安保、医疗服务等活动中一展所长，甚至通过与脑技术、纳米技术、生物工程技术的会融对人体、心灵和道德进行操纵或干预，它就会将人类生命带向古老的人性论之问，使人们重新面对"人是什么"的质询。这将会带来一种总体性的生命形态的改变。

引发人们高度关注和深思的是：机器时代的来临，不论我们愿意看到

---

① ［以色列］尤瓦尔·赫拉利：《人类简史：从动物到上帝》，林俊宏译，中信出版社 2014 年版，第 391 页。

还是不愿意看到,它都将是一个不可阻挡的、正在拓展中的文明进程。而一种理性的慎思或明察,再一次吁请人们:"想想我们正在做什么。"

或许,在机器时代的曙光乍现之际,回过头来想想"我们如何想"这件事本身可能会更有意义。因此,当前紧要的事务乃是,让我们认真地想想:生命伦理学到底要怎么"想"才不会误入歧途?面对 AlphaGo 及其表征的智能革命,生命伦理学的反思如何进入对构成思想的反思?不论在西方还是在中国,生命伦理学受到各种不可通约的理论形态和异质性话语的困扰,产生了互不相涉或异质的理解视阈和话语布展之间如何关联与贯通的课题。它亟需引入一种形态学视角。

事实上,生命伦理学在其诞生之初,就被美国医学人文的奠基人 Edmund D. Pellegrino 赋予了贯通科技与人文的使命。他指出:"医学是科学学科中最人道的科学,是最经验主义的技艺,是人文学科中最富有科学性的学科。"[①] 科学与人文边界的推移及融合构成了 Pellegrino 对医学人文形态描绘的广大背景。由此向前溯,可承接并重构 19 世纪知识论在"道德科学"的范式中所蕴含的方法学理念,由此向后延,又可伸展到今天由 AlphaGo 所表征的从自然选择到智慧设计的生命形态之改变。

生命伦理学的形态学视角展开的是一种长时段、大历史的考察,探究的触角指向自然史和人类史的辩证运动。而面对 AlphaGo 可能开启的智能设计模式对生命形态的改变以及由此敞开的机器对人口、人伦、人体的形态重构,想想"我们如何'想'"这件事情本身,意味着一种可能,即形态学从具体上升到抽象的可能。笔者由此将生命伦理学的形态学视角概括为三种跨越:(1)通过跨学科条件下分类学之突破进行问题域还原;(2)通过跨文化条件下的比较思维之突破进行认知旨趣之拓展;(3)通过跨时代条件下物质形式的政治经济学批判进行道德形态过程的探究。[②]

从形态学视角看,阿基里斯追不上乌龟的原因,是由于人们不让他跨越。AlphaGo 的现身表明,机器时代是一个全面跨越的时代。它离我们并不遥远。《三体》《分歧者》《神秘博士》等叙事文学,预告了机器时代

---

① 转引自黄丁全《医疗法律与生命伦理》,法律出版社 2007 年版,第 3 页。
② 参见田海平《生命伦理学的"中国话语"及其形态学视角》,《道德与文明》2015 年第 6 期,第 13—24 页。

将长期存在科技对人性的"世界之战"。生命伦理学的形态学视角前瞻性面对这个世界之战,它要坚守生命道德的底线,将"关心人的本身"作为一切技术上奋斗的主要目标。

四 现代医疗技术的伦理形态

现代医疗技术及其相关体系推动了高新生命技术和尖端科学技术在医疗中的转化和应用,使得现代医疗生活的形态演进遵循医疗技术化趋势。现代医疗技术不再是某种纯粹的功能化技术类别,而是包容诸异质要素的形态化技术展现。特别是纳米技术、生物技术、信息技术、认知科学四大技术的会聚,改变了人类以技术方式构造社会和医疗的进程,那些看似与医疗目的无关的技术正在进入现代医疗技术范畴,医疗技术依其技术功能与医疗功能的关联而呈现为一种从技术形态到伦理形态拓展的趋向。

生命伦理学的形态学视角不能回避这一趋势以及由之带来的医疗生活史重构的课题。技术进入医疗的不同进路构成了技术与伦理关联的不同形态。大致说来,有三种关涉医疗生活史之重构的形态。

第一种可称之为"常规形态"。常规医疗技术在技术形态方面具有明确的医疗目的,它以诊治疾病和纠正缺陷为主要目标。而与之相关联的伦理类型,则主要涉及病人个体权利的保护、医生的义务与责任以及适用于医疗技术的生产和使用过程中的公平正义原则,等等。这些标明了常规形态的医疗技术所关联的是一种可常识化的伦理形态,其典型形态特质就是以制度性架构为旨归的程序伦理问题。可常识化的程序伦理是与常规化的医疗技术及其发展相适应的一种伦理形态。它的核心是确立和运用尊重病人个体自主权的制度性架构。它需要协调三方面的矛盾:常规化医疗技术水平与日益增长的大众保健和医疗卫生需求之间的矛盾;传统伦理生活方式与现代医疗制度之间的紧张;以家庭为单元的医疗决策模式与尊重个人自主的伦理原则之间的冲突。

第二种是"转化形态"。"转化医学"一词虽然晚出(1996 年首次提出),但它作为技术形态却早已存在,且体现在"从板凳到临床"的口号中。转化医学是将研究成果转化为诊断工具、药物、干预措施等,以达到改善个人和社群之健康的医疗目的。它在两个方面遭遇伦理难题：一是临床前研究与临床的衔接要经过从动物实验到早期人体实验诸环节，这带来了以"常规形态"为参照的可程序化的研究伦理问题；二是高新生命技术的临床转化进一步带来了医学革命化，因而也造成了"风险—收益"难于计算或评估的伦理问题，而一些尖端技术（比如克隆技术、基因编辑技术）的转化有可能带来对"人性""人的自主权""人的概念"等常识概念的颠覆性改变。因此，伴随着转化医学范畴下的医疗技术的跨阶段、多领域、探索性等复杂特质，其伦理形态以策略性架构为旨归，既有面向可常识化的程序伦理的方面，又有面向针对"人性"或"人之自主权"进行生命伦理质询的实质伦理的方面。这种两重性使得转化形态的医疗技术比较明显地关联着一种"途中道德"的伦理类型。

第三种是"增强形态"。这一伦理形态与"人类增强技术"的发展相关联。"人类增强技术"通常是指逾越"医疗目的"的技术。从技术形态看，这些技术有的是从医疗技术的功能逾越而来，有的是从转化医学的"转化形态"中进一步转化而来。由于它在关乎人性改良、医学功能转移、技术逾越性、公正有限性四大生命伦理挑战时总是呈现出一种未决事项的特征，因此，其伦理形态只能通过人类拓展未来的技术化生存获得对生命总体存在进行改造的超人类主义的伦理辩护。因此，"人类增强技术"是在拓展一个可能（或即将）来临的"后人类主义时代"的意义上，关联着一种新的实质伦理的"增强形态"的建构。

现代医疗技术作为一种容纳了各种异质性要素的技术形态的展现，在常规形态、转化形态和增强形态的技术展现中，关联并展开了相应的伦理类型或伦理形态。现代医疗技术对人的生育方式、保健、疾病治疗、人体增强、寿命延展、老龄生命质量提升、临终关怀、死亡问题等殊为不同的事项所进行的干预和操纵，使得生命伦理学必须面对不断得到拓展的异质性的"技术—伦理"类型。这凸显了生命伦理的形态学视角对重构医疗生活史的重要意义。

五 福柯的"目视"与医疗生活史

大约在50多年前，福柯出版《临床医学的诞生》时，把医学史归诸对空间、语言和死亡诸论题的拓展。他强调说，这是关于"目视（regard)"的论述①,是从厚实的历史话语中观察医学史状况。福柯的探究对生命伦理学意味着什么以及有何意义?这问题仍然有待深究。事实上,如果循着"生物学—生命科技—生命伦理学"的路线看,福柯并不被看作是一个生命伦理学家。然而,如果沿着"人口学—卫生保健—生命政治学"的路线衡量,至少福柯的"目视"概念所嵌入的形态学视角及其有待挖掘的生命伦理意蕴,对医疗生活史重构的生命伦理论题而言,则提供了富有启发性的借鉴。

医学史从早期编年史,启蒙时期的进步史,到20世纪引入技术史、科学史和社会史,再到当今方兴未艾的生命史学之重构,见证了福柯指认的"目视"的意义。一方面,现代思想通过把死亡纳入医学,并体现在每个人的活生生的身体中,诞生了被规定为关于人的科学的医学。② 另一方面,人体解剖学或病理解剖学构成了实证医学产生和被接受的历史条件,疾病和健康不再是一种形而上学的不可见之物,而是向语言和目视的权威开放的对象。这意味着,医学空间能够穿越和渗透社会空间。"疾病构型的空间与病患在肉体中定位的空间,在医疗经验中叠合,只有一段较短的时间,在这个时期,十九世纪的医学同时发生,而且病理解剖学获得特权地位。正是在这个时期,目视享有主宰权力……这'一瞥'不过是在它所揭示真理上的运作,或者说这是在行使它握有全部权利的权力。"③ 目视的真理,展开了分类医学,医疗机构,医学教育体制和保健政策,普遍化的医学意识的觉醒和民众的卫生启蒙,以及不断系统化地从出生登记、接种疫苗、身体体检到死亡证明的生命治理术等等,使得渗透到社会空间的医学化权力得以彰显,成为一种可见的真理运作。

由"目视"切入医学史或医疗生活史,是对可见的微观权力运作的形态过程的探测或描述,它本质上属于生命政治学的范畴。在这里,福柯特别关注事物是如何从非连续性、离散化、不确定性、形态多样的支配形式或治理技术(包括规训与惩戒)中得到扩展、弥散和传播,即不是从主观方面聚焦于原则、意义、精神、世界观以揭示人们想什么,也不致力于发

---

① [法]米歇尔·福柯:《临床医学的诞生》,刘北成译,译林出版社2001年版,第1页。
② 同上书,第220页。
③ 同上书,第1—2页。

现事物在多大程度上反映了人们的所思,而是要探究事物如何从一开始就被系统化而成为知识和话语的对象。因此,"目视"之要义,是要借以展开空间和分类的形态学视角,透视人口层面的经验个体(如疯癫、疾病、犯罪、性)是如何被置于对象领域,以及是如何成为某种支配技术或治理术的对象。在此视角下,医学作为人文科学被建构的历史,始于对个体进行分类和客体化,以及个体在接受这种分类和客体化的过程中被重构的历史。于是,医学史、疯癫史(疾病史)、性史等主题被纳入生命史学范畴。它考察的是现代性话语中"人之诞生"的历史和"人之死亡"的历史。

医疗生活史的重构就是通过"目视"之指引,从"个体—总体"的非连续性中透过医学史进入生命政治学。"目视"的实质是机构化或总体化的权力运作,它无所不在地监控、主宰、操纵、纠正、干预个体化的身体,呈现为"针对人口、针对活着的人的生命权力",其目的是"为了使人活"且"活得更好"而日益更好地干预生活、干预生命,以"提高生命的价值"、"控制事故、偶然、缺陷"。① 在这个领域所展现的多种多样的形态变迁和对峙,由医学化和去医学化的各种势力构型,涉及生命政治学的两大系列:一是"身体系列";二是"人口系列"。

医疗生活史重构由此提供了从生命政治学理解生命伦理学的进路,即让生命伦理回归医疗生活史。生命伦理学对人本身的关注,不仅要从生物学视角探究与"身体"相关的医疗技术的伦理形态,还要从生命政治学视角探究与"人口"相关的医疗保健的伦理形态。两者都与医疗生活史重构密切相关。而相较于技术进入医疗生活史而言,作为人的科学的医疗生活史的重构,则更重要,也更为根本。

六 诚意伦理是医患重构的基础

1958 年,安斯康姆(G. E. M. Anscombe)发表《现代道德哲学》,引发了对美德伦理的关注。同年,几位儒家学者发表《为中国文化敬告世界人士宣言》,呼吁重视"以德性润泽身体之价值"。② 半个多世纪过去,

---

① [法]米歇尔·福柯:《必须保卫社会》,钱翰译,上海人民出版社 1999 年版,第 233 页。

② [美]余纪元:《德性之镜:孔子与亚里士多德的伦理学》,中国人民大学出版社 2009 年版,第 1—2 页。

美德伦理学虽然在近 20 年呈现复兴气象，然而它在主流生命伦理学中的位置仍然尴尬：医学美德通常被视作传统医德而被排除在主流生命伦理学之外，未受到应有的重视。

生命伦理学回归医疗生活史的效应，是将美德伦理重新理解为生命伦理学不可或缺的基础。至少医患重构不能缺少美德伦理之支持，这一点越来越为有识之士所关注。生命伦理学的美德转向，在两个方向上展开：其一，从宗教和文化根源上重构生命伦理学的诸种努力，凸显了美德或医学美德的重要性，使生命伦理学的美德进路成为可能；其二，当代美德伦理学的复兴也带来了主流生命伦理学对医学美德的立场的转变。比彻姆和邱卓思的《生命医学伦理原则》从 1977 年面世到 2009 年第六版修订，反映了这种转变的趋向：它从最初忽略美德伦理，到批评它，到承认其优点，最后，发展到赞扬美德伦理学。①

考虑到《生命医学伦理原则》的世界性影响，其立场变化具有标杆性意义，即标志着生命伦理学从元伦理学、规范伦理学之应用的主流范式转向美德伦理之重构。生命伦理原则论辩当然有其不可替代的功能和意义，但是，它预设了"过去—现在"之分离且在专注生命伦理原则时不能顾及"过去—现在"的历史承续，不可避免地陷入道德世界的断裂或碎片化。生命伦理学的美德转向旨在超越原则主义的狭隘视角，从过去的历史结构中寻找理解现在和未来的钥匙，通过把医学美德重构于道德观察者与被观察者之间关系的历史的形态界面上，以期描述特定传统、文化、信仰或文明体系及其生命伦理形态中美德或医学美德之功能、构成及演进。

抛开美德转向扩展生命伦理学文化旨趣的长远目标不论，笔者认为，其现实关切显著地指向当下急需应对的医患重构的诚意伦理基础。

第一，医学美德的核心是诚意伦理。儒家"己所不欲、勿施于人"被视为世界各大宗教或文化共认的"道德金规"，而其美德话语就是诚意。古希腊《希波克拉底誓言》，唐代孙思邈《大医精诚》，美国特鲁多医师的墓志铭（"有时去治愈、常常去帮助、总是去安慰"），虽源出不同

---

① 罗秉祥：《传统中国医疗伦理对当代美德医疗伦理学可作的贡献》，《中国医学伦理学》2010 年第 4 期，第 4—6 页。

时代或不同语境，但都以某种方式描述了诚意伦理的美德要求。如果没有诚意，我们无法仅凭义务、律则和利益来协调医患、构建健康良善的生活。

第二，诚意伦理重在修身。修身的直接义是照料身体，间接义是照料灵魂，它是福柯所说的"自我技术"的伦理。亚里士多德和孔子用射箭术比喻美德需要身体之训练和心灵状态之改善。儒家讲诚意，是"壹是皆以修身为本"，基本要求是"毋自欺"。孟子说，"思诚者人之道"。意思是说，人只有诚其意才能使美善之意贯通身心、我他、己群，此为人之道也。诚意伦理在中医传统中展现为"医者意也"的美德实践，即医者要固持美善之意、恻隐之心、视人如己之念，将诚意延展为正心、修身和治世的生命美德之道。

第三，诚意伦理是一种责任伦理。它以个人生活的美好和共同体乃至人类的繁荣为旨归，提供了对当今医患重构的伦理基础进行诠释的责任伦理进路：（1）用"良心反对"平衡权利话语之泛滥；（2）用"良善生活"的价值尺规抵抗医疗保健中资本逻辑的统治；（3）以医患之间的诚意互动寻求摆脱道德陌生人困境；（4）以共同体责任的重诠，使诚意从个体扩展到共同体或人类层面，以抗击技术时代"支配对敬畏的胜利"。

生命伦理学的美德转向只是刚刚开始。美德的培养使一些好的习性和品质在我们的性格中根深蒂固，因而是原则论辩何以可能的前提。美德转向对医患重构的诚意伦理基础的探寻，使生命伦理透过良心、责任、合作性的对话和对生命的敬畏，重新发现传统的意义，又进一步切近对人类共同价值观的确证。

七　医疗公正：理论难题及其求解

健康能否成为正义的恰当主题？罗尔斯《正义论》避开了这个问题。他把健康说成是"与精力、智力和想象力一样"的自然善（natural good）而排除在社会基本善的指数之外。[①] 这导致卫生保健不能归诸一般性社会正义理论的判定。原初状态中的个体被预设为正常的、积极的、与其他社

[①] John Rawls, *A Theory of Justice*, Revised edition, Cambridge Massachusetts, Harvard University Press, 1999, p. 54.

会成员保持良好合作的缔约人。那里没有为病人留下位置。因此,《正义论》中"社会基本善"包括了权利、自由、机会、收入、财富,以及自尊,却不包括健康或卫生保健。然而,必须注意的是,罗尔斯在另一个地方(《作为公平的正义:正义新论》)又明确表述了其重视卫生保健的道德直觉。他指出,一个社会为所有人提供基准卫生保健是社会制度的重要安排,是保证公民自由而平等的道德地位及成为合格的社会合作成员的前提。[①] 显然,在医疗公正问题上,罗尔斯在理论层面的回避与在实践层面的直觉之间呈现鲜明的反差。这保留了一道待解的医疗公正的理论难题。我们姑且称之为卫生保健的"罗尔斯难题"。

毫无疑问,正义作为社会制度的首要价值内含医疗公正及其在理论与实践之间的循环运动。医疗公正的实践诉求要求一种基于正义理论框架的回应。至少有两种求解医疗公正难题的代表性观点:第一种是格林(Ronald Green)的论证。他修改了罗尔斯的社会基本善的指数体系,将健康或卫生保健列入其中。进而,在罗尔斯两个正义原则("平等的自由原则"和"公平的机会平等原则")的基础上,试图增加第三个原则:"卫生保健的平等可及原则"。这个论证旨在强调卫生保健资源分配的重要性,但是由于逾越了罗尔斯正义理论框架,需要重建一个替代性的一般正义论,这很难在理论上获得成功;第二种是丹尼尔斯(Norman Daniels)基于机会平等原则的拓展。丹尼尔斯的工作是将罗尔斯的第二个正义原则("公平的机会平等原则")在医疗保健领域进行实质性拓展和具体运用。他从罗尔斯正义理论框架出发,试图表明:由于卫生保健是保护机会的必要构件,因此它理应受到"公平的机会平等原则"的指导和约束。丹尼尔斯将罗尔斯的正义原则运用于卫生保健和公共健康领域,被认为是迄今为止弥补正义理论与实践鸿沟的卓越尝试。

丹尼尔斯求解医疗公正的理论难题之初衷,是针对生命伦理学对医疗公正的忽视。他在《公正的保健》(1985)中写道:"当我感兴趣于医学伦理学时,对医疗保健分配的哲学分析方面的文献之缺乏感到震惊……迄今为止没有人分析医疗保健是何种社会益品或者探究社会对它的分配应遵

[①] John Rawls, *Justice as Fairness: A Restatement*, Edited by Erin Kelly, Cambridge, Mass.: Harvard University Press, 2003, pp. 168-176.

循何种原则,甚至在应用哲学这个年轻的分支领域,也因为在正义理论方面作过如此之多的工作,使这个缺欠显得格外奇怪。"① 有趣的是,该书面世 23 年后,生命伦理学忽视医疗公正的情况并无实质性改观。丹尼尔斯在晚近出版的《公正的健康:公平应对健康需求》(2008)中指出:"生命伦理学没有从医学上升到健康的社会决定要素和健康不平等问题,更未能上升到一般社会正义,这是它的失败之处。"② 丹尼尔斯对问题的求解集中于两点论证:(1)健康能够保护机会,这赋予卫生保健以"特殊的道德重要性",使之成为社会正义的一个基本选项;(2)健康系统的制度建构不应过度消耗资源使本来境遇不利者的整体境况变得更不利,因此一种恰当的医疗公正理论要与一般性社会正义理论保持连贯。

应该看到,丹尼尔斯在罗尔斯正义理论框架下求解医疗公正的理论难题,只是众多可能进路中的一种。格林的论证则指示出其他的可能性,比如,功利主义或女性主义等。无论如何,我们今天不论在理论上还是在实践上仍然面临日益突出的医疗公正难题。不仅正义理论的哲学论证要重视医疗公正,生命伦理学也需要从医学上升到一般社会正义理论的高度上,进而把人口健康和卫生保健(而不仅仅是个人自主或个人的善)确立为主导性论题。从这个意义上看,丹尼尔斯对医疗公正的理论探究的意义在于,他指出了从人口形态透过医疗技术或医学科学带来的健康革命,去发掘影响健康需求的那些更为复杂的社会和制度要素。这里隐含着从生命伦理学的形态学视角求解医疗公正的理论难题的进路。

八 后人类主义的挑战

"后人类主义"(Posthumanism)与 NBIC 会聚技术的蓬勃发展紧密相关。它是伴随着 NBIC 会聚(即纳米技术、生物技术、信息技术、认知科学的会聚)为基础的一种理性哲学和价值观的结合。福山指出,这是一种危险的超人类主义观念,其核心是相信人类"会利用生物技术使自己

---

① N. Daniels, *Just Health Care*, New York: Cambridge University Press, 1985, p. x.
② N. Daniels, *Just Health: Meeting Health Needs Fairly*, Cambridge University Press, 2008, p. 102.

变得更强大、更聪明，不那么倾向暴力而且长生不老"。① 桑德尔将之概括为"支配对敬畏的绝对胜利"。②

一旦新技术在纳米、基因、电子、神经层面实现大规模会聚，且进入对人类遗传物质、身体性状、情态乃至精神进行改造或增强，人类就有可能从自然进化阶段跃升到人为进化阶段，历史将进入进化史上的"奇点"：一个后人类时代将会来临。后人类主义者认为：技术文明使人类遭遇自己的"后人类同伴"，这是一个不可阻挡的趋势；积极之应对，不应是一味地反对或竞相表达某种忧虑，而是顺应文明发展之趋势，立足于技术时代的文明进程，理性、前瞻地在哲学和价值观方面预为筹划。

后人类主义的倡导者莫尔（P. Moore）在《增加我：人类增强的希望和宣传》一书中指明，用新技术强化人体、提升性情、延展寿命，可能使人成为"超人"，然而仅靠技术增强人类并不必然带来福音；如果缺乏与之相匹配的社会建构形式和生命道德观念，希望就会化为泡影。他提出并论证了后人类社会建构的三条原则：（1）永恒发展；（2）个人自主；（3）开放社会。③ 毫无疑问，后人类主义者透过 NBIC 会聚技术带来的健康革命，预见到技术与文明的形态关联及蕴含的从社会建构到人性改良的后人类道德前景。当然，它有明显的技术乌托邦色彩，涉及对人的定义、健康之本质、技术之功能、公正之条件等论题的重新诠释。

在这个意义上，笔者认为，后人类主义实质上提出了需要认真对待的针对生命伦理学四原则（尊重自主、不伤害、有利、公正）的全面的挑战。

首先，后人类主义使生命伦理学遭遇人性挑战。后人类主义认为技术支配或改良"人"的趋势是不可阻挡的，它使"尊重自主原则"落入"特修斯之船"的困境。"特修斯之船"是说，一艘海上航行数百年的船，其航行持续的秘诀是：只要有一块木板腐烂就会被换掉。那么，当所有船

---

① 参见胡明艳、曹南燕《人类进化的新阶段——浅述关于 NBIC 会聚技术增强人类的争论》，《自然辩证法研究》2009 年第 6 期，第 106—111 页。
② [美] 迈克尔·桑德尔：《反对完美——科技与人性的正义之战》，黄慧慧译，中信出版社 2013 年版，第 97 页。
③ 参见曹荣湘《后人类文化》，上海三联书店 2004 年版，第 267—282 页。

板都被换掉后，这艘船是否还是原来的那艘？将这个思想实验运用于人类增强技术的讨论，就会使后人类处于特修斯之船的困境中：当"人"像物品一样被技术操纵以增强功能或改变性状时，是否需要重新定义"人"的概念？生命伦理学面临在新的技术文明语境下（后人类时代）如何论证或理解"尊重自主原则"的困难。

其次，后人类主义使生命伦理学遭遇健康需求和健康标准的发展性难题的困扰，生命伦理学的"不伤害原则"面临丧失标准的困难。"永恒发展"设定了人的发展性需求的正当性，当增强目标被设定为健康需求时，作为治疗目标的健康就会被遮盖。为阿尔茨海默病患带来福音的生物医药可用于增强健康人的记忆、思维和行动能力。而当这种增强被广泛使用时，这种药物所激发的增强性的健康需求就会居于首要地位，健康标准甚至会被改写。生命伦理学面临如何排除有害增强以确保某个增强项目符合"不伤害原则"的挑战。

第三，技术由治疗到增强的功能逾越，使"有利原则"遭遇难以平衡"收益—风险"的难题。按照生命伦理学的"有利原则"，在进入"能做—应做"的决策分析时，任何项目都必须找到界定有利并权衡利益、风险和成本的方法，否则它无法获得公共道德和生物医学伦理的支持。对NBIC会聚技术来说，由于受益与风险的计算受制于技术不确定性和评估时间跨度长等因素的影响而难于进行，这就使得其"能做—应做"的决策程序陷入困境。

第四，后人类主义预设让增强的人口获得更多机会，这种社会建构的开放性原则有悖于生命伦理学的公正原则。"后人类"社会建构的动机，源自人类增强技术创造的竞争优势，它会加大而不是减少社会不公正。生命伦理学要考虑对什么人应该进行增强、以及在何种条件下可以进行增强，这里面临的挑战在于：必须对人类增强技术的研发和应用设置必要的限制，以使之符合公正原则的要求。

九 冷冻胚胎是"伦理存在物"吗？

2014 年，无锡一家法院审理了一起关于冷冻胚胎处置权争议的案件。一对年轻夫妇在此之前做胚胎移植助孕术时冷冻了 4 枚受精胚胎，不久他们遭遇车祸不幸双双遇难。双方父母与医院之间就冷冻胚胎的处置权属展开诉讼。最后，法院做出判决：这4枚冷冻胚胎归夫妻俩的父母共同处置。① 无锡判例在我国首次以诉讼形式揭开了冷冻胚胎之争。然而，在国际上无锡判例并非孤例。20世纪80年代轰动一时的美国"李欧斯夫妇案"和"大卫诉大卫案"早就将冷冻胚胎之争的伦理重要性突显出来了。冷冻胚胎之争，涉及与人类胚胎有关的三个亟须澄清的生命伦理难题。

第一，冷冻胚胎是否是"伦理存在物"？它在何种意义上具有道德地位？

人的受精卵、人类胚胎、胎儿、新生儿都属于人类生命的存在形式。但是，它们是否是一种具有人格意义的伦理存在物，则存在广泛争议。有一种流行观点认为，人格是因存在物自身而固有的属性。就人类生命存在形式而言，只有新生儿及现实人才有人格，胎儿次之，人类胚胎不具备人格属性，因而不是伦理存在物。这种观点显然忽略了人格的社会构成。而社会承认是伦理存在物的必要构成要素。人格虽然有其生物学基础，但它更为主要地是一种社会赋予的属性。新生儿并不因其自身而拥有人格，而是因其获得的广泛的社会承认而拥有人格（想一想"狼孩"的例子）。在这个意义上，胎儿和人类胚胎同样如此。他们是否具有人格属性，取决于它在何种程度上获得社会承认。有人曾设计一个思想实验来探究冷冻胚胎的道德地位："假设在一个仓库里，有一只猫、一个婴儿和成千上万准备移植的冷冻胚胎。仓库突然失火，如果只能抢救三者之一，所有人基本都会选择抢救婴儿。如果还能再抢救一个，在猫和胚胎之间，选择的差异性就很大了。而选择的依据主要取决于人们是否在伦理向度给予人类胚胎以更高的道德地位。这个思想实验表明，不论是从"潜能"视角看，还是从"现实"视角看，正是因为承认人类胚胎在某种程度上具备人格化的伦理属性，才需要对它进行特殊保护和谨慎处置。

第二，如果说冷冻胚胎是一种特殊形态的伦理存在物，那么，冷冻胚胎的处置应遵循何种伦理原则？

人类胚胎具有人类个体的全部遗传信息，它以特殊形式潜在地蕴含人类尊严和人格属性，是一种特殊形态的伦理存在物。如果此言不谬，那么

---

① 案件事实和判决参见无锡市中级人民法院官网链接：http://wxzy.chinacourt.org/public/detail.php?id=5773.

我们需要在充分权衡冷冻胚胎的道德地位的基础上，探究冷冻胚胎的处置原则。（1）维护社会公益原则。冷冻胚胎只有服务于医学目的，即用于合法夫妻的人工助孕，才符合社会公益原则。只有合法生育的夫妻才有权利要求冷冻胚胎，也只有合法生育的夫妻才能处置冷冻胚胎，这是冷冻胚胎技术应遵循的首要伦理原则。（2）保护人格利益原则。在失主人类胚胎的处置方面，要优先保护人格利益。具体说，在夫妻一方或双方亡故的情况下，由于失主冷冻胚胎承载了亡者人格利益，冷冻胚胎的处置必须优先考虑亡故一方的人格尊严。（3）禁止和限制原则。处置冷冻胚胎时应遵循禁止买卖和有限制的试验研究的原则。[①]

第三，冷冻胚胎之争能否推动并深化关于"代理母亲技术"的伦理讨论？

冷冻胚胎之争无疑揭示了正确看待人类胚胎的道德属性及其处置原则的问题向度，至少它从理论和实践两个方面推进了关于"代理母亲技术"（即代孕）的伦理正当性问题的讨论。事实上，如果我们承认冷冻胚胎是一种特殊形态的伦理存在物且失主人类胚胎的处置原则应遵循优先保护人格利益的原则，那么"全面禁止代理母亲"的理由就需要认真地且全面慎重地对之进行重审。

我国"全面禁止代理母亲"的禁令之施行，与代孕技术的负面后果（如商业化、欺诈、非医学代孕、法律纠纷、国外代孕机构介入等）、它引发的公共道德争议、卫生机构或管理方面的制度条件等因素密切相关。然而，从医学功能、妇女生育权和冷冻胚胎的道德地位三个层面衡量，笔者认为，"全面禁止代理母亲"无疑是一种具有保守性的权宜之策。著名生命伦理学家邱仁宗先生呼吁："允许具有医学适应征的妇女代孕，也许是应该考虑的时候了。"[②] 从这个意义上看，冷冻胚胎之争有可能会推动并深化关于代孕问题的伦理和法律问题的讨论，从而有助于"代理母亲技术"获得生命医学伦理的支持。

---

① 上述内容参见方兴、田海平《冷冻胚胎的道德属性及其处置原则》，《伦理学研究》2015年第2期。

② 邱仁宗：《冷冻胚胎之争的伦理审视》，《健康报》2014年11月21日第5版，人文视线栏目。

十　生命伦理的四种商谈模式

在一个共识坍塌的世界如何重构生命伦理学？这是全球化时代生命伦理面临的最大道德难题。生命伦理学从职业道德的医学伦理学演化而来，在西方（特别在美国）经历了神学家重新发现传统、哲学家澄清概念、政府时期伦理和全球生命伦理诸阶段。其因时而变的多元道德论争及历时态问题的同时态呈现，又使得生命伦理陷入更广泛的道德争议。生育、疾病、治疗、医疗技术、保健和医疗资源配置以及面对死亡时段的伦理问题，等等，这些高度敏感且具争议性的议题，吸引了异质性的哲学、文化或宗教视角的关注以及诸俗世权力或资本在其中的角力。这使得道德多样性成为生命伦理探究的焦点和难点。

共识坍塌的判断与寻求共识的努力之间的张力，似乎贯穿了自启蒙以来的整个现代时期。一旦认识到道德分歧的无可避免和不可平息，人们就会把相关主题论辩理解为一种实践意义上的道德形态过程。从这个视角上，透过人口现象阐明"我—他"关联，有助于通过一种对话的伦理来应对道德多样性的挑战。毕竟对话或商谈是共识构成的前提。因此，生命伦理学家重构道德的努力，主要表现为由"我—他"之间的关联所展现的四种生命伦理的商谈模式。

第一种是"我—他"相对模式。一个社会中的人口通过我者与他者的形态区分来辨识道德朋友和道德陌生人。前者是指持共同道德前提的个人所组成的共同体，它属于我者范畴。而持不同道德前提的人就是道德陌生人，是道德上的他者。"'我—他'相对模式"是指：人口中各种不同类型的我者总要在面对异质他者时坚持自己。这是持不同道德观的人们对话或商谈的前提，恩格尔哈特称之为道德陌生人难题。他认为，世俗生命伦理学只有通过保持"我—他"相对的张力，才能使对话持续，并通过建立在普遍同意基础上的道德程序使不同道德共同体之间的合作成为可能。

第二种是"我—他"相与模式。一个社会中的人口通过我者与他者的形态比较或权衡来识别或鉴定道德熟人。在一个大规模的陌生人社会里，不同信仰、语言、文化和意识形态信奉者之间的分歧，不能用固化的"我—他"标签套用。大多数道德争议不是在"朋友—陌生人"之间展开，而是在道德熟人层面进行。"'我—他'相与模式"是指："我—他"之间通过比较和权衡来争取合作机遇、寻求长远意义上的认同，使陌生人在对话中成为可以合作或相与的熟人。这是合作性商谈得以展开的前提。这种生命伦理的商谈模式，借用了"熟人相与"的隐喻，既强调尊重差异的价值，又强调明晰责任前提下保持正直和作出妥协的重要性，旨在通过"和而不同"的相与原则推进实质性商谈。

第三种是"我—他"相互模式。一个社会中的人口通过我者与他者之间的形态相通来寻求实质上的道德指引。在此，"道德他者"内含道德辩证法，即我者从他者学习并进入"我—他"相互性视域。"'我—他'相互模式"是指：通过道德视野的扩展在形态相通的意义上奉他者为"道德导师"。因此，这种生命伦理的商谈模式主张面向他者，以他者为指引或向导，重审并纠正我者的先入之见。它将开启生命伦理进入一种实质性的商谈模式。

第四种是"我—他"相约模式。一个社会中的人口通过我者与他者之间的形态关联来建构一种形式上的道德约定。由此，形成每一个我者以他者为约束而总体人口以"公约"形式应对道德分歧的生命伦理商谈模式。"'我—他'相约模式"是指：通过政府、医疗机构和相关国际组织及其代理，致力于相关议题的商谈对话。其主要目的是形成公认的原则和程序框架，用以指导生命伦理的立法、政策或医疗实践。

生命伦理学家重构道德的努力，受到人口中"我—他"之间形态区分、比较、相通、关联等多种样态变化及其不确定性的影响，亦受到文化中传统与现代性、理论与实践、人文与科技、宗教与俗世之间话语断裂的影响。生命伦理学应对道德多样性的商谈模式，其宗旨是为了避免共识坍塌的后果。而一种开放的生命伦理学，只有向一切对话或商谈保持开放，才能找到棘手问题的解决之道。

十一 生命伦理学的"第三条道路"（上）

用道德形态学方法探究生命伦理，是笔者致力于拓展的一个研究纲领。它与生命伦理学的"应用伦理学"范式和"建构中国生命伦理学"范式相区别，我们将它定位于对"中国生命伦理学的第三条道路"的一种探索。这一探索的目的，是将一种形态学视角引入道德领域或道德哲学的探究之域，从而使生命伦理学的研究具备一种道德形态学的视域。

生命伦理学的研究理路，受到两种对立的研究进路之影响。一种就是人们通常所说的"应用伦理学"范式——简称"应用论"；另一种是"建构中国生命伦理学"的研究范式——简称"建构论"。这两种研究范式的对峙构成了生命伦理学研究中令人感到棘手的"应用论—建构论"对峙的难题，我们称之为"应用论—建构论"两歧难题。对于中国生命伦理学来说，这属于"入门"难题。然而，它带来的问题，却是意味深长、影响深远的。如何破解这个初始的然而却是如此顽固的难题呢？

从"应用论"的核心观点看，生命伦理学的目标就是生命伦理的普遍理论在中国的应用。它尤其偏重西方自启蒙运动以来被尊奉为具有普遍意义的普遍主义理论的应用，其重点并不是致力于某种替代性"普遍主义理论"的创造性建构，而是指向对"应用"问题的强调。由于这一研究范式预设了某种现存的生命伦理学的普遍主义理论的合法性，它也就采取了一种非理论的应用姿态，即把某种现存理论话语及其原则论证指认为具有普遍性，进而把生命伦理学的重心放在了如何在中国语境下应用这些具有普遍性的生命伦理学理论。

"建构论"则选取了另一条研究理路。它致力于中国语境下生命伦理学的传统重构——或曰"传统的重新发现"。以此为进路，建构论者主张"重构中国生命伦理学"。它的重点是推进来抗衡西方普遍主义且体现中国语境下"传统重构"或"传统之重新发现"的建构主义纲领。因而，它更为关注某种特色理论话语的建构和具有特定历史语境内涵的特殊主义道德原则之重构，并且优先强调当代中国语境下生命伦理学的话语体系以及"传统的现代转化或当代重构"所具有的重要意义。

上述生命伦理学的研究范式和方法理路上的分歧，不仅在应对中国生命伦理学合法性难题和原则性论辩时表现为大相径庭的两种认识旨趣，而且在应对全球生命伦理学竞争性理解和观点论争时也同样呈现为相互对立的两种理论格局。两种研究范式的分野及其相互竞争，通常表现为文化取向的生命伦理学（如基督教生命伦理学或儒家生命伦理学）与原则取向或问题取向的生命伦理学（如俗世的或应用的生命伦理学）的相互对峙、难于让渡的困局。

互不相容的生命伦理学范式的交锋和论争，对于拓展生命伦理学的研究旨趣和问题范围是必要的。这为人们在这一背景下扩展道德形态或文化形态的生命伦理视阈提供了参照，也推动生命伦理学进一步面向生命政治实践、大众医疗卫生、医疗保健政策等各层面的医疗实践中的应用课题。前者具有鲜明的文化意识形态印记，后者更多地体现为一种面向实践或现实具体项目的科学化（或理性化）探究和原则探究。① 这两个方面的对峙及冲突虽然总是以各种形态或各种面貌呈现，但它们大致可以被归类为两种比较典型的形态：一种是关涉"信念问题"的精神形态，表现为传统之诠释、语境之回归和宗教形而上学根基之探源等方面相关论题；另一种是关涉"程序问题"的理性形态，表现为现代性建构、科学化循证和世俗人道主义原则之证立等方面的相关论题。

随着"现代医疗技术"的迅疾发展，医疗技术实践在伦理形态视阈（特别是在技术形态和伦理形态的相互关联方面）的理性内涵和精神内涵也在不断得到丰富和拓展。这使得两者之间隐含着的关联性方面变得越来越显著，也日益引人瞩目。与信念相关的"建构论"和与程序相关的"应用论"的两极选项需要在面对"中介选项"时容纳更多的异质伦理要素。这一趋势在相对宽广的历史视域中呈现为亟待深入挖掘的道德形态过程。换言之，"应用论—建构论"的两歧论争其实已然隐蔽着从"两极"到"中介"融合趋势。这即是我们所说的生命伦理学"第三条道路"，即生命伦理的道德形态学进路。

十二 生命伦理学的"第三条道路"（下）

不同于"应用论—建构论"的两歧论争，道德形态学在面对传统与现代性、本土与全球化之间的紧张冲突时，更强调它们之间无法割裂的形态学整体性特征，即强调从形态过程的关联性视域把握人类道德生活的整体、类型和结构化趋势，以展开生命伦理学的"第三条道路"。它包括三条基本的方法论要点。

第一，通过"问题域还原"面对道德分歧，在跨学科条件下应对道德多样性难题。生命伦理论争由于对问题域不做深究，常常陷入一种

---

① 田海平：《中国生命伦理学："意识形态"还是"科学"？》，载《当代中国价值观研究》2016 年第 3 期。

"后现代的尴尬"：不同学科背景上的观点似乎除了展示分歧，此外便无所作为了。"问题域还原"是面对生命伦理学跨学科对话的交互性或关联性的一种智识类型和方法论向导，是促进不同学科条件下问题域之间跨界沟通的问题方式。它旨在寻求形态学视角上的理解范式之转化。它通过问题域之"问"使人们获得如何面对道德分歧之引指。"问题域还原"的必要性在于，它通过对问题域进行提问或质询，在一种理论前提批判中面对生命伦理学的跨学科条件及其与形态学意义上人之生命基质密切相关的知识条件及生存境遇问题。问题域还原的"问题学"，是切近道德形态学视角以开启生命伦理学"新进路"的一个入口。

第二，通过"认知旨趣拓展"面对共识坍塌危机，在跨文化条件下应对"文化战争"的文明难题。

恩格尔哈特指出，生命伦理学领域中的"文化战争"长期存在，其结果是共识的难于达成。西方背景下俗世生命伦理学与基督教生命伦理学之间的"两军对峙"，中国语境下普遍主义应用论和文化特殊主义建构论之间的话语断裂，表征了中西方文明各自在生命道德领域遭遇"文化战争"的文明难题。生命伦理学应对"文化战争"的进路，是在文化路向、原则进路和难题治理三个方面进行认知旨趣拓展。"认知旨趣拓展"就是尽可能地理解"文化他者"以促进自我理解，它将人们带入一种彼此关联的"文明的地理学"或"伦理的地理学"。它强调在跨文化条件下真实地面对道德复杂性，思考到底是什么给我们带来了道德进步，使人类在诸如性行为的意义、生殖、早期生命、稀缺资源分配、政府权威的性质、临终和死亡的意义等重大生命伦理议题上尽管难于达成共识，却可以在文化对话、互勘和比照意义上对不同的生命伦理旨趣进行文化诊断和价值扩展。

第三，通过"社会经济形态"的关注视角考察传统与现代性、本土与全球化的矛盾运动，在一种跨时代语境下展现生命伦理的道德形态过程。

道德形态学诉诸长时段、跨时代的大历史观来看待传统与现代性、本土与全球化之间的矛盾运动，因而，涉及与经济形态学、政治形态学、宗教形态学等诸种广义社会形态学之间的重叠部分。"社会经济形态"的关注方式指向这个核心领域。换言之，从人的物质生活形式出发进入"社会经济形态"的问题域，借助道德形态过程的考察，澄清人们在概念或观念上的混乱，使生命伦理学的学科性质、话语方式和知识谱系得以拓展。

"社会经济形态"的关注视角要求生命伦理学反省它的意识形态特性及其物质生活前提。具体说，中国语境下的生命伦理学必须认真反省体现在中国人的身体历史、生命存在、医学实践、医疗体制和医疗生活史之中的价值诉求、情感积淀和伦理认同，揭示并阐扬其中有待深入挖掘的生命伦理学的中国价值内涵。这从另一个方面表明，任何移植、引介和应用西方生命伦理学的研究范例或理论范式的尝试，当然毫无疑问地会为中国生命伦理学的研究提供有益的视角、方法、理论和观点，但并不能替代中国形态的生命伦理学研究。

（原载《中国社会科学报》2016年学者专栏）

附录三　大数据时代生命医学伦理学的方向

大数据时代的来临,带来了人类社会生活领域广泛而深入的结构性重构,引发了人们在工作方式、生活方式和思维方式等方面的全方位变革。① 对于当前生命伦理学的研究来说,这种大数据技术的变革揭示了"个体"与"总体"相互关联的新的技术方式上的变革。因而,在伦理方式上,它预示着一种根本性的改变,即以一种医学道德形态的深入转型为契机,拓展了生命医学伦理学的问题域。笔者认为,大数据技术带来的医疗卫生和保健领域的急剧变革,究其深层本质而言,体现为生命伦理学方向的一种拓展。它表明,生命伦理学不仅要关注个人权利的道德重要性,还要认真对待人群健康问题或人口形态的健康需求问题。因之,生命医学伦理学关注的方向,要从专业行为准则、病人权利问题和医疗公正难题,向人群健康或人口形态的健康需求方向进行拓展。

一

汹涌澎湃的大数据技术的潮流,使医疗技术实践和医疗保健领域呈现出一种兼具个人化和整体化发展的趋势,因而在伦理思考方式和伦理价值方式上带来了值得人们予以密切关注的一些新动向。

一方面,从伦理思考方式看,"从个体出发"与"从总体出发"历来是两种相互对立、互不相容的伦理思考方式,大数据技术凸显了个体与总体的连通性意义,这为生命医学伦理学的道德思考提供了新方法。随着大数据时代的来临以及各种类型的医疗大数据平台的构建,在大数据条件下

---

① [英]迈尔-舍恩伯格、库克耶:《大数据时代:生活、工作与思维的大变革》,盛杨燕等译,浙江人民出版社2013年版,第1页。

生命医学伦理的基本原则必须认真权衡这两种思考方式的融合。这意味着，当我们思考一种生命伦理学原则时，"从个体出发"的伦理或价值方式必须接受来自"从整体出发"的伦理或价值方式的平衡或制约。因为，"个体化医学"或作为一种个体化科学的医学，在大数据时代，尽管其在生命伦理形态上嵌入了个体主义或个人主义（包括自由主义）的价值偏向，但它根本上离不开大数据总体化的医疗信息平台及其相关资源的支持，因而，必须接受"从整体出发"或"从总体出发"的价值方式的规约。考虑到在大数据时代我们总是通过大规模的数据关联再现个人医学信息以及由云计算或超级计算将"总体预测"与"具体观微"相结合推进医疗实践中的健康革命，那么，我们就不难在生命伦理学的思考方式上得出一个基本的结论，即一切脱离或偏离了总体化或公共本质的"个体善"及其原则论证，最终会导致我们的道德世界的碎片化或片面化，无助于我们时代重大生命医学伦理难题的解决。

另一方面，从伦理价值方式看，大数据技术强调"致广大"与"致精微"的内在贯通，这为生命医学伦理学的价值决断提供了新视角。所谓"致广大"，是说我们的生命伦理学研究应该睁开关注穷人健康利益的"眼睛"，要"看得见"并"顾得上"普罗大众的健康需求。医疗大数据或者大数据技术在医疗健康领域的应用提供了这样一种看问题的视角。因之，从"致广大"的伦理价值方式看，大数据时代生命伦理学应该关注人口意义上的健康卫生和每一种人群特别是穷人的健康利益，而不能只是立足于富人的权益而去探讨那些最前沿或最昂贵的医疗技术带来的伦理问题——如"谁可使用透析机"，"谁可获得稀缺的移植器官"等。当代生命伦理学起源于世界上最富裕国家这一事实表明，它以往对个人自主权利的重视、对家长主义或不告知病人真相等提出的尖锐批评，虽然带来了医患关系的重大进步和生命伦理探究方式的重大突破，但也造成了对人口形态或人群意义上的生命伦理学问题的不应有的忽视。大数据技术推动生命伦理学家优先关注穷人的健康利益以促进医学技术更好地为人类谋福祉，这隐含着一种具有方向性指引的伦理价值之决断。当然，回过头来看，当医疗大数据朝向这个方向发展时，它的前提条件是：公正的医疗卫生和保健必须是平等地面向、顾及或惠及每一个个人的卫生健康之需求。这意味着在技术形态上高精尖的医疗技术不应成为生命伦理学关注的中心，"我们的注意力将集中在影响卫生保健的多种因素上,高技术只是其中之一"①。而医疗大数据技术平台提供了这种可能性。这种以人口健康为中心的生命医学伦理学的紧迫性表明,面向每一个个人的"致精微"的医疗卫生或保健服务在技术形态上的展现实际上蕴含着一种伦理形态的变革。因此,从"致精微"的伦理价值方式看,医疗大数据的总体化发展或"总体化医学",只有是建立在基于数字化人体的诸种技术及由之构造的个体化医学模式基础之上才是可能的。大数据技术之所以曰"大",就如同信息之"海"曰"大"是一样的道理。因为其构成的要素是由汇聚其中的信息的涓涓细流之"微"积聚而成。因此,在大数据时代,医疗大数据不仅能够帮助人们于总体上把握人口意义上的疾病分布及其发展趋势,而且能够于个体细微处观察或顾及每一个个体以及某种疾病的产生、发展及其预防、治疗。我们看到,这两个方面是相互支持、相互依存、不可分割地关联在一起。日益成熟且日益便捷的基因技术及智能化技术在医疗和保健领域的应用,使得"洞幽观微"的精准医学以某种形式被建立在了"海纳百川"的医疗大数据技术平台上。医学不仅变得越来越个体化,越来越精准化,而且越来越以一种总体化的发展趋势呈现。这种将具微性或特殊性之个体和其公共性或普遍性之总体以数据关联形式进行融会贯通或高速联连的技术,在医疗技术实践领域蕴含了一种伦理价值方式上的重大突破,隐含着某种对生命伦理学方向的厘定。

不过,从一种现实性的视角上,我们应该看到,虽然医疗行业和医疗技术实践的每一次进步与科学技术的最新进展之间存在着某种天然的亲和性关联,但令人感到困惑的是:人类在利用信息技术,特别是在利用大数据技术和人工智能技术提供医疗卫生服务方面,医学领域却是明显地落后于其他行业。我们看到,某些非医疗领域的先行者反而走得更远。例如,著名社交网站 FaceBook 的首席执行官扎克伯格和他的妻子普莉希亚就明确提出了"终结人类所有疾病"的计划,并且付诸实施。再比如,IBM 公司研发的超级机器人"沃森"已经作好了进入医疗卫生

---

① [美]丹尼尔·维克拉:《伦理学要优先关注穷人的健康利益》,邱仁宗翻译、整理,载《健康报》2013 年 7 月 26 日第 6 版。

领域的准备，它可以利用医疗大数据获取病人信息并提供相应的治疗方案。但是，无论是"终结疾病"的宏伟计划，还是通过智能机器"沃森"推进医疗领域信息化、智能化的健康革命，都需要以医疗大数据平台为"先锋"。况且"沃森"从研发阶段到市场化之间还有相当长的路要走，而"终结人类所有疾病"的计划，终究必须面对医生"目视"权威的压迫与审视。

在这个问题上，我们只需考察一下我国医疗卫生领域广泛存在的医患冲突①就不难发现，当今医疗生活仍然受制于医生权威的主宰或阻碍。这使得"看医生"的现象学效应总是负载着某种可以称之为医学权力话语的戏剧化演出。"目视"似乎并没有因为医疗技术的巨大进步而减弱，反而越来越加强。在这一点上，医学保守主义者更倾向于排斥新兴的信息技术革命和智能技术变革。营利性医学使"过度医疗"盛行，它成为阻挠大数据健康革命的顽梗。这形成了比较坚硬且似乎无处不在的"医学之茧"的困扰。当然，值得庆幸的是，一种趋势——把精准医疗、智慧医院和个体化医疗融合起来的趋势——在日益完善的医疗大数据技术平台上正在展开。这预告了大数据时代医疗技术变革的基本方向：通过数字化人体引发医疗健康革命。这进一步激发人们去思考大数据时代生命医学伦理学的方向。

二

"医疗大数据"首先是作为一种新型技术形态和数据形态进入医疗卫生和保健领域。

作为一种"数据形态"，它被数据库专家称之为科学研究的"第四种研究范式"②。作为一种技术形态，它是机器（具有超级计算能力的计算机）从海量的离散性医疗数据中识别和挖掘有用的相关数据，是大数据技术中的一种类别。就前者而言，作为一种科学研究范式，它使医学科学的基础建立在"数字化人体"基础上，因而在身体伦理维度预设了对人

---

① 邵永生：《医疗恶性事件背后的伦理困境——医改的境遇伦理分析》，《东南大学学报》（哲学社会科学版）2016年第5期，第33—38页。

② Hey T, Tansley S, Tolle K. "The Forth Paradigm: Data - intensive Scientific Discovery". *Microsoft Research*, Redmond, Washington, 2009, pp. 1 - 2.

的本体结构进行功能化重构的范式,即所谓"数字人"的出场①。在这一维度,基于一种科学研究范式的人文史效应,我们不难看到,由于它有意无意地强化了一种医学功能主义对医学人道主义的挑战,因而需要在人文视野上面对医学人道主义的质询。②

就后者而言,作为一种数据挖掘技术,医疗大数据的应用原则虽然是通过"数字化人体"或"数字人"来推进医疗健康领域的超级融合过程,但是,"数字化人体"或"数字人"的技术形式并非是一种有悖于医学人道主义原则的技术展现。③ 如果我们换一个角度看,例如从面向广大的普罗大众的健康需求或人群健康生命伦理学问题域的视角看,由于医疗大数据通过"数字化人体"或"数字人"的技术平台旨在推动更广泛的人群进入生命伦理学探究的视野,它也就以一种新的形式体现了医学人道主义的伦理理念——这种新形式不仅仅是以个人权利为其奠基,还要以人口健康或人群健康为其奠基。

实际上,这个过程在今天呈现出来的发展方向,在技术路线上已经变得清晰可见:那就是,将无线生物传感器、基因组测序或成像设备中收集的个体信息,与传统医学数据加以结合,并不断地进行更新的过程。在这个过程中,医疗大数据的应用法则,不是基于单一因果关系的线性联接,而是建立在医疗大数据基础上的对复杂的、涌现的、非线性的相关关系的挖掘。其核心技术是一种基于海量信息的"算法"体系。我们称之为"超级计算"或"云计算"。医疗大数据的构成在"数字化人体"的基础上融合了六大科技进步。这六大科技进步包括:(1)移动通信;(2)个人计算机;(3)互联网;(4)数码设备;(5)基因测序;(6)社交网络。当然这个清单并不全面。然而,"数字化人体"及基于医疗大数据平台的医学超级融合的真正实现,实际上并不那么容易。例如,作为第一步,电子病历和医疗信息系统(简称 HIT)以及个人健康档案(简称

---

① 张轶瑶、田海平:《大数据时代信息隐私面临的挑战》,《自然辩证法研究》2017 年第 6 期,第 32—36 页。
② 这种来自人文视角的医学人道主义质询指向将"人"还原为"数字人"的功能主义趋向,在某种意义上提出了在大数据条件下如何"把人当人看"的问题。
③ 当然,数据主义对医学人道主义构成的挑战是显而易见的。这一点,笔者在后文中有文字集中论述,此处不再赘述。

PHR）的建构与完善就仍然面临传统价值观带来的巨大阻滞。其中，最大的障碍来自广泛存在的"价值鸿沟"它直接影响了公众的参与。众所周知，HIT 系统是医疗大数据不可缺少的组成部分，是数字化人体的基础性平台。一方面，从其真正的价值诉求来看，公众越是参与度高，越能丰富并改善医疗大数据的品质；而如何说服公众接受该系统并真正参与进来，仍然是当前医疗保健领域面临的一个价值难题；另一方面，从它的应用前景看，"我们有了大规模的在线医院、移动医院和数字化人体的信息系统，一个全新的数据收集平台系统就会随之显现，这给医学开辟了一种巨大的创新空间"。① 从这个意义上看，大数据技术甚至能改变医疗或医院的结构和形态，通过赋予它以全新的道德内涵使医学更主动，更偏重预防为主的理念，以至于人们完全可以在"个体科学"的意义上重新定义医学。

在大数据时代，一种潜在的然而却是日益凸显的重要变化正在展开：以一种更为方便快捷的方式，更为低廉的价格或人人都能支付得起的费用，以及日益精准的技术形式，掌控我们每一个人自己的医疗过程和医疗保健，正在成为这个变化的核心。在此意义上，这一变化过程，使得人口健康的生命医学伦理学或者"人群健康生命伦理学"具有与日俱增的重要性。换言之，大数据时代生命医学伦理学带来的一种重大的变革，就是把"健康问题"确立为生命伦理的优先事项。我们称这一过程是一种与大数据健康革命相适应的"医学道德形态过程"。具体地说，医疗大数据平台的构建及其运营，一定会随着它的规模的扩大和效率的提高，在四个方面推进生命伦理学对"健康问题"的关注。这四个方面关涉：（1）总体人类健康；（2）社会公共善；（3）共享的伦理；（4）个人医疗服务方面的改善。② 我

---

① 田海平：《大数据时代的健康革命与伦理挑战》，《深圳大学学报》（人文社会科学版）2017 年第 2 期，第 5—16 页。

② 岳瑨：《大数据技术的道德意义与伦理挑战》，《马克思主义与现实》2016 年第 5 期，第 91—96 页。在此文中，作者将大数据技术面临的伦理问题进行了概括：一是在增进整体人类福祉时如何缩小数字鸿沟；二是在促进公共善时如何防范数据失信和数据失真；三是在展现开放共享的伦理时如何保护个人隐私和安全；四是在体现尊重差异的价值时如何从"多"和"杂"中挖掘"好"；五是在融合"知—行"时如何避免"自然主义谬误"。笔者认为，这五个方面的问题在医疗大数据及相关平台技术中都有所体现。笔者从一种医学道德形态的意义上，借鉴上述的观点，重点概述了医疗大数据技术带来的四个方面的革命性重构，即总体人类健康、社会公共善、共享的伦理和个人医疗服务之改善。

们看到，它将从根本上推进医学道德形态的一种革命性重构。

首先，大数据时代健康革命是通过大数据平台下个体化医学来改善整体形态的人类健康。这推动生命伦理学优先强调"健康关怀"的意义，以实现问题域拓展，进而，走出棘手的"权利纠葛"。

对于生命伦理学家来说，始终令人困扰且似乎无法找到答案的伦理难题是："谁有权获得这一种或那一种稀缺而昂贵的医疗卫生服务？"当高新生命技术开始逾越医疗功能并对人体进行增强时，这种"权利纠葛"就越发成为一道棘手的生命伦理难题。然而，如果我们关注医疗大数据带来的改变，就不难发现：大数据时代的"健康革命"必然使生命伦理学从一种相对狭小的"权利视角"转向更广大的"健康关怀"的视角。我们如何测量总体人口形态上的健康状况以及人们从"摇篮到坟墓"的健康之改进？我们用何种价值观来指导大数据条件下的个人健康革命？这些问题要求生命伦理学思考与权利相对应的责任问题。在大数据条件下，数字化人体和基因组学的重要意义在于，它通过大数据技术和基因筛查技术的融合运用，带来医学或医疗重心的转移或变化。某种程度上，我们可以将之概括为从"权利纠葛"转向"责任担当"。不论人们称之为"移动医疗"，"个体化医学"，还是"精准医学"，它作为一种"负责任的创新体系"，提供给人们的医学劝告主要集中为两条：第一条是"预防比治疗更重要"；第二条是"医学只有遵循个体化科学才能带来整体人类健康状况的实质性改善"。[①] 这两条劝告集中在把作为个体的"点"和作为信息库或知识图谱的"面"或"体"关联起来。因而，通过顾及每一个个人的健康需求来解决"权利纠葛"。医疗大数据通过综合性的数据平台和智能化的超级算法，使医学在个体化层面能够最大限度顾及个人权利，同时推动医疗卫生服务和保健的平等可及。例如，在大数据时代，智能手机在某种意义上将成为一条"生命线"，它使边远地区的人们（通常是穷人们）获得他们所需要的医疗服务，并通过数据反馈为社区创造一个数字化的网络系统。在这个意义上，通过个体化医学改善总体人类健康，体现了优先关注穷人的健康利益的生命伦理学的价值取向，它使得"以患者为中心

---

① 参见田海平《大数据时代的健康革命与伦理挑战》，《深圳大学学报》（人文社会科学版）2017年第2期，第5—16页。

的医疗"不再只是某些医学人道主义者的口号,而是一个实际展开的道德形态过程。

其次,大数据时代健康革命是通过构建公共健康之善,来疏解医患紧张。这是大数据时代医学道德形态重构的重点。医疗大数据作为一种公共益品,凸显了公共健康之善作为善物的特殊的道德重要性。

一直以来,生命伦理学对个体权利的强调和对总体人口健康的强调之间存在一种明显的张力,甚至断裂。在一种非此即彼的片面中,后一个方面(总体人口健康)通常会造成对个人权利的某种形式的压迫,而前一个方面(个人权利)又会造成对总体人口健康的某种形式的侵害。然而,有了医疗大数据这种公共益品,以及大数据条件下的医疗卫生系统或基于大数据算法的多部门协同决策系统,保障个人权利和维护人口健康之间的断裂就得到了实质性融合。健康作为一种"善"具有特殊的重要性。其特殊之处在于:它是一种能够保护机会的"善"。对于个人权利而言,健康是机会的前提。大数据时代健康革命的要旨,是由个人健康视角构建公共健康之善。这是构建医疗大数据的一个基本法则——只有平等顾及每一个个体的医疗卫生福祉和健康利益,才能够构建相对完善的总体人口健康。在这个意义上,以人群健康为旨归的生命伦理关切由此凸显了健康作为善物的特殊的道德重要性,而基于大数据的医疗卫生和保健模式则将医患关系伦理带向一种良序循环。一方面,个人自主或自我决定在医疗大数据的支持下,尤其是在基于"数字化人体+基因测序"的个体化医学的支持下,不再是一种抽象的权利原则诉求,而是真实展现的个人权利保障;另一方面,即医疗大数据作为一种公共益品提供给个人的健康或诊疗指南,无论对病人还是对医生都类似于信息海洋中的"航海图",即使像安吉丽娜这样的明星,在做出某种预防性医疗决定时,亦需要依据对基因筛查技术和个人健康信息的比较全面而准确的把握。这为人们提供了一个从未有过的世界观。医疗大数据作为公共健康之善使病人真正成为医学的中心。此外,大数据时代个人健康的侦测和管控(包括疾病的预防和治疗),可以在医疗大数据基础上建立数据模型,形成一种多部门协同决策系统或跨界(跨领域、跨行业、跨地区、跨学科)协作平台。这使医疗大数据能够真正成为一种广泛地惠及民生健康需求的公共益品。例如,在大数据条件下,"智慧医院"(作为"智慧城市"的构件)可以为普通市民提供即时性的一对一的医疗保健服务。它可以结合相关气象、交通（包括航班或市内交通路况）、人流、物流等多领域或多部门的大数据网络及超级算法，再根据相关医疗大数据，提前几天或提前一天（甚至提前十几个小时），通过手机 APP 对单个市民有针对性地提供就诊、出行、饮食、用药等方面的卫生健康指导。基于大数据算法的多部门协同决策系统还将引入人工智能系统，优化效率和精准性。它不仅在救灾、一般性急救、防暴反恐、交通事故救援、重大疫情应对等方面发挥不可替代的重要作用，而且在日常医疗卫生和健康服务领域也将彻底改变医患沟通或医患关系的现有模式。

第三，大数据时代健康革命是通过一种融合的医学展现开放共享的理念和相互依系的伦理。医疗大数据的开放共享需要一种负责任的创新体系之支持。它拓展的方向既要以"健康人文"（health humanities）为前提又以其为建构目标。因而，内含通往"健康人文"的生命伦理尺度。

不容否认，生命伦理学在当代医学人文学（medical humanities）跨学科研究中始终处于"桥头堡"的地位。但是，在大数据时代，不仅医学边界在一种广泛的超级融合中不断地向外推移，甚至医学人文（或医学人文学）的边界也在消融。有学者指出，尽管医学人文取得了重大进展，我们仍需一个"更具包容性、更加开放和更面向应用的学科"，"……以包括那些被医学人文边缘化的贡献，如除医生以外的医疗从业者、护士、护工和患者等为人类健康所做的努力"。这个概念就是英国诺丁汉大学教授克劳福德（P. Crawford）等人在 2010 年提出的"健康人文"（health humanities）概念。[①] 我国学者张大庆[②]、唐文佩[③]、段志光[④]等，近年来率先关注并对"健康人文"理念给予了肯定的评论。生命伦理学在"医学人文"范畴下侧重从医生视角思考生育、死亡、疾病与治疗。这在大数

---

① Crawford P. Baker C. Brown B. et. al. "Health humanities: the future of medical humanities?" *Mental Health Review Journal*, 2010, 15 (3): 4-10.

② 张大庆：《医学人文学的三次浪潮》，《医学与哲学》2015 年 7 月第 7A 期，第 31—36 页。

③ 唐文佩、张大庆：《健康人文的兴起及其当代挑战》，《医学与哲学》2017 年 6 月第 6A 期，第 1—5 页。

④ 段志光：《大健康人文：医学人文与健康人文的未来》，《医学与哲学》2017 年 6 月第 38 卷第 6A 期，第 6—9 页。

据条件下明显过于狭窄。"健康人文"理念的提出，适应了大数据时代健康革命的发展趋势，它强调从种族、性别、阶级、民族、国家、制度、文化、政治经济、人口和技术形态等更宽广的视角思考健康理念、生命政治以及卫生经济等非医疗的健康相关领域。例如，对于医疗大数据而言，数据的开放共享和医疗技术实践中的"负责任的创新"，将会使医学或医疗远离以营利性医学为主的"医学工业复合体"[①]。而从一种更广阔的大数据视野看，一切与健康事业高度相关的社会人文条件之改善，都可纳入健康人文视野。这其中，值得期待并可以期待的，是一种开放共享的健康理念和相互依系的伦理。事实上，随着大数据时代的降临，世界各国政府以及一些大的跨国公司普遍认识到数据开放共享的重要性。各国政府也相继出台了数据开放的法令，跨国企业亦在致力于寻求或建构数据共享的经济模式。从健康人文视角看，医疗大数据的重要功能，是将每一个人的健康信息作为一个一个不可忽略的"点"而联成一片数据之"海"。因此，一种开放共享的医疗信息技术系统和健康信息平台可以通过相关关系的挖掘而预测某些疾病的分布或流行，进而为人们更好地理解疾病、残障、痛苦、脆弱、照料的意义提供支持。数据的开放共享将带来一系列的融合，这些融合，很可能是人类有史以来最伟大的医学和健康卫生方面的融合。它将数字化、非医学领域的移动设备、云计算和社交网络，以及非医学语境的生命政治学或卫生经济学的制度框架的创新，与蓬勃发展的基因组学、生物传感器和先进成像技术的数字化医学领域合为一体。在这种融合的医学中，疾病的治疗模式会由于信息透明和顺畅而不断地向着预防医学的方向前移。换句话说，健康人文的医学伦理意义就在于：它旨在促进一种相互依系的生命伦理框架——在该框架下，人们不是等到某个病患的某种疾病发展到无可救药的程度时再去寻求医疗干预，而是在其征候初现时就进行预防或干预。医学或医疗技术可能因为彰显了一种开放共享的理念和相互依系的伦理而向健康人文方向靠近，它将会更加偏重疾病的预防和

---

① 丹尼尔·维克拉引用《新英格兰医学杂志》前任主编提出的对"营利性医学"的警告——这个警告指认：营利性医学是某种"医学工业复合体"。维拉克接着指出："十年前，……在许多论坛上，他（提出这个警告的主编）被不体面地对待，被控为'大惊小怪者'。但我们现在回过头来看，他错就错在他的警告太温和了。"［美］丹尼尔·维克拉：《伦理学要优先关注穷人的健康利益》，邱仁宗翻译、整理，载《健康报》2013年7月26日第6版。

健康状况的改善，而体现了"上医医未病之病"的理念。

第四，大数据时代健康革命通过开放整合的专家团队为个人提供医疗服务，因而使个人健康得以建立在个体化医学科学基础上。它体现了"以个人健康为目的""以患者为中心"的医学道德形态的建构方向。

人类健康的一些重要领域需要建立在医学科学的基础之上，否则会易于为迷信或道听途说的"知识"（往往把自己打扮成"真理"或"权威"的化身）所侵蚀。这些领域包括我们的身体，性别、残障、心灵的破碎和无可改变的脆弱性，以及死亡和永生，等等。例如，虽然个体遭遇疾患，但真正的疾患有时并不内在于这些个体（因为疾病是可以治愈的），而是存在于比较广泛的社会环境或制度环境之中。这也是笔者特别强调使用"医学道德形态"（而不用"医学道德"）概念的缘由。当医疗数据不完整或者出现严重错误时（不排除欺诈），这种情况时有发生。因此，大数据时代健康革命的一个重要诊疗模式，是通过开放整合的专家团队为个人提供医疗服务，并真正形成"以患者为中心"的医学道德形态。因为，在大数据时代，基于网络平台的医疗技术实践，不再是某个医生或某家医院的单打独斗的事情。不可否认，任何时候通过网络寻找疾病治疗的途径仍然存在着一定的风险，但是随着医疗大数据技术平台的逐步完善，这种风险也在逐渐减少。在大数据时代，医学的真正力量在于一种全面组织起来的信息、服务、技术和专家团队的医疗协作模式的建立。一种开放整合的专家团队使得大数据条件下医学团队的诊疗模式成为未来医疗诊治的基本模式。大数据时代的医疗技术实践，为"团队医学"提供了新的形式，从而也使得个人健康可以而且必须建立在一种个体化的医学科学基础上。医疗不再是个体医生的一种"眩人"的"目视感"的仪式化演出，也不是"江湖郎中"的某种技艺性活动，而是基于网域空间的专家团队为患者提供量身订造的个体化医疗服务。以团队形式为个体患病提供医疗健康服务，这在以往是一种非常稀缺的医疗资源，只有极少数人才可能获得这种资源。但是，在大数据条件下，医疗大数据平台使得普罗大众都有机会获得由专家团队提供的个体化医疗服务。从这个意义上看，这种医学道德形态建构了真正体现"以患者为中心"的医学伦理理念。因为，从个体收集到的数据的大批汇总最终将会创建一种良性运行的伦理性反馈，使健康计划的所有参与者受益，并鼓励越来越多的人参与进来。①

三

　　大数据时代的健康革命，在技术形态上取决于数字化人体基础上的"大数据医学 + 精准医学"模式的建立。然而，这并不是我们要强调的重点，因为技术按照自身运行逻辑已经呈现出这样一种发展的趋势——我们指认，无线传感器、大数据与基因组学的结合是其先锋。这里要强调指出，许多理由推动人们认真研究和思考由大数据技术带来的医学道德形态的变化。其中，下述三大效应或挑战是关键：（1）个人隐私和信息安全面临的挑战及隐私伦理问题；（2）数据主义对医学人道主义的挑战及其面临的根本性质疑；（3）数字鸿沟或价值鸿沟带来的伦理挑战问题。

　　（一）大数据健康革命的第一个效应，是个人隐私遭遇到前所未有的挑战。如何保护个人隐私及信息安全，是大数据时代生命伦理学必须首要回应的伦理挑战。

　　毫无疑问，在数字化、信息化时代，医疗行业面临保护信息安全和保护个人隐私的双重困扰。外科诊所的网络系统受到黑客入侵的事件屡屡现诸报端。通过勒索病毒破坏可植入性医疗设备（例如可植入性除颤器）是比较常见的伤害事件。而保险公司与公司雇主总是想方设法通过医疗大数据（特别是通过 HIT 即电子病历和医疗信息系统以及 PHR 即个人健康档案）获取个人医疗和健康信息，以对潜在的或现有的客户和雇员进行分类或筛选，造成了隐私伤害和歧视行为的发生。而另一种安全隐患和隐私风险，是员工使用自带移动设备连接医疗系统的 IT 基础设施所带来的风险。这被称为医疗领域的"自带设备"难题。"自带设备"可能成为恶意软件侵入的最薄弱环节，也可能成为难以监管的隐私侵害的缺口。

　　在大数据时代，无线传感器、基因组学和云计算的融合带来了大数据健康革命，但是，它同时也使个人处于一种被连续监测的全景监控和实时计算之中。于是，数据的开放共享带来了尖锐的隐私侵权和信息安全问题。个人信息隐私作为一项基本权利，其核心诉求不是在技术上促使个人

---

① 参见田海平《大数据时代的健康革命与伦理挑战》，《深圳大学学报》（人文社会科学版）2017 年第 2 期，第 5—16 页。

信息如何"不被看见"或"不被解读"（这一点实际上不构成隐私伦理的选项），而是当我们的个人信息"被看见"或者"被解读"时要具备一种分辨力和辩护力，使隐私成为一项能够得到维护的基本权利（这才是隐私伦理之重点）。它指向一种简单的伦理方式：当某人或某个机构以某种方式"看见""读解"和"使用"我们未经授权的个人信息时，我们能够识别、能够保护我们自己的个人隐私权。这在法学判例或法理意义上是不难理解的。但是，在伦理学意义上仍然是大数据时代隐私伦理面临的新问题。

大数据健康革命面临使人类生活进入"超级全景监狱"的困境。在这种情况下，保护个人隐私和信息安全，似乎可以通过把人们的隐私伦理诉求写入计算机算法之中得以实现。但是，这种"写入"或"嵌入"的隐私伦理条款是什么？以及，它一旦成为某些人或机构给数据库安装的一把"门锁"的话，那到底意味着什么？隐私条款是否会蜕变成一种权力话语的化身？我们看到，这类问题仍然是一些并不比防范隐私侵权更易于解决的问题。另外，隐私保护条款如果成为数据供给方或运营商借以进行数据独占以谋利的工具时，情况又会怎样？我们如何做到数据信息的开放共享和隐私权利的保护之间的微妙平衡？事实上，当数据成为了一种资源或资本时（所谓"得数据者得天下"），那些控制或拥有数据的人（或机构）实际上创造了一种将我们变成各种具有可视性或可读性的"数字人"的技术。不论我们以何种分类方式被编码到"数字人"之镜像中，健康革命都需要默认数据的可及性、透明性和可读性。然而，当技术如此运作时，它必须附加一个限定条件：即，尽管数据可以在"一种默认的透明性中"被操作，但是，个人信息"却应该被一种默认的非透明性所保护"。[①] 这种内在的紧张关系构成了大数据健康革命无法割舍的两面性。它实际上凸显了将"数据共享的伦理"与"隐私保护的伦理"以一种技术方式在大数据健康革命中同时呈现的任务。

（二）大数据健康革命的第二个效应，是数据主义带来的困扰。作为对医学人道主义的挑战，数据主义也面临根本性的质疑：把生命还原为

[①] 张轶瑶、田海平：《大数据时代信息隐私面临的伦理挑战》，《自然辩证法研究》2017 年第 6 期，第 32—36 页。

"数据处理"是否遗漏了至关重要的人性。

随着大数据健康革命的深入展开,"数据主义"可能成为大数据时代的一种新涌现出来的信仰。① 我们如何看待这种日益流行的数据主义对医学人道主义的挑战?当时代精神以一种兴高采烈的方式抛出"让数据说话"这枚闪闪发光的"绣球"时,我们不可能置之不理。而问题的关键在于,数据主义对医学人道主义的挑战,不仅在现象层面重构了"数据与人的生命存在"之间的功能性关联,而且在本体层面还赋予了"数据处理"以一种终极实在的意义。如此一来,数据主义对医学人道主义的挑战变得格外醒目。当人们的世界观从"以人为中心"向着"以数据为中心"转换时,我们面临如下质询:这仅只是一场哲学革命呢,还是说,它是更深刻地影响我们生活的道德形态过程?区别在于:前者还只是停留在观念形态的变革,而后者则是它的具体的现实展开。因此,真正令人忧虑的不是作为哲学变革的数据主义(其"缺乏思想"的特征是显而易见的),而是它作为一种道德形态的现实展现必然激起"人是谁"之问。一旦人类生命从现象到本体都被还原为数据模式,"人是谁"之问会以反卷形式推动大数据生命医学伦理学重新思考人道主义议题。于是,大数据时代的健康革命隐藏着一种更深层次的人性困扰:人的生命能还原为"数据处理"吗?数据主义是否漏掉了至关重大的人性论题?

当此之时,我们需要进一步质询:"如果数据主义成功征服世界,人类会发生什么?"尤瓦尔·赫拉利以一种人道主义的忧思,谈到了数据主义对人类造成的威胁。他写道:"……数据主义可能让人文主义加速追求健康、幸福和力量。数据主义正是通过承诺满足这些人文主义愿望而得以传播。而为了获得永生、幸福快乐、化身为神,我们就需要处理大量数

---

① 畅销书《未来简史》的作者尤瓦尔·赫拉利在书中最后一章(第 11 章)以"信数据得永生"为标题对数据主义这种信仰形式进行论述。数据主义者认为,宇宙由数据流组成,任何现象或实体的价值就在于数据处理的贡献。按照数据主义者的观点,生命科学家把一切生物体还原为生化算法,信息科学家已经学会写出越来越复杂的电子算法。这种数据主义的信念建立在"数据即真实"或"数据即真理"的基础上,它在大数据时代向广泛的人类领域(如政治、经济、医疗、保健等)渗透,甚至民主与专制的政治模式都可以还原为数据处理方式的不同。数据主义蕴含的"让数据说话"的真理观和伦理观,指向一种对"算法"的本体依赖。参见[以色列]尤瓦尔·赫拉利:《未来简史:从智人到神人》,林俊宏译,中信出版集团 2017 年版,第 335—361 页。

据,远远超出人类大脑的能力,也就只能交给算法了。然而,一旦权力从人类手中交给算法,人文主义的议题就可能惨遭淘汰。只要我们放弃了以人为中心的世界观,而秉持以数据为中心的世界观,人类的健康和幸福看来也就不再那么重要。……我们正努力打造出万物互联,希望能让我们健康、快乐,拥有强大的力量。然而,一旦万物互联网开始运作,人类就有可能从设计者降级为芯片,再降级成数据,最后在数据的洪流中溶解分散,如同滚滚洪流中的一块泥土。"[1]

尤瓦尔·赫拉利指认的这种数据主义的困扰,也是大数据健康革命必然面对的根本性的人性困扰。它既带来了与道德本原问题纠缠在一起的伦理挑战,又带来了我们必须随时回应的众多的道德现实问题和伦理难题。一方面,从道德本原层面看,建立在数字化人体基础上的医疗技术实践和卫生保健,其本身就预设了将人类降级为数据并"以数据为中心"的伦理形态。由于人体及其健康状态以数字化的形式被记录、存储和传播,并通过算法被处理,因此形成了与"实体人"相对应的"镜像人"或"数字人"。于是,实体人退隐与数字人出场就演化成为健康领域呈现的一种人群生命伦理事件。我们由此面临关于生命、世界和人类存在的本原性道德困扰和人性困惑:道德的本原或基础能够建立在数据主义信仰之上吗?显然,该困惑将伴随大数据健康革命之始终;另一方面,从道德现实性视角看,数据主义信仰无论如何美妙,那终究只是一种"海市蜃楼"。因为,无论大数据技术如何发展,它终须应对数据失信或数据失真的难题(也需要应对如何清洗或过滤被污染的数据的问题),最终需要面对我们人性的脆弱性和复杂性。精准医学和个体化医学也总是与数据的不精准和不真实的现实相伴而生。数据失信或失真的情况之所以发生,除了由于机器原因外,更主要的原因还是在于人或人性。它导致被预设为可信的精准医疗和个体化医学变得不可信。这种情况并非不可能。例如,如果有人担心个人健康数据或基因数据对个人职业生涯和未来生活造成不利之影响,当有条件采取隐瞒、不提供或提供虚假数据来玩弄数据系统时,人们就有可能会这么干。这表明,大数据健康革命不仅在道德本原层面遭遇人性难

---

[1] [以色列] 尤瓦尔·赫拉利:《未来简史:从智人到神人》,林俊宏译,中信出版集团2017年版,第358—359页。

题,而且在道德现实层面亦遭遇人性困扰。

(三) 大数据健康革命的第三个效应,是数字鸿沟或价值鸿沟带来的伦理挑战。它呼唤一种深层的价值观变革,把"人群健康"的理念引入生命伦理学的伦理构建。

医疗大数据平台的建构旨在打破数字鸿沟造成的阻隔,使医学和卫生保健真正建立在一种融合的科学基础上。然而,"数字化人体"必须面对不同社会群体(不同文化、地区、国家以及不同性别、信仰和社会阶层)对于数字化技术或信息技术使用的巨大差异。例如,有人主观上认为自己的健康状况良好,不愿意接受"数字化人体",并视之为是对自己生活的不当干预。这种价值观上的认同也好,或者不认同也好,都会直接影响不同行为个体的健康利益。人们通常将使用或认同数字化技术或信息技术的差别,统称为"数字鸿沟"。它在类型上分为接入形态上的差异、应用形态上的差异、知识形态上的差异和价值形态上的差异,因而形成了四种类型的数字鸿沟:接入鸿沟、应用鸿沟、知识鸿沟和价值鸿沟。

实际上,随着接入问题的逐步解决,可及、应用和知识方面的鸿沟也正在缩小,而如何缩小价值鸿沟将会随着大数据健康革命的深入展开,变得越来越突出,也越来越重要。因此,上述数字鸿沟带来的伦理挑战的重点,是大数据时代健康革命带来的价值观变革:它呼唤一种深层的价值观重构——只有缩小价值鸿沟,我们才能让更多的人认识到医疗大数据平台的构建需要更多的人的参与。[①] 价值鸿沟的消除需要不同文化、信仰和利益集团共同努力,打破价值观上的分歧或阻隔。唯有如此,才能真正形成"以患者为中心"的医学道德形态。在这个意义上,当今时代整个地球村或者全人类,可以而且应该通过一种价值观革命,把"人群健康"的理念注入生命伦理学的价值建构中。

当然,大数据健康革命从根本上提供了一种重新审视那种构造人类文明形态的建设性合作模式之范例。当这种可能性逐渐得以实现时,总是令我们想起《圣经·旧约》中"巴别塔"的故事。人类说同一种语言以及在大规模合作中建构"通天塔"的行动,展现了一种化身为神的力量并

---

① 参见田海平《大数据时代的健康革命与伦理挑战》,《深圳大学学报》(人文社会科学版) 2017年第2期,第5—16页。

最终令神动容。那么，人类为何能够很好地进行合作，构造出庞大而复杂的社会系统和社会工程呢？大数据健康革命为什么能让个体与总体结合成一种唇齿相依的依系关系呢？如果深究之，则不难发现一个为人们所公认的道理，即所谓"大道至简"——一切合作关系和依系关系建构的秘密在于共同"意义网络"的构成，或谓之曰"大道之行也"。推动人们相互配合的共同意义网络或大道，可以是我们的"神"、我们的"国"，也可以是我们共同的"价值观"。然而，这些共同的意义网络，换一个角度看，又是促使人们各行其是地为着自己的"神"、自己的"国"或自己的"价值观"掀起无边纷争甚至点燃战火的动因。在这一个维度，我们瞥见了"通天塔"和"巴别塔"的某种"合体"在生命医学伦理学论域中的呈现。于是，建立在开放共享和普遍参与基础上的大数据健康革命，面临无处不在的数字鸿沟或价值鸿沟带来的伦理挑战。

四

大数据、基因组学、移动医疗和精准医学的基本原理，展现了一种将"最小行动者"和"最大数据计算之总体"进行连通的可能。个体与其普遍本质之间的关联方式因之可以通过数据挖掘技术来完成。这里内含着一种伦理方式及其普遍性的现实展现，是现代医疗技术实践（特别是生物科技和计算机算法在医学中的融合）在大数据健康革命中展现的伦理特质。透过这层伦理特质，我们能够前瞻性地探问大数据时代生命医学伦理学的方向。

我们可以按照不断变化的"问题域"来划分生命医学伦理学的发展阶段。在这个意义上，丹尼尔·维克拉（Daniel Wikler）提出，生命医学伦理学的"主题变奏"已经经过了三个阶段，"第四个阶段正在诞生之中"。[1] 维克拉是美国哈佛大学伦理学与健康项目的核心成员，自1997年开始担任国际生命伦理学协会会长。他认为，生命伦理学的前三个阶段分别围绕"医疗专业行为准则""病人的权利""医疗公正"三大主题展开。他特别强调："在国际生命伦理学协会第三届世界大会上，有证据表

---

[1] ［美］丹尼尔·维克拉：《伦理学要优先关注穷人的健康利益》，邱仁宗翻译、整理，载《健康报》2013年7月26日第6版。

明生命伦理学的第四个阶段正在逼近。这个阶段可称之为人群健康生命伦理学。与第二阶段不同,它不仅仅是专业行为准则,不仅仅涉及执业医师,而且涉及公众;与第三阶段不同,它超越了医患关系,要引用更为广泛的生物科学和社会科学文献,并涉及人文科学和管理科学。"①

历史地看,此处所说的生命医学伦理学从专业行为准则、病人的权利、医疗公正到人群健康的问题域的拓展,不断地拓宽了生命伦理学的视域。由此,不难看到,丹尼尔·维拉克指认的生命伦理学的"第四个阶段",契合了大数据健康革命及其开启的以人群健康为中心议题的生命伦理学的发展方向。例如,它凸显了个体与总体的连通性意义,使得"从个体出发的伦理"与"从总体出发的伦理"在伦理思维方式上形成了一种"互为条件"的融合发展趋势,为人群健康生命伦理学的道德思考提供了新方法。再比如,它强调宏观视野与微观形态的内在贯通,提供了一种把"整体主义(或集体主义)价值方式"与"个体主义价值方式"相结合的范例,为人群健康生命伦理学的价值决断提供了新视角。

总结起来看,大数据时代生命医学伦理学的方向,呈现如下三个方面的特点。

第一,人群健康论题的凸显。"人群健康论题"在生命伦理学的新的发展阶段的凸显,赋予了医疗大数据以独特的道德重要性。大数据健康革命在全面推进人群健康方面要通过医疗大数据的平台建构进行,这为生命医学伦理学的问题域拓展提供了现实依据。

第二,以健康问题为中心的医学道德形态之构建。医疗健康计划在大数据时代要充分利用数字化人体和精准医学所带来的大数据健康革命,这使得健康议题的重要性在医学道德形态重构中日益凸显。由于大数据健康革命通过大数据平台下的个体化医学来改善整体人类健康,因而,它优先强调健康关怀的意义,凸显公共健康作为善物的特殊道德重要性,强调共享的伦理及健康人文视野的拓展,以及个人医疗服务方面的健康理念。这些动向前所未有地凸显了"健康论题"在医学道德形态的重构以及生命医学伦理学的问题域拓展上的重要性。

---

① 引[美]丹尼尔·维克拉《伦理学要优先关注穷人的健康利益》,邱仁宗翻译、整理,载《健康报》2013年7月26日第6版。

第三，健康革命遭遇的伦理挑战。大数据健康革命带来了一系列的伦理挑战。这些挑战同时也是大数据健康革命的三大效应：即个人隐私遭遇前所未有的挑战，数据主义带来了无可回避的人性困扰，数字鸿沟或价值鸿沟呼唤价值观变革。生命医学伦理学在人群健康的方向上不能回避上述三大挑战。

总之，大数据对个人和总体（集体）之相互关系的重新定位是大数据生命医学伦理学最引人瞩目的方向。它最终凸显了以"人口健康"或"人群健康"为主题的生命伦理学的拓展方向。从群体出发或从整体出发的伦理理念获得了应有的地位（这里需要强调指出，它并不以贬低或排斥从个体出发或从个人出发的伦理理念为前提），并与强调关联性思维和整体和谐之理念的中国伦理文化构成了一种内在契合。

参考文献

著作

1. ［美］阿尔·戈尔：《未来：改变全球的六大驱动力》，冯洁音等译，上海译文出版社 2013 年版。
2. ［美］埃里克·托普：《颠覆医疗：大数据时代的个人健康革命》，张南等译，电子工业出版社 2014 年版。
3. ［美］安东尼奥·R. 达马西奥：《笛卡尔的错误》，毛彩凤译，教育科学出版社 2007 年版。
4. ［美］比彻姆、邱卓思：《生命医学伦理原则》，李伦译，北京大学出版社 2014 年版。
5. ［美］彼得·辛格：《实践伦理学》，东方出版社 2005 年版。
6. 曹荣湘：《后人类文化》，上海三联书店 2004 年版。
7. 陈嘉映：《价值的理由》，中信出版社 2012 年版。
8. 陈元芳、邱仁宗：《生物医学研究伦理学》，中国协和医科大学出版社 2003 年版。
9. ［美］恩格尔哈特：《生命伦理学基础》，范瑞平译，北京大学出版社 2006 年版。
10. 甘绍平：《人权伦理学》，中国发展出版社 2009 年版。
11. ［德］海德格尔：《面向思的事情》，陈小文、孙周兴译，商务印书馆 2011 年版。
12. ［德］海德格尔：《技术的追问》，孙周兴译，载孙周兴选编：《海德格尔选集》（下），上海三联书店 1996 年版。
13. 韩民青：《当代哲学人类学》（第四卷），广西人民出版社 1998 年版。

14.［德］汉斯·约纳斯：《技术、医学与伦理学——责任原理的实践》，张荣译，上海译文出版社 2008 年版。

15. 胡明艳：《纳米技术发展的伦理参与研究》，中国社会科学出版社 2015 年版。

16. 黄丁全：《医疗法律与生命伦理》，法律出版社 2007 年版。

17.［法］吉尔·利波维茨基：《责任的落寞：新民主时期的无痛伦理观》，倪复生、方仁杰译，中国人民大学出版社 2007 年版。

18.［德］卡西尔：《人论：人类文化哲学导引》，甘阳译，上海译文出版社 2013 年版。

19.［美］利奥纳多·L. 贝瑞，肯特·D. 塞尔曼：《向世界最好的医院学管理》，张国萍译，机械工业出版社 2014 年版。

20.［意］罗西·布拉伊多蒂：《后人类》，宋根成译，河南大学出版社 2016 年版。

21.［美］迈克尔·桑德尔：《反对完美：科技对人性的正义之战》，黄慧慧译，中信出版社 2013 年版。

22.［法］米歇尔·福柯：《临床医学的诞生》，刘北成译，译林出版社 2001 年版。

23.［法］米歇尔·福柯：《必须保卫社会》，钱翰译，上海人民出版社 1999 年版。

24.［意］莫迪恩：《哲学人类学》，李树琴、段素革译，黑龙江人民出版社 2004 年版。

25.［德］尼采，君特·沃尔法特编：《尼采遗稿选》，虞龙发译，上海译文出版社 2005 年版。

26. 潘建红：《现代科技与伦理互动论》，人民出版社 2015 年版。

27.［法］乔治·维加埃罗主编：《身体的历史》（卷一），张竝、赵济鸿译，华东师范大学出版社 2013 年版。

28.［美］乔治·萨顿：《科学的历史研究》，刘兵等编译，上海交通大学出版社 2007 年版。

29.［荷］斯瓦伯：《我即我脑》，王奕瑶等译，中国人民大学出版社 2011 年版。

30. 苏珊·阿尔德里奇：《话说医学》，曹菁译，北京大学出版社2010年版。

31. ［美］唐·伊德：《技术与生活世界》，韩连庆译，北京大学出版社2012年版。

32. ［英］维克托·迈尔－舍恩伯格、肯尼思·库克耶：《大数据时代：生活、工作与思维的大变革》，盛杨燕、周涛译，浙江人民出版社2013年版。

33. ［英］维克托·迈尔－舍恩伯格、肯尼思·库克耶：《与大数据同行——学习与教育的未来》，赵中建、张燕南译，华东师范大学出版社2015年版。

34. ［加］许志伟：《生命伦理：对当代生命科技的道德评估》，朱晓红编，中国社会科学出版社2006年版。

35. ［希］亚里士多德：《尼各马可伦理学》，廖申白译，商务印书馆2011年版。

36. 杨叔子：《令人忧虑的科学暗影》，广东省地图出版社1999年版。

37. ［以色列］尤瓦尔·赫拉利：《人类简史：从动物到上帝》，林俊宏译，中信出版社2014年版。

38. ［英］约翰·帕克：《全民监控——大数据时代的安全与隐私困境》，关立深译，金城出版社2015年版。

39. 张祥龙：《复见天地心——儒家再临的蕴意与道路》，东方出版社2014年版。

40. Colin Konschak, Dave Levin, William H. Morris：《移动医疗——医疗实践的变革和机遇》，时占祥、马长生译，科学出版社2014年版。

41. Damasio, A. R. *Descartes' error: emotion, reason and the human brain*. New York: G. P. Putnam's Sons, 1994. 3 - 10.

42. Damasio A. R., *Neurobiology of Decision - Making*. Berlin: Springer Berlin Heidelberg, 1996.

43. Harris S. *Free will*. New York: Free Press, 2012.

44. Iacoboni M., *Mirroring People: The Science of Empathy and How We Connect with Others*. New York: Picador, 2009.

45. M. C. Roco, W. S. Bainbridge (eds), *Executive Summary: Conver-

ging Technologies for Improving Human Performance, Kluwer Academic Publishers, 2003: 13.

46. Moore, P. *Enhancing me: The hope and the Hype of Human Enhancement*, Chichester: John Wiley, 2008.

47. N. Bostrom, A. Sandberg. *Human enhancement.* Oxford, 2008: 378.

48. Parncutt R. Prenatal development. In G. E. McPherson (Ed.), *The child as musician.* England: Oxford University Press, 2006: 1-31.

49. Smith E, Kosslyn S. *Cognitive Psychology: Mind and Brain.* New Jersey: Prentice Hall, 2007.

50. *The Development of Memory in Infancy and Childhood*, Edited by Mary L. Courage and Nelson Cowan, Psychology Press, 2009: 129.

论文

1. 段伟文："网络与大数据时代的伦理问题"，《科学与社会》（S&S）2014年第2期。

2. 方兴、田海平："冷冻胚胎的道德地位及其处置原则"，《伦理学研究》2015年第2期。

3. 冯烨："国外人类增强伦理研究的综述"，《自然辩证法通讯》2012年第4期。

4. 冯烨、王国豫："人类利用药物增强的伦理考量"，《自然辩证法研究》2011年第3期。

5. 甘绍平："意志自由的塑造"，《哲学动态》2014年第7期。

6. 胡明艳、曹南燕："人类进化的新阶段——浅述关于NBIC会聚技术增强人类的争论"，《自然辩证法研究》2009年第6期。

7. 江璇：《人类增强技术的伦理研究》，东南大学博士论文2015年。

8. 李才华："人胚胎的伦理地位"，《科学技术哲学研究》2010年第4期。

9. 李大平、李朝新："人体试验管制的主要国际规范简介"，《中国医院管理》2008年第9期。

10. 吕耀怀："信息技术背景下公共领域的隐私问题"，《自然辩证法研究》2014 年第 1 期。

11. 邱仁宗、黄雯、翟晓梅："大数据技术的伦理问题"，《科学与社会》（S&S）2014 年第 1 期。

12. 邱仁宗："人类能力的增强——第 8 届世界生命伦理学大会学术内容介绍之三"，《医学与哲学》2007 年第 5 期。

13. 邱仁宗："人类增强的哲学和伦理学问题"，《哲学动态》2008 年第 2 期。

14. 邱仁宗、翟晓梅："精准医学时代或面临的五大伦理挑战"，《健康报》2016 年 12 月 23 日。

15. 田海平："从'控制自然'到'遵循自然'"，《天津社会科学》2008 年第 5 期。

16. 田海平："人为何要'以福论德'而不'以德论福'"，《学术研究》2014 年第 12 期。

17. 田海平："生命伦理如何为后人类时代的道德辩护"，《社会科学战线》2011 年第 4 期。

18. 田海平："生命伦理学的中国话语及其形态学视角"，《道德与文明》2015 年第 6 期。

19. 田海平："中国生命伦理学认知旨趣的拓展"，《中国高校社会科学》2015 年第 5 期。

20. ［德］托马斯·雷姆科：《超越福柯——从生命政治到对生命的政府管理》梁承宇译，载《国际社会科学杂志》（中文版）2013 年第 3 期。

21. 杨立新："人的冷冻胚胎的法律属性及其继承问题"，《人民司法》2014 年第 13 期。

22. 岳瑨：《大数据技术的道德意义与伦理挑战》，《马克思主义与现实》2016 年第 5 期。

23. 翟晓梅、邱仁宗："全成生物学：伦理和管治问题"，《科学与社会》（S&S）2014 年第 4 期。

24. 张春美："人类胚胎的道德地位"，《伦理学研究》2007 年第 5 期。

25. 张新庆："人类基因增强的概念和伦理、管理问题"，《医学与社会》2003 年第 3 期。

26. 赵艳秋："腾讯的大数据哲学"，IT 经理世界·CEOCIO·第 394 期。

27. Amodio D. M., Frith C. D., "Meeting of minds: the medial frontal cortex and social cognition". *Nature Reviews Neuroscience* 7, 268 – 277 (April 2006) | doi: 10. 1038/nrn1884.

28. Anderson SW, Bechara A, Damasio H, et al. "Impairment of social and moral behavior related to early damage in human prefrontal cortex". *Nature Neuroscience*, 1999, 2: 1032 – 1037.

29. Antonia F. de C. Hamilton, "The mirror neuron system contributes to social responding". *Cortex* (2013), http://dx. doi. org/10. 1016/j. cortex. 2013. 08. 12.

30. Atrick Lin, Fritz Allhoff. Untangling the debate: The ethics of human enhancement [J]. Nanoethics. 2008 (2): 252.

31. Bechara A, Damásio A R, Damásio H, et al. "Insensitivity to future consequences following damage to human prefrontal cortex". *Cognition*, 1994, 50 (1 – 3): 7 – 15.

32. Blair R. J., "The amygdala and ventromedial prefrontal cortex in morality and psychopathy." *Trends Cogn Science*, 2007 Sep, 11 (9): 387 – 392.

33. Brigandt I. "The Instinct Concept of the Early Konrad Lorenz". *Journal of the History of Biology*, 2005, 38 (3), 571 – 608.

34. Car Mitcham, "Co – responsibility for Research Intergrity", *Science and Engineering Ethics*, Volume 9, No. 2, 2003, p. 281.

35. Chun Siong Soon, Marcel Brass, Hans – Jochen Heinze & John – Dylan Haynes. "Unconscious determinants of free decisions in the human brain". *Nature Neuroscience* 11, 543 – 545 (2008). Published online: 13 April 2008 | doi: 10. 1038/nn. 2112.

36. Cohen D. "Magnetoencephalography: detection of the brain's electrical activity with a superconducting magnetometer". *Science*, 1972, 175: 664 – 66.

37. Craik F I M, Watkins M J. "The role of rehearsal in short – term mem-

ory". *Journal of Verbal Learning and Verbal Behavior*, 1973, 12 (6), 599-607.

38. Daniel Callahan and Bruce Jennings. "Ethics and Public Health: Forging a Strong Relationship". *American Journal of Public Health*, 2002 (92): 169.

39. Duffy FH, Burchfiel JL, Lombroso CT. "Brain electrical activity mapping (BEAM): a method for extending the clinical utility of EEG and evoked potential data". *Ann Neurol*, 1979 Apr, 5 (4): 309-21.

40. G. di Pellegrino, Fadiga L., Fogassi L., et al. "Understanding motor events: a neurophysiological study". *Experimental Brain Research*, October 1992, Volume 91, Issue 1: 176-180.

41. Glenn A. L., Raine A., Schug R. A., "The neural correlates of moral decision-making in psychopathy". *Molecular Psychiatry*, (2009) Vol. 14, pp. 5-6.

42. Greene J D, Sommerville R B, Nystrom L E, et al. "An fMRI investigation of emotional engagement in moral judgment". *Science*, 2001, 293: 2105-2108.

43. Haidt J, Koller S, Dias M. "Affect, culture and morality, or is it wrong to eat your dog?" *Journal of personality and social psycology*, 1993, vol. 65, pp. 613-628.

44. Keen, Justin et al. "Big Data + Politics = Open Data. The Case of Health Care Data in England", *Policy& Internet*. Vol. 5, No. 2, 2013, pp. 228-243.

45. Libet B., "Unconscious cerebral initiative and the role of conscious will in voluntary action". *The Behavioral and Brain Sciences*, 1985: 529-566.

46. L. Kohlberg. "A cognitive development approach to moral education". *Humanist*, 1972, 32 (6): 13-16, Nov-Dec 72.

47. Müller JL, Sommer M, Döhnel K et al. "Disturbed prefrontal and temporal brain function during emotion and cognition interaction in criminal psychopathy". *Behavioral Sciences & the Law*, 2008, 26 (1): 131-150.

48. Moll J, de Oliveira - Souza R, Bramati I E, et al. "Functional networks in emotional moral and nonmoral social judgments". *Neuroimage*, 2002, 16: 696 - 703.

49. Moll J, de Oliveira - Souza R, Eslinger P J, et al. "The neural correlates of moral sensitivity: a functional magnetic resonance imaging investigation of basic and moral emotions". *J. Neurosci*, 2002, 22: 2730 - 2736.

50. Moll J, Eslinger P, de Oliveira - Souza R. "Frontopolar and anterior temporal cortex activation in a moral judgment task: preliminary functional MRI results in normal subjects". *Arq. Neuropsiquiatr*, 2001, 59: 657 - 664.

51. Nancy E. Kass. "An Ethics Framework for Public Health". *American Journal of Public Health*, 2001 (91): 1777.

52. Nickerson R S, Adams M J. "Long - term memory for a common object." *Cognitive Psychology*, 1979, 11 (3): 287 - 307.

53. Niedermeyer E, Da Silva F L. "Electroencephalography: Basic Principles, Clinical Applications, and Related Fields." *Lippincot Williams & Wilkins*, 2004.

54. Paxton J M, Greene JD. "Moral reasoning: Hints and allegations". *Topics in cognitive science*, 2010: 1 - 17.

55. Racine E, Illes J. "Emerging ethical challenges in advanced Neuroimaging Research; review, recommendations and research agenda". *Journal of empirical research on human research ethics: an international journal*, 2007, 2: 1 - 10.

56. Riccardini F. & Fazion M. "Measuring the digital divide." *IAOS Conference on Official Statistics and the New Economy*. August 27 - 29 London, UK.

57. Shenhav A., Greene J. D., "Moral judgments recruit domain - general valuation mechanisms to integrate representations of probability and magnitude". *Neuron*, Volume 67, Issue 4, 26 August 2010: 667 - 677.

58. Sirigu A., "Altered awareness of voluntary action after damage to the parietal cortex." *Nature Neurosicence*, 2004, 7 (1): 80 - 84.

59. T. Garcia, R. Sandler. "Enhancing Justice?". *Nanoethics*, 2008

(2): 278.

60. Wiesel T N, Hubel D H. "Extent of recovery from the effects of visual deprivation in kittens." *Journal of Neurophysiology*, 1965, 28: 1060 – 1072.

61. Young L., Bechara A., Tranel D., Damasio H., Hauser M., "Damasio A., Damage to ventromedial prefrontal cortex impairs judgment of harmful intent." *Neuron*, Volume 65, Issue 6, 25 March 2010: 845 – 851.

62. Young L., Dungan J., "Where in the brain is morality? Everywhere and maybe nowhere". *Social Neuroscience*, Volume 7, Issue 1, 2012: 1 – 10.

后　　记

本书系国家社科基金项目"现代医疗技术中的生命伦理问题研究"的结项成果，同时也是国家社科基金重大项目"生命伦理的道德形态学研究"的中期成果。值此书付梓出版之际，我谨代表课题组同仁和我自己向上述机构和相关评审专家的信任和支持，表示由衷的感谢。

我对生命伦理学的个人兴趣及近些年展开的相关研究工作，始于对伦理学亘古以来未曾遭遇的（且是以一种被迫应对姿态遭遇的）一种突兀情景的愈来愈强烈的感知和体认：

伦理学从来没有像今天这样，会以这样一种方式被推向"第一哲学"之"境地"，即现代技术把整个人类生命乃至整个地球生命置于一种生死存亡的"危机关头"和"紧要时刻"，以至于哲学家所问及的"为什么存在者存在而不存在者不存在"的第一哲学（即形而上学）之根本问题，今天在实质层面不能回避且亟须通过一种新的技术文明的伦理，才能在现实性上获得一种适切之响应（或回应）。

我们看到，一些有远见的高科技企业，例如华为、腾讯、阿里巴巴、FACEBOOK 等，已经自觉地开始将伦理学思考方式引入高科技企业的"身份再造"之战略中。时代已经把"赢利行业"与一种"做哲学"（具体说来，"做伦理学"）的智识活动和精神事务以一种不可分割的形式结合或即将结合在一起。海德格尔曾经使用一个术语来描画这种时代精神的图画，他称之为"（技术成为）形而上学的现实展现"。这是"第一哲学"之新的契机。

我们知道，一旦技术赋予人类越来越多的"超强"且"超大"的行动力，特别是当这种行动力达到"通神"之地步时，它的"神通广大"就会从根本上改变我们以往所熟悉的哲学和医学的人文形态及其技术伦理形态。这意味着人类可能要面对一些全新的、未曾遭遇的选择难题。如何做？如何行动？会成为严峻的哲学问题。近期，腾讯提出的"科技向善"理念，代表了技术时代的这种伦理觉悟和哲学慧识。按照腾讯官方表述："科技是一种能力，向善是一种选择，我们选择科技向善，不仅意味着要坚定不移地提升我们的科技能力，为用户提供更好的产品和服务、持续提升人们的生产效率和生活品质，还要有所不为、有所必为。"

本书标题取名《生命伦理前沿探究》，是通过探究现代医疗技术的伦理形态如何"还医学以人道""还医学以生命"，深入探究现代医疗技术带来的生命伦理学前沿问题。在这一思路指引下，本书试图凸显三大"前沿"：第一，现代医疗技术的常规形态（常规医疗技术）由于遭遇大数据健康革命，凸显人群健康伦理在生命伦理学中的重要性；第二，现代医疗技术的转化形态（转化医疗技术）由于面临全新的"从板凳到临床"的人体研究（包括人脑研究）之困扰，凸显人权伦理在生命伦理学中的优先性；第三，现代医疗技术的增强形态（人体增强技术）由于遭遇后人类主义隐忧，凸显身体伦理在生命伦理学中的问题域之出场。我对上述问题的关注以及研究思路之形成，受益于我在东南大学和北京师范大学工作期间的工作团队和同事们的相互砥砺和大力支持。在此，我向他们（她们）表示衷心的感谢。我要说的是，我之从事生命伦理学研究，属于比较典型的"歪打正着"；若没有一些令人感叹的机缘和各方助力，无论如何"歪打"，也没有可能"着"，更不用说"正着"了。

生命是一个生生不息的创造过程或冲创过程。对生命的关注，从而对生命伦理学问题域的关注，总是和"人类生命独特性"这样一个宏大而紧要的哲学问题，脱不了干系。人之为人的前提，是人与万物一样，都有一个自然属性，有一个自然的、物理的、生物的身体。我们都承认，人皆有本能冲动的动物性之一面，这一点是毫无疑问的。然而，人之生命的独特性又在于，人之生命又绝不能止于物理的、生物的、动物性的自然物种属性之一面——否则，便与草木同朽、与禽兽无异了——人的生命除了自然物种属性之外，还有心智的、精神的、社会性的、人类性的超自然属性之一面。实际上，人的高贵和尊严，人的自由和权利，人的爱憎和吉凶祸福，人的有限和无限，人的全部的神妙和生命之赐礼，皆有赖于人之生命的这种双重本性之独特性。人类生命之双重本性，就像是一个硬币的两面，它们彼此对立，但却又互为表里，不可分割。当一个声音说："我愿意做一只美丽的魂魄！"另一个声音马上会跟上，说："可是，我更愿意成为一个身体！"这些极具画面感的"台词"，透露出人之生命的伦理奥义。作为一种在时空中绵延的"生命之流"和一个"此在""在出"的人之"类生命存在"，此种"物种存在－类生命存在"的张力场域，无处不在。它展现了人类实践的自在自为本性。这是我由哲学视野进入生命伦理学的思想渊源。追溯起来，我于1990—1993年师从高清海先生研习哲学时，就萌生对人之生命难题的实践哲学旨趣的关注，而真正开始从事生命伦理学的研究和写作，则始于十多年前为"首届国际生命伦理学高层论坛"（南京）撰写的参会论文。那篇论文后来在《江海学刊》以《生命的大同与大异》为题发表。我从那时开始，便试图在研究方法和研究思路上对生命伦理学的研究进路进行探索，并尝试提出一些自己的观点和主张。断断续续，到目前为止，居然有了这样些微之规模。回检近五年围绕"生命伦理的道德形态学研究"和"现代医疗技术中的生命伦理问题研究"发表的论文篇目，已然有50余篇矣。遂在这些论文基础上，对主题相近之成果进行修改、编辑和扩充而成册。上述主要论文及其首刊情况如下：

"生命医学伦理如何应对大数据健康革命"，《河北学刊》2018年第3期；

"现代医疗技术的伦理形态及其挑战"，《东南大学学报》（哲学社会科学版）2017年第3期；

"身体伦理的形态视阈——从现代医疗技术看身体伦理的两种形态"（待续），《江苏行政学院学报》2017年第3期；

"身体伦理的形态视阈——从现代医疗技术看身体伦理的两种形态"（续完），《江苏行政学院学报》2017年第4期；

"大数据时代的健康革命与伦理挑战"，《深圳大学学报》（人文社会科学版）2017年第2期；

"让生命伦理学说'中国话'再议"，《华中科技大学》（社会科学版）2017年第2期；

"'不明所以'的人类道德进步——大数据认知旨趣从'知识域'向'道德域'拓展之可能"，《社会科学战线》2016年第5期。

"生命伦理学的中国难题及其研究展望——以现代医疗技术为例进行探究的构想",《东南大学学报》（哲学社会科学版）2012年第2期；

"人的概念与'概念'中的人——从《纽伦堡法典》到《赫尔辛基宣言》的人权伦理探索",《伦理学研究》2012年第5期。

我借此机会，向上述杂志社及编辑部朋友的厚爱和支持，表示衷心的感谢。虽然我的主要观点在此之前已经大都见诸公开发表的论文，但是，将这些"点"连成一个整体的工作既预先潜隐于论文撰写工作之中，又在之后专门进行的修改扩充工作中得到了进一步的突出或呈现，因而，这本书所体现的"前沿探究"便不仅仅是一些"点"的连缀，而是有意地贯注且切实地具有了一种整体性和系统性。这也是我在写作中尤为强调的一个方面。

写到这里，我要特别感谢我的妻子岳瑨教授。无论在生活上，还是在我所从事的生命伦理学研究工作中，她都尽最大可能给予我最大限度的理解、支持和帮助。生活上的照料不用细说。在我一个人独自北上北师大工作而她不得不留守南京的"天命之年"抉择中，妻子做到了让我尽可能不产生奔波漂泊之感。这当然是很难的事情，可在她做来却是自然而然。在生命伦理学研究领域，特别是本书写作中，她的帮助又是实实在在的。本书第四章第二节（伦理前设与未决问题）和第三节（后人类伦理及其困惑），分别涉及"NBIC会聚技术对医疗技术范式的突破"和"人类增强技术面临的伦理问题"两个方面的内容，是她将她的研究成果（"允许的限度：后人类生命伦理规制的起点——以NBIC会聚技术对医疗技术范式突破为例",《学习与探索》2016年第5期；"技术之后与伦理之前——人类增强技术面临的伦理困境及其出路",《伦理学研究》2016年第2期）贡献出来，以为本书采用。这使本书第四章的完整性和系统性得到保障。她又坚决拒绝署名。我只有尊重她的决定，唯借此后记，予以说明。

需要再次说明，按照通常的理解，本书所论之"生命伦理"，是指运用伦理学的理论和方法，对当代生命科学及相关技术和医疗保健之政策、法律、决定等所涉及的伦理问题或伦理维度进行探究。当然，这样的"泛泛"界定本身没有问题，且适合于做"教科书式"使用。这当然没有疑义。然而，问题在于，这样的泛泛而论却滑过了至关重要的生命伦理之思想旨趣，易于使得这门新兴学科在一种过于功利化诠释框架下，流于具体琐碎或世俗实际,而不能切中当今世界上发展最为迅疾的"现代医疗技术"所开启的最具生命力的思想维度和哲学维度。循此,我认为,需要一种更为深层的前沿探究,透过那些过于具体而世俗的关切,澄清和求解与人类生存意义、文化传统、生命价值和目的息息相关的思想难题。基于这样的理解,本书的探究只是一次"投石门路",未尽之言、不到之意颇多。为此,我将自认为具有一些代表性的生命伦理学论文汇集成为附录,置于书末。附录中的论文都一一注明了来源(分别是《当代中国价值观研究》《中国社会科学报》《河北学刊》)。我在此再次对这些报刊表示感谢。

本书中许多内容在为北京师范大学伦理学与道德教育研究所研究生开设的《应用伦理学专题》研讨课中多次讲授,也在为中国社会科学院大学本科生开讲的《伦理学》课程中多次讲授。我感谢上述两所大学给我提供的授课机会,尤其感谢参与课程学习的大学生和研究生同学。课堂的研讨与互动永远是一个教学相长的过程,我感谢并始终期待与青年学生一道学习伦理学的机会。我愿意做出更大的努力,使我的课堂和研究,能够结合得更好一些,结合得更完美一些,以回馈这个伟大的时代。

借本书出版之际,我要衷心感谢本书的责任编辑中国社会科学出版社的冯春凤编辑。这本书的定稿、校对工作是在我不断地往返于北京、南京、珠海三地的旅途中完成的。在与冯春凤编辑联络时,她表示了对我的这一具体情况的理解和支持。本书中的许多错漏之处,皆有赖于她及其团队的卓越而高效的工作。我对她及团队的智慧和劳动以及对我的大力支持和帮助,表示衷心的感谢。

本书的出版受到北京师范大学哲学学院的大力支持。学院学术委员会和学院领导对于本书的出版进行了认真审核和把关,并提供了出版经费的支持。本书当然还有很多错漏之处或不当之处,请方家和细心的读者不吝批评指正,以便以后有机会加以完善。我也希望本书提出的问题和观点能引发进一步的讨论。借此机会,再次对我目前工作单位的同事、朋友们的支持以及曾经工作过的机构及同仁的支持,表示衷心的感谢。谨致谢忱!

田海平

2019 年 12 月 24 日